高等职业教育系列教材

注重理实结合 | 创新教学设计

电路基础与实践 第4版

主　编 | 刘　科
副主编 | 邬丽娜
参　编 | 孙晓瑞　相会杰

机械工业出版社
CHINA MACHINE PRESS

本书是一本基础性强又注重培养学生应用能力和创新思维的教材，涵盖了电子技术中相对独立但又相互关联的知识点，主要内容包括电路的基本概念与基本定律、直流电路、交流电路、稳态分析等。

本书采用图文并茂、线上线下相结合的形式，以增强学生的理解和记忆，便于学生随时随地自主学习；注重理论和实践相结合，以实用技能的讲解和案例分析的形式，让学生将理论知识应用到实际生产中；创新教学设计，改变作业和学习任务的形式，以培养学生的创造力、协作能力、沟通能力和批判性思维等。

本书可作为高职高专电子与信息大类、自动化类及相关专业的教材，也可作为工程技术人员的参考用书。

本书配有微课视频，扫描二维码即可观看。另外，本书配有电子课件，需要的教师可登录机械工业出版社教育服务网（www.cmpedu.com）免费注册，审核通过后下载，或联系编辑索取（微信：13261377872，电话：010-88379739）。

图书在版编目（CIP）数据

电路基础与实践／刘科主编． —4版．—北京：机械工业出版社，2024.7
高等职业教育系列教材
ISBN 978-7-111-75906-5

Ⅰ.①电⋯ Ⅱ.①刘⋯ Ⅲ.①电路理论－高等职业教育－教材 Ⅳ.①TM13

中国国家版本馆 CIP 数据核字（2024）第 105940 号

机械工业出版社（北京市百万庄大街22号　邮政编码100037）
策划编辑：和庆娣　　　　　　　　　　责任编辑：和庆娣　王　荣
责任校对：杜丹丹　王小童　景　飞　　责任印制：张　博
北京建宏印刷有限公司印刷
2024年8月第4版第1次印刷
184mm×260mm・16.5印张・409千字
标准书号：ISBN 978-7-111-75906-5
定价：69.00元

电话服务　　　　　　　　　网络服务
客服电话：010-88361066　　机　工　官　网：www.cmpbook.com
　　　　　010-88379833　　机　工　官　博：weibo.com/cmp1952
　　　　　010-68326294　　金　　书　　网：www.golden-book.com
封底无防伪标均为盗版　　　机工教育服务网：www.cmpedu.com

Preface 前言

党的二十大报告指出："必须坚持科技是第一生产力、人才是第一资源、创新是第一动力，深入实施科教兴国战略、人才强国战略、创新驱动发展战略，开辟发展新领域新赛道，不断塑造发展新动能新优势。"电路基础与实践是一门专业基础学科，是目前自动化、计算机、电子信息等专业的重要课程。本书第1版于2012年出版至今，已有十余年时间。随着技术的不断进步，有必要进行修订。

第4版在第3版的基础上，紧跟行业技术发展进行了修订。在修订过程中，我们结合高职教育特点，以岗位需求为目的，以服务学生为主旨，授课教师和企业工程技术人员共同编写，力求做到理论知识与工程应用相结合。

本书共8章，内容包括电路的基本概念与基本定律、直流电路的分析与计算、动态电路的时域分析、正弦交流电路、三相交流电路、互感电路及磁路、线性动态电路的复频域分析和非正弦周期电流电路的稳态分析。每章的开篇增加引例，以常见的生活实例引出本章内容，引导读者思考；每章的结尾增加拓展阅读，拓宽读者的视野。在教材的编写中，注重理论知识与实践项目的有机结合，理论知识深入浅出，注重用简练的语言叙述电路原理；实践项目紧密联系生活，注重新方法、新工具的应用，既有实际动手操作内容，又有计算机仿真的方法。力求重点突出、学用结合、易教易学。

本书建议使用学时为60~100学时。其中，第6章6.3节、6.4节的内容供电气自动化技术等专业选讲；第7、8章供通信类专业选讲，其他各章节为电类相关专业的必修内容。

本书是"电路基础"在线开放课程的配套教材，读者可通过超星平台进行在线课程的学习。配套资源包括微课视频、电子课件、教学大纲、习题解答等。

本书由刘科担任主编，邬丽娜担任副主编，孙晓瑞、相会杰参与编写。其中第1章由孙晓瑞编写；第2~4章以及附录由刘科编写；第5、6章由邬丽娜编写；第7、8章由相会杰编写，刘科负责全书的统稿和校订工作。

在本书的编写过程中，祁春清老师给予了很多帮助，苏州沃尔泰精密机械有限公司的丁金钟工程师也提供了一些电路应用实例以及一些实验方案等，在此感谢他们的付出。

由于编者水平有限，书中难免有错误和不足之处，恳切希望广大读者提出批评和建议。

编　者

二维码资源清单

名称	图形	页码	名称	图形	页码
1.5.1 电路的基本概念		13	2.1.1 电阻串并联等效变换		36
1.5.2 基尔霍夫电流定律		14	2.1.2 电阻 Y-△ 等效变换		39
1.5.3 基尔霍夫电压定律		15	2.2.1 独立源等效变换		41
实操：认识数字式万用表		18	2.2.2 受控源等效变换		43
实操：认识电阻		20	2.3.1 支路电流法		45
实操：认识电容		21	2.4 节点法 一个独立节点		47
实操：认识二极管		22	2.4 节点法 多个独立节点		47
1.7.2 验证基尔霍夫电压定律		27	2.4 节点法 含恒流源支路		49
1.7.3 仿真验证基尔霍夫电流定律		28	2.4 节点法 含恒压源支路		49
1.7.3 仿真验证基尔霍夫电压定律		28	2.6 叠加定理		55

二维码资源清单

（续）

名称	图形	页码	名称	图形	页码
2.7.1 戴维南定理		60	3.7.3 方波输入响应		108
2.9.1 任务1 验证叠加定理		68	4.3.1 正弦电路中的电阻元件		123
2.9.1 验证叠加定理仿真图		69	4.3.1 正弦电路中的电感元件		124
2.10.3 验证戴维南定理仿真图		73	4.3.1 正弦电路中的电容元件		125
3.3.2 RC 电路的零输入响应		90	4.3.2 阻抗—RLC 串联电路分析		126
3.3.2 不同时间常数电容放电比较		91	4.4.1 正弦交流电路的相量分析法		131
3.3.3 RL 电路的零输入响应		93	【例4-20】RLC 串联电路求功率		141
3.4.1 RC 电路的零状态响应		95	4.10.1 LC 选频电路		157
3.4.2 RL 电路的零状态响应		96	4.10.2 文氏桥电路		159
3.7.2 电容充放电		106			

V

目录 Contents

前言
二维码资源清单

第 1 章　电路的基本概念与基本定律 ... 1

引例：手电筒电路 ... 1
1.1　电路与电路模型 ... 2
　1.1.1　电路 ... 2
　1.1.2　电路模型 ... 2
　1.1.3　电路图 ... 3
1.2　电路的基本物理量 ... 5
　1.2.1　电流 ... 5
　1.2.2　电压、电位、电动势 ... 6
　1.2.3　电功率 ... 7
1.3　线性电阻元件 ... 9
　1.3.1　电阻伏安关系 ... 9
　1.3.2　电阻功率 ... 9
1.4　独立源和受控源 ... 10
　1.4.1　独立电压源 ... 10
　1.4.2　独立电流源 ... 11
　1.4.3　受控源 ... 12
1.5　基尔霍夫定律 ... 13
　1.5.1　基本概念 ... 13
　1.5.2　基尔霍夫电流定律 ... 14
　1.5.3　基尔霍夫电压定律 ... 15
1.6　实践项目　基本电工仪表的使用与测量误差的计算 ... 17
　1.6.1　任务1　电路测量的基本知识 ... 18
　1.6.2　任务2　元器件的识别和测量 ... 20
　1.6.3　任务3　数据的处理及误差的计算分析 ... 24
1.7　实践项目　验证基尔霍夫定律 ... 26
　1.7.1　任务1　验证基尔霍夫电流定律 ... 26
　1.7.2　任务2　验证基尔霍夫电压定律 ... 27
　1.7.3　任务3　验证基尔霍夫定律仿真 ... 28
拓展阅读：安全用电常识 ... 29
1.8　习题 ... 31

第 2 章　直流电路的分析与计算 ... 35

引例：室内照明电路 ... 35
2.1　线性电阻网络等效变换 ... 36
　2.1.1　电阻的串联、并联和混联及其等效变换 ... 36
　2.1.2　电阻星形联结和三角形联结 ... 39
2.2　电源等效变换 ... 41
　2.2.1　独立源等效变换 ... 41
　2.2.2　受控源等效变换 ... 43
2.3　支路电流法及其独立方程的列写 ... 45
　2.3.1　支路电流法 ... 45
　2.3.2　列写独立方程 ... 45
2.4　节点电位法 ... 46

2.4.1 节点方程及其一般形式……… 47
2.4.2 节点法解题步骤……………… 51
2.5 网孔电流法………………………… 52
2.5.1 网孔方程及其一般形式……… 52
2.5.2 网孔法解题步骤……………… 53
2.6 叠加定理、齐性定理与替代
定理……………………………… 55
2.6.1 叠加定理……………………… 55
2.6.2 齐性定理……………………… 58
2.6.3 替代定理……………………… 59
2.7 戴维南定理与诺顿定理…………… 60
2.7.1 戴维南定理…………………… 60
2.7.2 诺顿定理……………………… 64
2.8 最大功率传输定理………………… 64
2.9 实践项目 验证叠加定理和
齐性定理………………………… 68
2.9.1 任务1 验证叠加定理……… 68
2.9.2 任务2 验证齐性定理……… 69
2.10 实践项目 测试含源二端网络
和验证戴维南定理……………… 70
2.10.1 任务1 测试含源二端
网络……………………… 71
2.10.2 任务2 验证戴维南
定理……………………… 72
2.10.3 任务3 仿真方法验证
戴维南定理……………… 72
拓展阅读：电学科学家介绍………… 74
2.11 习题……………………………… 76

第3章 动态电路的时域分析 …… 82

引例：电感镇流器荧光灯电路……… 82
3.1 动态元件…………………………… 83
3.1.1 电感元件……………………… 83
3.1.2 电容元件……………………… 84
3.2 换路定律及初始值的确定………… 85
3.2.1 电路的过渡过程与换路
定律…………………………… 85
3.2.2 电路初始值的确定…………… 87
3.3 一阶电路的零输入响应…………… 90
3.3.1 概述…………………………… 90
3.3.2 RC电路的零输入响应……… 90
3.3.3 RL电路的零输入响应……… 93
3.4 一阶电路的零状态响应…………… 95
3.4.1 RC电路的零状态响应……… 95
3.4.2 RL电路的零状态响应……… 96
3.5 一阶电路的全响应………………… 98
3.5.1 全响应………………………… 98
3.5.2 三要素法……………………… 100
3.6 阶跃函数和阶跃响应……………… 102
3.6.1 阶跃函数……………………… 102
3.6.2 阶跃响应……………………… 104
3.7 实践项目 一阶电路的响应
测试 …………………………… 105
3.7.1 任务1 Multisim仿真软件
的使用 ………………… 105
3.7.2 任务2 观察电容的充电、
放电过程 ……………… 106
3.7.3 任务3 用Multisim仿真方波
输入响应 ……………… 108
3.7.4 任务4 RC一阶电路响应
测试 …………………… 109
拓展阅读：瞬变电压………………… 110
3.8 习题……………………………… 110

第4章 正弦交流电路 ... 114

引例：家庭用电设备电路 ... 114
4.1 正弦量的基本概念 ... 115
4.1.1 瞬时值、最大值、有效值 ... 116
4.1.2 周期、频率、角频率 ... 117
4.1.3 相位、初相、相位差 ... 117
4.2 正弦量的相量表示和相量图 ... 119
4.2.1 复数及其运算 ... 119
4.2.2 正弦量的相量表示 ... 121
4.2.3 相量图 ... 122
4.3 正弦交流电路中的元器件 ... 123
4.3.1 正弦电路中的基本元器件 ... 123
4.3.2 阻抗 ... 126
4.3.3 导纳 ... 129
4.3.4 阻抗与导纳的串、并联 ... 130
4.4 正弦交流电路的分析 ... 131
4.4.1 正弦交流电路的相量分析法 ... 131
4.4.2 正弦交流电路的相量图解法 ... 135
4.5 正弦交流电路的功率 ... 136
4.5.1 电路基本元器件的功率 ... 136
4.5.2 无源线性二端网络的功率 ... 139
4.5.3 功率因数的提高 ... 141
4.6 正弦交流电路中的谐振现象 ... 143
4.6.1 串联谐振 ... 143
4.6.2 并联谐振 ... 146
4.7 实践项目 交流电路的测量 ... 148
4.7.1 任务1 感性电路的测量 ... 148
4.7.2 任务2 容性电路的测量 ... 150
4.8 实践项目 并联电容提高功率因数 ... 151
4.8.1 任务1 功率因数与并联电容的关系 ... 152
4.8.2 任务2 功率因数提高到特定值 ... 153
4.9 实践项目 RLC 串联电路谐振参数测量 ... 154
4.9.1 任务1 仿真方法测量谐振参数 ... 154
4.9.2 任务2 实验方法测量谐振参数 ... 156
4.10 实践项目 选频电路的设计实现 ... 156
4.10.1 任务1 LC 选频电路的设计实现 ... 157
4.10.2 任务2 文氏桥选频电路的设计实现 ... 158

拓展阅读：中国电网系统 ... 160
4.11 习题 ... 161

第5章 三相交流电路 ... 165

引例：三相交流电 ... 165
5.1 三相交流电源 ... 166
5.1.1 对称三相电压 ... 166
5.1.2 三相电源的星形和三角形联结 ... 167
5.1.3 三相电压的相序 ... 169
5.2 对称三相电路的计算 ... 169
5.2.1 概述 ... 169
5.2.2 对称负载星形联结的三相电路 ... 170

5.2.3 对称负载三角形联结的三相电路 …………………… 172
5.3 不对称三相电路的计算 ……… 173
5.4 三相电路的功率计算及其测量 …………………………… 175
　5.4.1 三相电路的功率计算 …… 175
　5.4.2 三相电路的功率测量 …… 176
5.5 实践项目 三相电路的联结和测量 …………………………… 177
　5.5.1 任务1 三相电路的仿真 … 178
　5.5.2 任务2 三相负载星形联结时的电压、电流及功率的测量 ……………………… 179
　5.5.3 任务3 三相负载三角形联结时的电压、电流及功率的测量 ……………………… 180
拓展阅读：电学小趣闻 …………… 182
5.6 习题 ………………………… 182

第6章 互感电路及磁路 …………………………………………… 184

引例：变压器 …………………… 184
6.1 互感电路的基本知识 ………… 185
　6.1.1 互感的概念 ……………… 185
　6.1.2 互感线圈的同名端 ……… 186
　6.1.3 互感线圈的伏安关系 …… 187
6.2 互感电路的计算 ……………… 188
　6.2.1 正弦交流互感电路的分析法 …………………… 189
　6.2.2 耦合电感的去耦等效电路分析法 ………………… 190
6.3 磁路的基本知识 ……………… 194
　6.3.1 磁路的概念 ……………… 194
　6.3.2 磁路的基本物理量 ……… 196
　6.3.3 磁路的电磁定律 ………… 197
　6.3.4 铁磁材料的磁性能和分类 … 200
6.4 磁路分析 ……………………… 201
　6.4.1 直流磁路分析 …………… 201
　6.4.2 交流磁路分析 …………… 202
6.5 实践项目 互感线圈的测量 … 203
　6.5.1 任务1 互感线圈同名端的判别 ……………………… 203
　6.5.2 任务2 互感线圈的互感测量 ……………………… 204
拓展阅读：聊聊"个性强"的电感 …………………………… 207
6.6 习题 ………………………… 207

第7章 线性动态电路的复频域分析 ………………………… 209

引例：高阶电路 ………………… 209
7.1 拉普拉斯变换及其性质 ……… 210
　7.1.1 拉普拉斯变换的定义 …… 210
　7.1.2 拉普拉斯变换的基本性质 … 211
　7.1.3 常用信号的拉普拉斯变换 … 211
7.2 拉普拉斯反变换 ……………… 212
7.3 动态线性电路的复频域模型 … 215
　7.3.1 基尔霍夫定律的复频域形式 … 215
　7.3.2 动态电路元件的 s 域模型 …… 215
7.4 线性电路的复频域等效模型和复频域法求解 …………… 217
　7.4.1 线性电路的复频域等效模型 …………………… 217
　7.4.2 线性电路的复频域法求解 … 218
拓展阅读：拉普拉斯变换的应用 … 219
7.5 习题 ………………………… 219

第8章 非正弦周期电流电路的稳态分析 221

引例：滤波电路 221
8.1 非正弦周期函数的傅里叶级数展开式 222
  8.1.1 非正弦周期电流电路的基本概念 222
  8.1.2 非正弦周期函数的傅里叶级数展开式详述 224
  8.1.3 非正弦周期函数的傅里叶级数展开式的简化 226
  8.1.4 非正弦周期函数的傅里叶级数查表求法 227
8.2 非正弦周期量的基本知识 228
  8.2.1 有效值、平均值、平均功率概述 228
  8.2.2 有效值、平均值、平均功率的计算 230
8.3 非正弦周期电流电路的分析方法 231
8.4 实践项目 信号的傅里叶级数仿真 233
  8.4.1 任务1 方波信号电路的傅里叶分析 233
  8.4.2 任务2 三角波信号电路的傅里叶分析 234
拓展阅读：傅里叶变换的意义 236
8.5 习题 237

附录A Multisim 与电路仿真 238

参考文献 254

第1章　电路的基本概念与基本定律

引例：手电筒电路

　　手电筒是普遍使用也是大家熟知的用电器。手电筒头部有灯泡，筒内有两片金属片，分别连接电池负极与灯泡负极，筒身有开关，如图1-1a所示。手电筒内部安装电池之后，灯泡正极与电池正极连接，打开开关，两片金属片连接，电路导通，灯泡发光。可以用图1-1b所示的电路图来表示手电筒电路。在图1-1b中，电池的作用是将化学能转换成电能；小灯泡则将电能转换成光能和热能；导线和开关实现电能的传输和控制。因此该手电筒电路完成了能量的传输、转换和控制。依据以上分析，可以推广到千差万别的实际电路。抛开它们的外在形式，研究它们的电磁特性，保留主要特性，把电路元器件理想化，按照各个元器件的作用将其分类，从而用电路模型表示各种实际电路，并对各种电路模型进行分析、计算等。

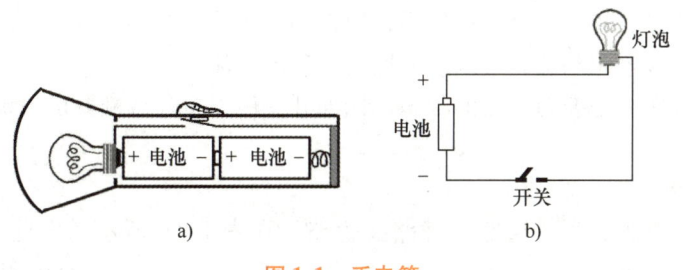

图1-1　手电筒
a）手电筒结构图　b）手电筒电路图

培养目标

1. 知识目标
1）掌握电路的基本概念与基本物理量，认识电路元器件符号。
2）熟练掌握电路中电压、电流的参考方向，基尔霍夫定律和电路元件的伏安特性。
3）了解安全用电常识。

2. 能力目标
1）能够看懂电路图，能够根据要求搭建直流电路。
2）会使用常用仪器仪表测量电压、电流等，会分析计算电功率。
3）能够按照规范要求撰写项目报告。

3. 素养目标
1）具有良好的自主学习和自我管理能力。

2）具有良好的学习习惯，乐于接受新概念，勇于尝试新方法。
3）具有安全意识，自觉遵守规章制度。
4）具有良好的工程意识、严谨的工作作风，自觉遵守工程规范。
5）具有社会责任心与环境保护意识。

1.1 电路与电路模型

1.1.1 电路

电作为一种优越的能量形式和信息载体已经成为当今社会不可或缺的重要组成部分，而电的产生、传输和应用又必须通过电路来实现。由各种电气元器件按一定方式连接，并可提供电量传输路径的总体，称为电路或电网络。电路的作用是实现能量的传输和转换等。

1. 电路的组成

通过手电筒电路的分析可知，尽管实际电路的形式多种多样，但在本质上都是由电源（或信号源）、负载、中间环节这3个部分组成的。显然在手电筒电路中，电池为电源，小灯泡为负载，导线及开关为中间环节。各个组成部分的功能如下。

电源（信号源）：将其他形式的能量（如热能、机械能、化学能等）转换成电能，如各类发电机、干电池、蓄电池及各种传感器等。

负载：将电能转换成其他形式的能量，如小灯泡、荧光灯、电动机、电炉等。

中间环节起连接、控制、分配等作用，包括连接导线、控制器件等。

连接导线：连接电源和负载，以形成回路，让电流流通。

控制器件：其作用是控制电路的状态，例如开关用以接通或断开电流流通的路径，控制小灯泡的亮暗。

2. 电路的状态

电路状态可以分为3种：通路、开路及短路。在图1-1b所示的电路中，若开关合上，则电路被接通，小灯泡亮，为通路；若开关断开，则电路不通，小灯泡灭，为开路（也可称为断路）。当电源不经负载直接闭合形成回路时，为短路，此时电流很大，常会损坏电气元器件。

1.1.2 电路模型

研究模型是指对一个现象、问题或系统的理论描述，通常是基于假设、前提条件和推断的。它是对实际现象或数据的抽象和简化，通常包括一个或多个变量以及它们之间的关系，可以用数学公式、图表或其他方式来表达，可以帮助人们更好地理解和分析这些现象或数据。在进行电路研究时，成千上万的实际电路元器件在外形、结构、功能等各个方面千差万别，给研究实际电路带来不便，这就需要抛开它们的外在形式，对它们电磁特性的共性进行抽象和简化，从而建立电路研究模型。比如白炽灯，电流通过时消耗电能，表现电阻性，同时又会产生磁场，表现电感性。研究表明，其电感性很弱。因此，为了便于分析，可以忽略白炽灯的电感性而用一个理想电阻元件来等效。电烙铁、电炉也主要是消耗电能，都可以将它们归结为电阻元件。把电池、发电机等能发出电能的器件归结为电源。

把实际电路元器件用理想电路元器件（电阻、电感和电容等）等效之后，用特定的图形符号表示，这样组成的电路图称为理想电路模型，简称为电路模型。由上面的分析可知，白炽灯和电炉的电路模型是相同的，都是电阻电路。电阻电路的电路模型如图 1-2 所示。在本书中所讨论的电路，如无特殊说明，均指的是电路模型，元器件均为理想元器件。部分电气图形符号见表 1-1。

图 1-2　电阻电路的电路模型

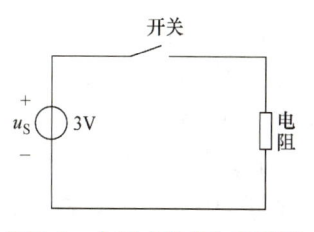

表 1-1　部分电气图形符号（根据国标 GB/T 4728—2018）

符号	名称	符号	名称	符号	名称
	电阻器		双向二极管		理想电压源
	可调电阻器		PNP 晶体管		半导体二极管
	电容器		绝缘栅场效应晶体管（IGFET），增强型、单栅、N 型沟道、衬底与源极内部连接		隧道二极管
	音响信号装置		双绕组变压器		单向击穿二极管
	灯		天线		与门
	正脉冲		线圈、绕组		直流电动机
	两电极压电晶体		理想电流源		运算放大器

电路可分为集总参数电路和分布参数电路，集总参数电路按其元器件参数是否为常数，又分为线性电路和非线性电路。本书重点学习集总参数元器件和集总参数线性电路的分析方法。

1.1.3　电路图

电路图是人们为了研究和工程的需要，用国家标准化的图形符号绘制的一种表示各元器件组成的图形。用导线将电源、开关（电键）、用电器、电流表及电压表等连接起来组成电路，再按照统一的符号将它们表示出来，这样绘制出的图就称为电路图。通过电路图，可以清楚地知道电路的工作原理，因此，电路图是分析电路性能、安装电子产品的主要设计文件。在设计电路时，也可以从容地在纸上或计算机上进行，确认完善后再进行实际安装。随着计算机发展和技术进步，可以应用计算机来进行电路的辅助设计和虚拟的电路实验，从而大幅提高工作效率。

1. 常用的电路图

常用的电路图有原理图、框图、装配图和印制板图等，下面简单介绍其定义。

1) 原理图又被叫作电路原理图。如图 1-2 就是一个简单的原理图。它是用统一、抽象的电气图形符号来代表种类繁多的实际元器件，突出主要因素，忽略次要因素，大幅简化了电路，便于识别、理解、分析和计算。由于它直接体现了电子电路的结构和工作原理，故一般用在设计、分析电路中。当分析电路时，通过识别图样上所画的各种电气图形符号以及它们之间的连接方式，就可以了解电路的实际工作情况。

2) 框图是一种用方框和连线来表示电路工作原理和构成概况的电路图。从根本上说，这也是一种原理图。不过在这种图样中，除了方框和连线，几乎就没有别的符号了。它和上面介绍的原理图主要的区别在于，原理图上详细绘制了电路的全部元器件和它们的连接方式，而框图只是简单地将电路按照功能划分为几个部分，将每一个部分描绘成一个方框，在方框中加上简单的文字说明，在方框间用连线（有时用带箭头的连线）说明各个方框之间的关系。因此，框图只能用来体现电路的大致工作原理，而原理图除了详细地表明电路的工作原理之外，还可以用来作为采购元器件、制作电路的依据。

3) 装配图是为了进行电路装配而采用的一种图样，图上的符号往往是电路元器件实物的外形图。只要照着图上画的样子，把电路元器件安装起来就能够完成电路的装配。这种电路图一般是供初学者使用的。

4) 印制板图全名是印制电路板（Printed Circuit Board，PCB）图。它是供装配实际电路使用的。印制电路板是在一块绝缘板上先覆上一层金属箔，再将电路不需要的金属箔腐蚀掉，剩下的金属箔部分作为电路元器件之间的连接线，然后将电路中的元器件安装在这块板上，利用板上剩余的金属箔作为元器件之间导电的连线，从而完成电路的连接。由于这种电路板的一面或两面覆的金属通常是铜皮，所以印制电路板又称为覆铜板。印制板图的元器件分布往往和原理图中的不大一样。这主要是因为，在印制电路板的设计中，不仅要考虑所有元器件的分布和连接是否合理，还要考虑元器件体积、散热、抗干扰以及抗耦合等诸多因素。综合这些因素设计出来的印制电路板，从外观看很难与原理图完全一致，而实际上却能更好地实现电路的功能。随着科技发展，目前印制电路板的制作技术已经有了很大的提高，除了单面板、双面板外，还有多面板，已经被大量运用到日常生活、工业生产、国防建设和航天事业等许多领域。常用的 PCB 软件有 Protel、Altium Designer、EPLAN 等。

在上面介绍的 4 种形式的电路图中，电路原理图是最常用也是最重要的。能够看懂原理图，也就基本掌握了电路的原理，绘制框图、设计装配图及印制板图就都比较容易了，进行电路的维修、设计也十分方便。因此，关键是掌握原理图。

2. 电路图的组成

电路图主要由元器件符号、连线、节点及注释 4 大部分组成。

1) 元器件符号表示实际电路中的元器件，它的形状与实际的元器件不一定相似，甚至可能完全不一样。但是它一般都表示出了元器件的特点，而且引脚的数目都和实际元器件保持一致。

2) 连线表示的是实际电路中的导线，在原理图中虽然是一根线，但在常用的印制电路板中往往不是线，而是各种形状的铜箔块，就像收音机原理图中的许多连线在印制电路板中并不一定都是线形的一样，也可以是一定形状的铜膜。

3) 节点表示几个元器件引脚或几条导线之间相互的连接关系。所有与节点相连的元器件的引脚、导线，不论数目多少，都是导通的。

4）注释在电路图中也是十分重要的，电路图中所有的文字都可以归入注释一类。在电路图的各个地方都有注释存在，它们被用来说明元器件的型号、名称等。

1.2 电路的基本物理量

电路的基本物理量包括电流、电压、电位、电动势、电功率。

1.2.1 电流

1. 电流概述

带电粒子（电荷）在电场力的作用下定向移动形成电流。将正电荷运动的方向定义为电流的实际方向。电流的大小用电流强度表示，定义为单位时间内流过某一导体横截面的电荷量，简称为电流。设在 dt 时间内通过导体横截面的电荷量为 dq，则电流表示为

$$i = \frac{dq}{dt}$$

在国际单位制（SI）中，时间 t 的单位为 s（秒），电荷量的单位为 C（库仑），电流的单位为 A（安培）。常用单位还有 kA（千安）、mA（毫安）、μA（微安）等。

当电流的大小和方向都不随时间变化时，称为恒定电流，简称为直流，用大写字母 I 表示。在直流电流中又可分为稳恒直流和脉动直流，在本书第 1、2 章里主要研究稳恒直流。若电流大小和方向都随时间变化则称为交流，用小写字母 i 表示。交流电流一般可分为正弦交流电流和非正弦交流电流。

2. 电流的参考方向

电流的实际方向规定为正电荷的运动方向或负电荷运动的相反方向。在进行复杂电路的分析时，若电流的实际方向很难确定或在电流的实际方向是变化的情况下，则需要假定一个电流正方向，称为参考正方向，简称为参考方向。电流的参考方向可用箭头表示，也可用字母顺序表示（电流的方向示意图如图 1-3 所示，用双下标表示时为 i_{ab}）。当电路中电流的参考方向与实际方向一致时，电流为正，即 $i > 0$，如图 1-3a 所示；当电流的参考方向与实际方向相反时电流为负，即 $i' < 0$，如图 1-3b 所示。在进行电路分析时，如果没有事先选定电流的参考方向，那么电流的正负就是无意义的。

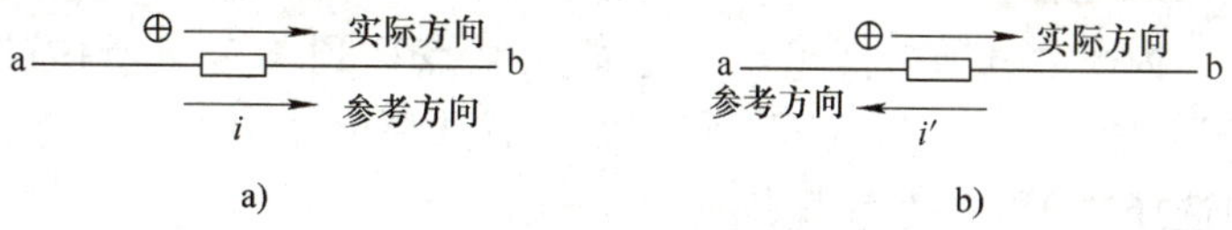

图 1-3 电流的方向示意图
a) 实际方向与参考方向一致 b) 实际方向与参考方向相反

【例 1-1】 已知电路中电流的参考方向如图 1-4 所示，且 $I_a = I_c = 1\text{A}$，$I_b = I_d = -1\text{A}$，试指出电流的实际方向。

图 1-4 例 1-1 图

解：a) $I_a = 1\text{A} > 0$，I_a 的实际方向与参考方向相同，即由 A 指向 B。

b) $I_b = -1\text{A} < 0$，I_b 的实际方向与参考方向相反，即由 B 指向 A。

c) $I_c = 1\text{A} > 0$，I_c 的实际方向与参考方向相同，即由 B 指向 A。

d) $I_d = -1\text{A} < 0$，I_d 的实际方向与参考方向相反，即由 A 指向 B。

需要注意的是，电流参考方向可以被任意设定，但是一旦设定好了，在分析电路时就不能随意更改。

1.2.2 电压、电位、电动势

1. 电压

带电粒子在电场力作用下沿电场方向运动，电场力对带电粒子做功。为衡量电场力对带电粒子所做的功，引入电压的概念。电场力把单位正电荷从电场中的 a 点移到 b 点所做的功，称为 a、b 间的电压，用 u 表示，即

$$u = \frac{\mathrm{d}W}{\mathrm{d}q}$$

在国际单位制中，电荷的单位为 C（库仑）；功的单位为 J（焦耳）；电压的单位为 V（伏特），常用单位还有 kV（千伏）、mV（毫伏）等。

2. 电压的参考方向

习惯上把电位降低的方向作为电压的实际方向。同电流一样，在不能确定电压的实际方向时，应选定一个参考方向，可用 +、- 号或箭头表示，也可用字母的双下标表示，例如图 1-5 中从 a 点到 b 点的电压为 U 或 U_{ab}。当电压的参考方向与实际方向一致时，$U > 0$，电压的实际方向由 a 指向 b；反之，$U < 0$，电压的实际方向由 b 指向 a。由图 1-5 中电压的参考方向可知，$U = U_{ab} = -U_{ba}$。

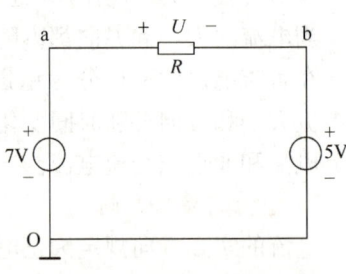

图 1-5 电压的参考方向

3. 电位

为衡量电场力把单位正电荷从某点移到参考点所做的功，引入电位的概念。一般用 "V" 表示，单位与电压相同。可任意选择电路中的参考点，参考点的电位为 0V，在图 1-5 中选择 "O" 点为参考点。

电路中任意一点的电位等于该点与参考点之间的电压，如 $V_a = U_{aO}$，$V_b = U_{bO}$。电路中两点间的电压也可用两点间的电位之差来表示，即

$$U_{ab} = V_a - V_b$$

电路中两点间的电压是不变的，而电位随参考点（零电位点）选择的不同而不同。

4. 电动势

在电路中，正电荷是从高电位流向低电位的，因此要维持电路中的电流，就必须有一个能克服电场力、把正电荷从低电位移至高电位的力，电源的内部就存在这种力，称为电源力。电源力把单位正电荷在电源内部从低电位端移到高电位端所做的功，称为电动势，用字母 e（E）表示。电动势的实际方向在电源内部从低电位指向高电位，即电位升的方向，单位与电压相同，用 V（伏特）表示。

设电源力把正电荷 $\mathrm{d}q$ 从低电位端移至高电位端所做的功为 $\mathrm{d}W_s$，则电源的电动势为

$$e = \frac{dW_s}{dq}$$

电压与电动势的关系如图 1-6 所示。在图 1-6a 中，电压 U 是电场力把单位正电荷由外电路从 a 点移到 O 点所做的功，由高电位指向低电位的方向，是电压的实际方向。电动势 E 是电源力在电源内部克服电场的阻力，把单位正电荷从 O 点移到 a 点所做的功，电动势的实际方向是电位升高的方向。在图 1-6a 这种参考方向下，电压和电动势相等，即 $U = E$。当电压的参考方向如图 1-6b 中所示由低电位点指向高电位点时，有 $U' = -E$。

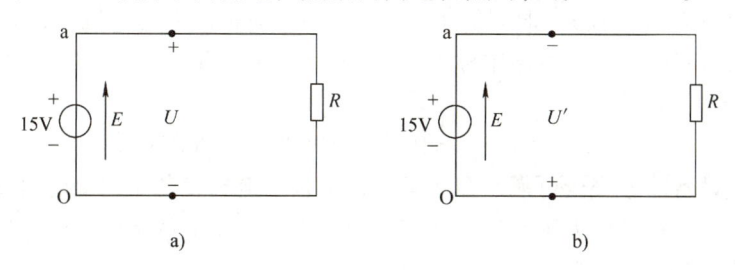

图 1-6 电压与电动势的关系
a) $U = E$ b) $U' = -E$

【例 1-2】 分别计算图 1-6 中的电动势 E 和电压 U、U′ 的值。

解： 若电动势方向为电位升高的方向，则 $E = 15V$。而规定电位降低的方向为电压的正方向，则有 $U = 15V$，$U' = -15V$，即 $U = E$，$U' = -E$。

在电路分析和计算中，电动势同电流、电压一样，参考方向可以任意假定。当计算结果为正时，实际方向与参考方向一致；当计算结果为负时，实际方向与参考方向相反。需要注意的是，参考方向一经选定后，在分析过程中不能改变。本书在电路中标出的电压、电流及电动势的方向一律指参考方向。

电压和电流的参考方向示意图如图 1-7 所示。在电路中，同一元器件的电压 u 与电流 i 的参考方向选择为"同方向"，即电流从电压的高电位点流向低电位点，称为相关联参考方向，如图 1-7a 所示，u 和 i 是关联参考方向。反之，电压和电流为非关联参考方向，如图 1-7b 所示，u 和 i′ 是非关联参考方向。图 1-7 中的方框可以是负载，也可以是电源。

图 1-7 电压和电流的参考方向示意图
a) 电压和电流为相关联参考方向 b) 电压和电流为非关联参考方向

1.2.3 电功率

电能对时间的变化率，称为电功率，简称为功率，用 p（或 P）表示，即

$$p = \frac{dW}{dt} = \frac{dW}{dq} \times \frac{dq}{dt} = ui$$

在国际单位制中，功率的单位为 W（瓦特）。常用单位还有 kW（千瓦）、mW（毫瓦）。

在元器件电流和电压为关联参考方向的情况下，元器件吸收的电功率为 $p = ui$，如图1-7a所示。在元器件电流和电压为非关联参考方向的情况下，元器件吸收的电功率为 $p = -ui'$，如图1-7b所示。当 $p > 0$ 时，该元器件消耗（吸收）功率；反之，当 $p < 0$ 时，该元器件发出功率。

电气设备在一段时间内所消耗的电能为

$$W = \int p dt = \int u i dt$$

当功率的单位为 W（瓦）、时间的单位为 s（秒）时，电能的单位为 J（焦耳）。工程上常用千瓦时作为电能的单位，生活中称为度，1 度 = 1kW·h，相当于功率为 1kW 的用电设备在 1h 内消耗的电能，即

$$1 \text{ 度} = 1\text{kW} \cdot \text{h} = 1000\text{W} \times 3600\text{s} = 3.6 \times 10^6 \text{J}$$

为了使电气设备能够安全可靠、经济运行，引入了电气设备额定值的概念。额定值就是电气设备在给定的工作条件下正常运行的容许值。电气设备的额定值是生产厂家规定的，一般标在铭牌上或者写在说明书里。

电气设备的额定值主要有额定电流 I_N、额定电压 U_N 和额定功率 P_N。额定电流是电气设备在电路的正常运行状态下允许通过的电流；额定电压是电气设备在电路的正常运行状态下能承受的电压，电压超过额定值为过电压、低于额定值为欠电压；额定功率 P_N 是电气设备在电路的正常运行状态下吸收和产生功率的限额。三者之间的关系为

$$P_N = U_N I_N$$

额定值是使用者使用电气设备的依据，使用时必须遵守。如一个白炽灯上标明 220V、60W，这说明额定电压为 220V，在此额定电压下消耗功率为 60W，当超过额定电压时，功率大于 60W，可能会因电流过大而烧毁，而低于额定值时，功率低于 60W，灯泡变暗。

【例 1-3】 图 1-8a 所示为一个电池，图 1-8b 所示为一个电阻，图 1-8c 和图 1-8d 所示为未知元件，试判断各个元件是发出功率还是吸收功率。

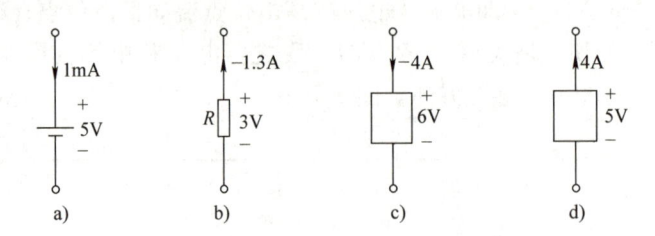

a) b) c) d)

图 1-8 例 1-3 图

解：在图 1-8a 中，电压和电流是关联参考方向，$P = UI = 1\text{mA} \times 5\text{V} = 5\text{mW} > 0$，元件吸收功率，此时电池作为负载被充电。

在图 1-8b 中，电压和电流是非关联参考方向，$P = -UI = -(-1.3\text{A} \times 3\text{V}) = 3.9\text{W} > 0$，这个电阻元件吸收功率。

在图 1-8c 中，电压和电流是关联参考方向，$P = UI = -4\text{A} \times 6\text{V} = -24\text{W} < 0$，元件发出功率，为电源。

在图 1-8d 中，电压和电流是非关联参考方向，$P = -UI = -4\text{A} \times 5\text{V} = -20\text{W} < 0$，元件发出功率，为电源。

1.3 线性电阻元件

导体对电流的阻碍作用称为该导体的电阻。导体的电阻越大,表示导体对电流的阻碍作用越大,相同电压下单位时间内通过该导体横截面的电荷量越少。电阻是导体本身固有的一种性质,不同的导体,电阻一般不同。本节主要介绍电阻的伏安关系和功率。

1.3.1 电阻伏安关系

电路中的电阻元件可以是实际的电阻,也可以是用电设备的理想化模型,如电炉、灯具等。我国使用的图形符号为一矩形,如图 1-9a 所示;美国、加拿大等国家用折线代表电阻元件,如图 1-9b 所示。电阻元件的表示字母是 R,在国际单位制中,单位为 Ω(欧姆)。常用单位还有 kΩ(千欧)、MΩ(兆欧)等。

图 1-9 电阻元件的图形符号
a) 我国常用的电阻符号 b) 美国等国家使用的电阻符号

如前所述,当电阻两端的电压与流过电阻的电流是关联参考方向时,根据欧姆定律,电压与电流有如下关系

$$u = iR \tag{1-1}$$

或者

$$i = Gu$$

式中,G 称为电阻元件的电导,是电阻的倒数,在国际单位制中单位为 S(西门子)。

由式(1-1)可得

$$R = \frac{u}{i} \tag{1-2}$$

当电阻 R 是常数时,称为线性电阻。线性电阻的伏安关系曲线如图 1-10 所示,是一条过原点的直线。反之,当电阻 R 不是常数时,称为非线性电阻。这里不讨论非线性电阻。

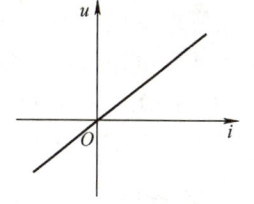

图 1-10 线性电阻的伏安关系曲线

1.3.2 电阻功率

根据功率的定义及式(1-1)、式(1-2)有如下关系

$$p = ui = i^2 R = \frac{u^2}{R} = u^2 G$$

电阻元件是耗能元件,一般把吸收的电能转换成热能消耗掉,因此功率不会小于零。电阻元件在一段时间内消耗的电能为

$$W = \int i^2 R \mathrm{d}t = \int \frac{u^2}{R} \mathrm{d}t$$

在直流电路中有

$$W = I^2Rt = \frac{U^2}{R}t$$

1.4 独立源和受控源

1.4.1 独立电压源

1. 理想电压源

理想电压源的输出电压与外接电路无关，即输出电压的大小和方向与流经它的电流无关，输出电压总保持为某一给定值或某一给定的时间函数，不随外电路变化而变化。理想直流电压源也称为恒压源。其模型如图1-11a所示。

当理想电压源为直流电压源时，输出恒定电压 U_S，其伏安关系曲线如图1-11b所示。理想电压源的特点是，输出电流的大小和方向及输出功率都由外电路确定。理想电压源可以吸收功率，也可以发出功率。

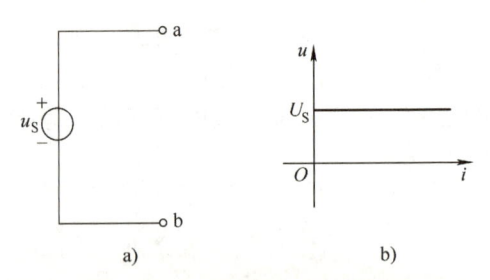

图1-11 理想直流电压源模型及其伏安关系曲线
a）理想直流电压源模型 b）伏安关系曲线

2. 实际电压源

理想电压源是不存在的。电源在对外提供功率时，不可避免地存在内部功率损耗，即实际电源内部存在内阻。以直流电压源为例，实际电压源模型如图1-12a所示，相当于理想电压源（或者称为源电压）串联一个电阻。带负载后端电压下降，伏安关系曲线如图1-12b所示，也称为电压源外特性曲线。

实际电压源的输出电压 U 为

$$U = U_S - IR_S \tag{1-3}$$

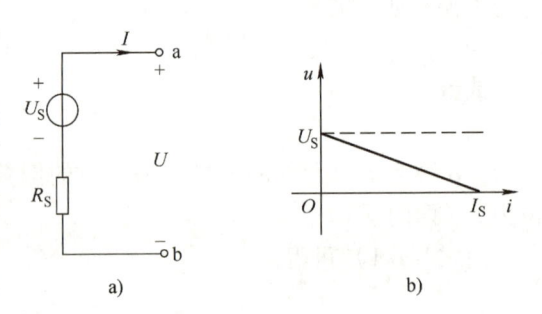

图1-12 实际电压源模型及其伏安关系曲线
a）实际电压源模型 b）伏安关系曲线

当实际电压源的等效内阻比负载电阻小得多时，可忽略电压源内阻，此时的电压源就近似为理想电压源。

由式（1-3）可以看出，当负载增大而使输出电流增加时，实际电压源的输出端电压随之下降，当电流增加到最大值时，输出电压为零，最大的电流为

$$I_S = \frac{U_S}{R_S}$$

此时，相当于输出端的两个端子被短接，称为短路状态。在实际使用中，一定要避免电压源两端短路，否则可能烧毁电源。

当电压源没有外接负载时,称为开路状态,此时输出电流为零,输出电压称为开路电压,即 U_{oc},大小等于该电压源对应的源电压,即

$$U = U_{oc} = U_S$$

1.4.2 独立电流源

1. 理想电流源

同理想电压源类似,理想电流源的输出电流与外接电路无关,即输出电流的大小和方向与其端电压无关,输出电流总保持为某一给定值或某一给定的时间函数,不随外电路变化而变化。理想电流源模型如图 1-13a 所示。理想电流源的特点是,输出电压大小和方向及输出功率均由外电路确定。在直流电流源的情况下,输出的电流是恒流 I_S,也称为恒流源,其伏安关系曲线如图 1-13b 所示。

2. 实际电流源

理想电流源也是不存在的。当加上负载时,输出的电流要小于理想电流源的源电流,相当于电流源内部对源电流有分流。图 1-14a 所示为实际直流电流源的模型,相当于一个理想电流源(恒流源)和一个电阻并联,图 1-14b 所示为该实际直流电流源的伏安关系曲线,也叫电流源外特性曲线。可见,电流源输出电流随负载的增加而降低。输出电流与源电流等效内阻及输出电压的关系为

$$I = I_S - \frac{U}{R_S} \tag{1-4}$$

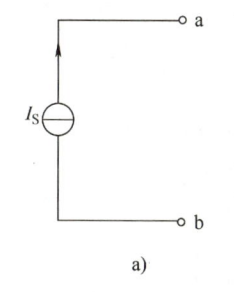

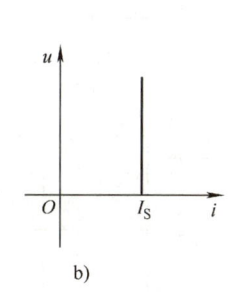

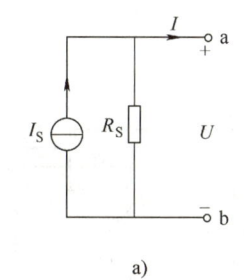

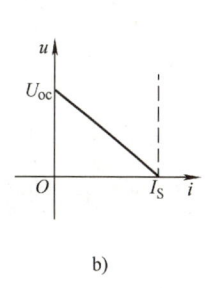

图 1-13 理想电流源模型及其伏安关系曲线
　　a)理想电流源模型　b)伏安关系曲线

图 1-14 实际直流电流源的模型及其伏安关系曲线
　　a)实际直流电流源模型　b)伏安关系曲线

当电流源的内阻比负载电阻大得多时,可忽略电源内阻,将 R_S 支路视为开路,此时的实际电流源可近似为理想电流源。

由式(1-4)可知,当电流源开路时,输出电流为零,此时输出端电压为

$$U = U_{oc} = I_S R_S$$

一般来说,一个实际的电源可以用电压源模型来等效,也可以用电流源模型来等效。当实际电源的输出电压随负载变化不大、比较接近恒压源的特性时,用电压源模型来等效;反之,当实际电源的输出电流随负载变化较小、比较接近恒流源的特性时,用电流源模型来等效。

1.4.3 受控源

前面介绍的电压源和电流源都是独立电源，这种电源的源电压或源电流是给定值或是给定的时间函数。在电路中还有另一类电源，这些电压源的源电压和电流源的源电流，是受电路中其他部分的电流或电压控制的，这种电源称为受控电源。当控制的电压或电流消失或等于零时，受控电源的电压或电流也将为零。

在受控源中，被控量和控制量之间一般可能有复杂的关系，在这里只介绍被控量与控制量之间成比例的受控源，即线性受控源。对于线性受控源，根据受控电源是电压源还是电流源以及是受电流控制还是受电压控制，可分为电压控制电压源（VCVS）、电流控制电压源（CCVS）、电压控制电流源（VCCS）和电流控制电流源（CCCS）4 种类型。这 4 种理想受控电源的模型如图 1-15 所示。

理想受控电源是指它的控制端和受控端都是理想的。在控制端，对电压控制的受控电源，其输入端电阻为无穷大；对电流控制的受控电源，其输入端电阻为零。在受控端，对受控电压源，其输出端电阻为零，输出电压恒定；对受控电流源，其输出端电压为无穷大，输出电流恒定。在图 1-15 中，受控端和控制端之间是线性关系。

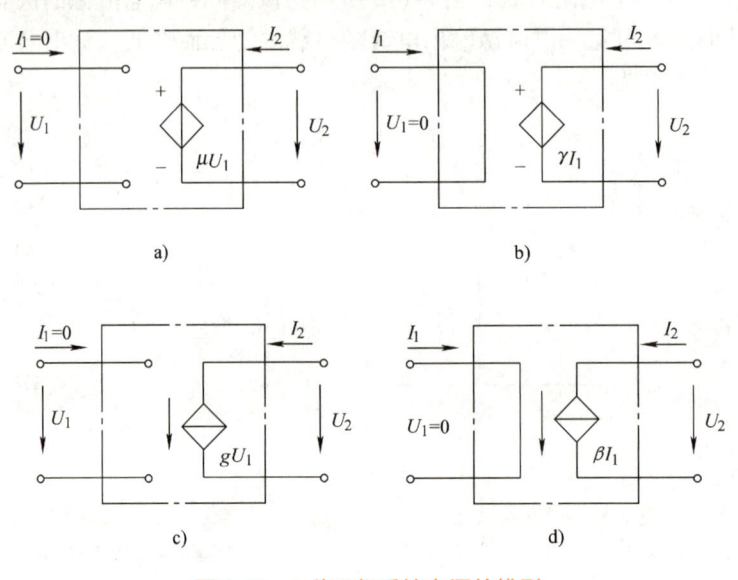

图 1-15　4 种理想受控电源的模型
a) VCVS　b) CCVS　c) VCCS　d) CCCS

图 1-15a 为电压控制电压源，受控电压与控制电压成正比，比例常数 μ 称为转移电压比，无量纲，表达式为 $U_2 = \mu U_1$。

图 1-15b 为电流控制电压源，受控电压与控制电流成正比，比例常数 γ 是具有电阻的量纲，称为转移电阻，表达式为 $U_2 = \gamma I_1$。

图 1-15c 为电压控制电流源，受控电流与控制电压成正比，比例常数 g 是具有电导的量纲，称为转移电导，表达式为 $I_2 = gU_1$。

图 1-15d 为电流控制电流源，受控电流与控制电流成正比，比例常数 β 称为转移电流比，无量纲，表达式为 $I_2 = \beta I_1$。

同独立电源一样，受控源也是有源器件，在电路中是吸收功率还是发出功率视受控源的电压和电流的实际方向而定；受控源的功率等于其受控支路的功率。

分析含有受控源的电路时要注意以下几个方面：

1）受控源不但大小受控制量控制，而且电压极性或电流方向也受控制量控制。
2）在控制量不为零的情况下，受控电压源不能短路，受控电流源不能开路。
3）在电路等效变换过程中，控制量不能消失。

1.5 基尔霍夫定律

在前面讨论的电阻元件电路中，电阻元件的欧姆定律反映的是电路中元件的约束关系，而在一个电路中各处的电压和电流不但受元件类型和参数的影响，而且还与电路的结构密切相关，基尔霍夫定律反映的就是电路的结构约束关系。

1.5.1 基本概念

在介绍基尔霍夫定律之前，先介绍一下有关电路的几个概念。

1）支路。通常情况下，电路中的每一分支称为支路，同一支路上的元件流过同一电流。具有 3 条支路的电路如图 1-16 所示。其中两条含电源的支路 acb、adb 称为有源支路。不含电源的支路 ab 称为无源支路。

2）节点。电路中 3 条或 3 条以上支路的连接点称为节点，图 1-16 中有两个节点 a、b。

3）回路。电路中任一闭合路径称为回路，图 1-16 中有 adba、abca 和 adbca 3 个回路。

4）网孔。当回路内不含交叉支路时，该回路也被称为网孔。在平面电路里，网孔就是自然孔，图 1-16 中有 adba、abca 两个网孔。

图 1-16 具有 3 条支路的电路

5）网络。一般把包含较多元器件的电路称为网络。实际上，网络就是电路，两个名词可以通用。

6）二端网络。与外部连接只有两个端点的电路称为二端网络，也称为一端口网络，二端网络如图 1-17 所示。实际上，每一个二端元件，如电阻、电感、电容等，就是一个最简单的二端网络。

7）等效二端网络。当两个二端网络对外电路的作用效果相同、具有相同的外特性时，这两个二端网络等效。图 1-18 所示的两个二端网络 N_1 与 N_2，当它们接相同的外电路时，产生的非零电压、电流对应相等，即 $u_1 = u_2$，$i_1 = i_2$，则 N_1 与 N_2 互为等效二端网络。

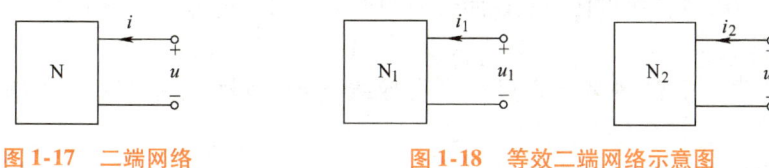

图 1-17 二端网络　　　　图 1-18 等效二端网络示意图

需要指出的是，等效网络指的是对外等效，对内一般是不相等的，即内部电路结构可以不同，但对外部电路的作用（影响）是完全相同的。

1.5.2 基尔霍夫电流定律

基尔霍夫电流定律（Kirchhoff's Current Law，KCL）叙述如下：**在电路中对任一节点，在任一时刻流进该节点的电流之和等于流出该节点的电流之和**，即

$$\Sigma i_\text{入} = \Sigma i_\text{出}$$

对于图 1-16 中的节点 a 有

$$I_1 + I_2 = I_3 \tag{1-5}$$

如果假设流入节点的电流为负，流出节点的电流为正，那么基尔霍夫电流定律就可叙述为：在电路中任何时刻，对任一节点所有支路电流的代数和等于零，即

$$\Sigma i = 0 \tag{1-6}$$

对于图 1-16 中的节点 a 有

$$-I_1 - I_2 + I_3 = 0 \tag{1-7}$$

式（1-5）和式（1-7）是等价的，两种说法含义相同。

对于图 1-16 中的节点 b 应用基尔霍夫电流定律有

$$I_1 + I_2 - I_3 = 0 \tag{1-8}$$

式（1-8）两边乘负号就变换成式（1-7），所以两个方程互相不独立，即在两个节点的电路中，只有一个独立的电流方程，在两个节点的电路中只有一个独立节点。可证明，当电路中有 n 个节点时，有 $n-1$ 个节点是独立的。

【例1-4】 在图 1-19 所示电路中，各支路电流的参考方向如图所示，其中 $I_1 = 7A$，$I_2 = -5A$，$I_4 = 2A$，$I_5 = 3A$，试求电流 I_3 的值。

解： 根据基尔霍夫电流定律有

$$I_1 - I_2 + I_3 - I_4 + I_5 = 0$$
$$I_3 = -I_1 + I_2 + I_4 - I_5$$
$$= [-7 + (-5) + 2 - 3]A$$
$$= -13A$$

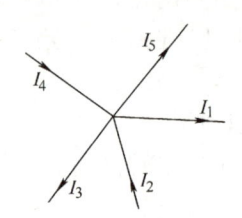

图 1-19 例 1-4 电路图

从基尔霍夫电流定律可以推出以下两个推论。

推论1： 任一时刻，穿过任一假设闭合面的电流代数和恒为零，图 1-20a 所示的点画线框内为广义节点。

推论2： 若两个电路网络之间只有一根导线连接，则该连接导线中的电流为 0，如图 1-20b 所示。

例如，在图 1-20a 中，对节点 a 有　　$-i_1 - i_6 + i_4 = 0$

对节点 b 有　　　$-i_2 - i_4 + i_5 = 0$
对节点 c 有　　　$-i_3 - i_5 + i_6 = 0$

把上面 3 个方程式相加，得　　$i_1 + i_2 + i_3 = 0$

即在图 1-20a 中，点画线所包围的封闭面电流的代数和为零。

在图 1-20b 中，网络 1 与网络 2 之间只有一根导线连接，设网络 1 流进网络 2 的电流为 I，但无网络 2 流进网络 1 的电流，根据 KCL，则 $I = 0$。

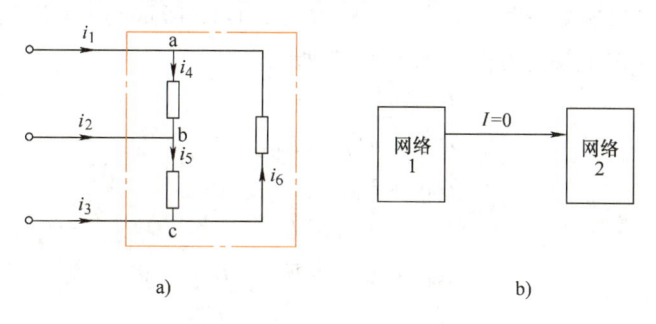

图 1-20　基尔霍夫电流定律推论
a）部分闭合电路　b）两个电路网络

【**例 1-5**】　电路如图 1-21a 所示，已知 $I_1 = 3A$，$I_2 = 4A$，$I_3 = 8A$，求恒流源的电流 I_S。

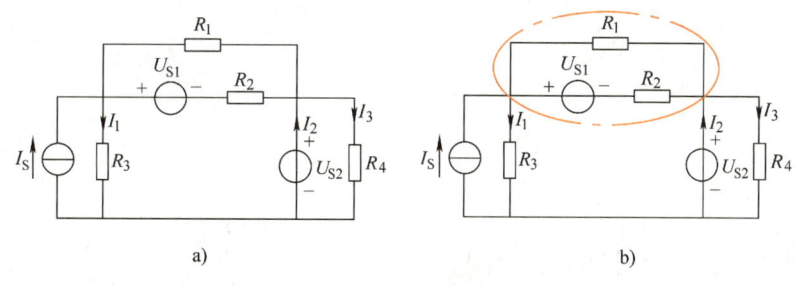

图 1-21　例 1-5 电路图

解：把图 1-21 中的 R_1、R_2 所在支路看成闭合面，即图 1-21b 中的点画线框内部分。根据基尔霍夫电流定律的推论列方程有

$$I_1 - I_2 + I_3 - I_S = 0$$

解得

$$I_S = I_1 - I_2 + I_3$$
$$= (3 - 4 + 8)A$$
$$= 7A$$

1.5.3　基尔霍夫电压定律

基尔霍夫电压定律（Kirchhoff's Voltage Law，KVL）是反映电路中对组成任一回路的所有支路的电压之间的相互约束关系。表述如下：

在电路中任何时刻，沿任一闭合回路的各段电压的代数和恒等于零，当电压的方向与绕行方向一致时，取正；与绕行方向相反时，取负。表达式为

$$\Sigma u = 0$$

在回路中，若有电压源存在，则电源电势升与绕行方向一致取正，相反取负。基尔霍夫电压定律还可以叙述为在电路中任何时刻，沿任一闭合回路的所有电势升之和等于电压降之和。表达式为

$$\Sigma u_S = \Sigma u$$

【例1-6】 根据基尔霍夫电压定律，分别对如图1-16所示的各回路列方程。

解：对各个回路选定绕行方向，如图1-22所示。

对回路1有 $U_{R1} + U_{R3} - U_{S1} = 0$

或者 $U_{S1} = U_{R1} + U_{R3}$

对回路2有 $U_{R2} + U_{R3} - U_{S2} = 0$

或者 $U_{S2} = U_{R2} + U_{R3}$

对大回路3有 $U_{R1} - U_{R2} + U_{S2} - U_{S1} = 0$

或者 $U_{S1} - U_{S2} = U_{R1} - U_{R2}$

基尔霍夫电压定律不但适用于闭合回路，而且可推广应用于不闭合电路。假设电路是通过某元件闭合的，图1-23所示为部分电路的KVL，右侧可以是一个元件或者电路网络。在这种情况下，基尔霍夫电压定律仍成立，并且两点间电压是定值，与计算时所沿路径无关，表示为

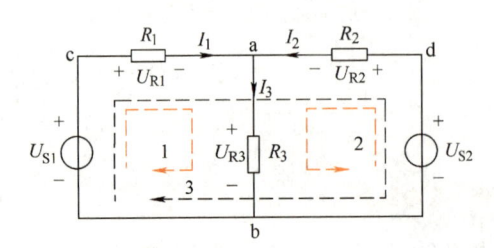

$$U_S = U + U_1$$

图1-22 例1-6电路图

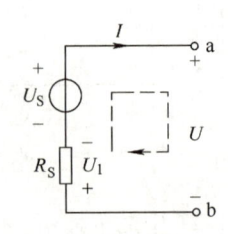

图1-23 部分电路的KVL

【例1-7】 电路如图1-24a所示，试求图中的电压 U_4 和E、B两点间的电压 U_{EB} 以及A、D两点间的电压 U_{AD}。

解：1）在回路中选定绕行方向如图1-24b虚线1所示，根据KVL，有

$$U_1 - U_2 + U_3 - U_4 - U_5 = 0$$
$$U_4 = U_1 - U_2 + U_3 - U_5 = 5V$$

2）选绕行方向如图1-24b虚线2所示，根据KVL，有

$$U_{EB} - U_1 + U_5 = 0$$
$$U_{EB} = 1V$$

3）选绕行方向如图1-24b虚线3所示，根据KVL，有

$$U_{AD} - U_4 - U_5 = 0$$
$$U_{AD} = 7V$$

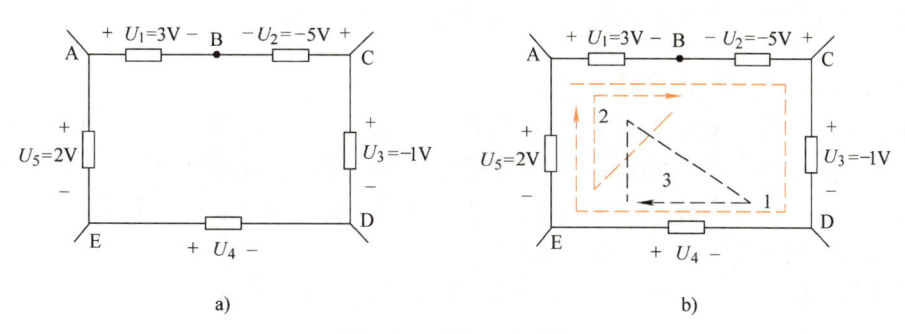

图 1-24 例 1-7 电路图

【例 1-8】 求图 1-25a 所示电路的开路电压 U_{ab}。

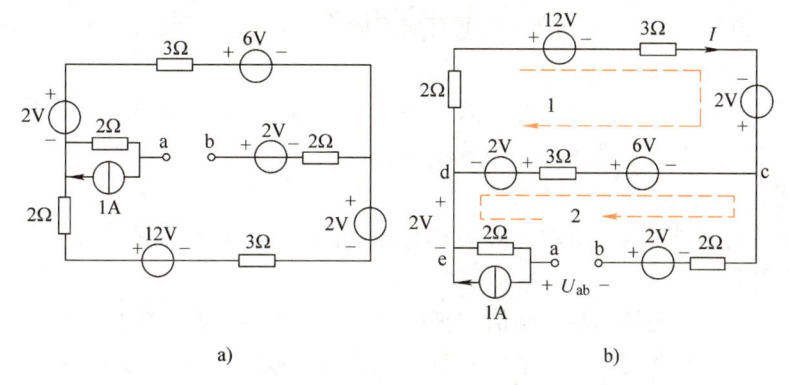

图 1-25 例 1-8 电路图

解： 先把图 1-25a 改画成图 1-25b，求电流 I。

在回路 1 中，有 $12 - 2 + 3I - 6 + 3I + 2 + 2I = 0$，则 $I = -3/4$ A

根据基尔霍夫电压定律，在回路 2 中，得

$$U_{ab} = [-2 \times 1 - 3 \times (-3/4) - 2 + 6 + 0 - 2]\text{V} = 9/4\text{V}$$

1.6 实践项目　基本电工仪表的使用与测量误差的计算

项目目的

熟悉实验台上仪器仪表的使用和布局，熟悉恒压源与恒流源的使用和布局，掌握电压表、电流表的使用方法；会测量电压和电流，会计算电工仪表的测量误差。

设备材料

1）直流数字电压表、直流数字电流表（EEL-06 组件或 EEL 系列主控制屏）。

2）恒压源（均含在主控制屏上，根据用户的要求，配置双路 0~30V 可调）。

3）恒流源（0~500mA 可调）。

4）挂箱（含电阻箱、固定电阻及电位器）。

本实验使用的电压表和电流表采用带有表头组件的表头（1mA、160Ω）及其由该表头串、并联电阻所形成的电压表（1V、10V）和电流表（1mA、10mA）。

1.6.1 任务1 电路测量的基本知识

1. 电工测量常用的仪器仪表

电工仪表的作用是测量各种电参数，如电流、电压、周期、频率、电功率、功率因数、电阻、电感、电容等。电工通过测量这些电参数，便可以了解电路的电气设备的技术性能和工作情况，以便进行适当的处理和必要的调整，保证电路正常工作和设备安全运行。因此，电工必须掌握常用电工仪表的原理和使用方法。

本任务使用的仪表为万用表，主要用来测量交直流电压、电流、直流电阻及晶体管电流放大倍数等。

在测量直流电压电流时，万用表的正极端（红表笔）要接外电路正极，公共端（黑表笔）要接外电路负极。测交流电压电流时则不用区分极性。

在测量直流电阻时，万用表的红表笔对应表内电池负极，而黑表笔则对应电池正极，这在测量半导体元器件时尤为重要。

常见的万用表主要有指针式和数字式两种，它们测量的档位大同小异，从使用者的角度看，两者的不同之处主要是数值显示方式不同。

（1）指针式万用表

指针式万用表如图1-26a所示，万用表上有个表盘，表盘上有多条弧形刻度尺，用来读取指针所指的数值。

- 标有"Ω"标记的是测量电阻值的刻度尺，左起为∞，右端为0。
- 标有"≅"标记的是测量交直流电压、电流的刻度尺，左起为0，右端为档位值。很多表上还会有一条"～"刻度，专用于测量交流档位的最低一档。
- 标有"hFE"标记的是测量晶体管电流放大倍数的刻度尺。
- 标有"dB"标记的是测量电平的刻度尺。

指针式万用表使用前必须先检查调零，仪表按规定放置平稳，若指针未停在起点零位置，要用螺丝刀调节表头校正螺钉，使指针指在刻度起点零位置。调好以后，一般在使用时不必每次调整。

（2）数字式万用表

数字式万用表一般使用液晶显示屏，直接显示出测量结果的数值，具有读数方便、准确、防磁的优点，如图1-26b所示。

在数字式万用表上会见到功能旋钮，旋钮所指的是测量的档位，分别介绍如下：

- A～：测量交流电流，图中有几个档位可选，测量时，要根据电流大小适当选择档位，选择档位小会超量程，档位过大会影响测量精度。比如电流小于2mA，则选择2mA档位；电流在100mA左右，就要选择200mA档位。
- A–：测量直流电流的档位。
- V～：测量交流电压的档位。
- V–：测量直流电压的档位。
- Ω：测量电阻的档位。

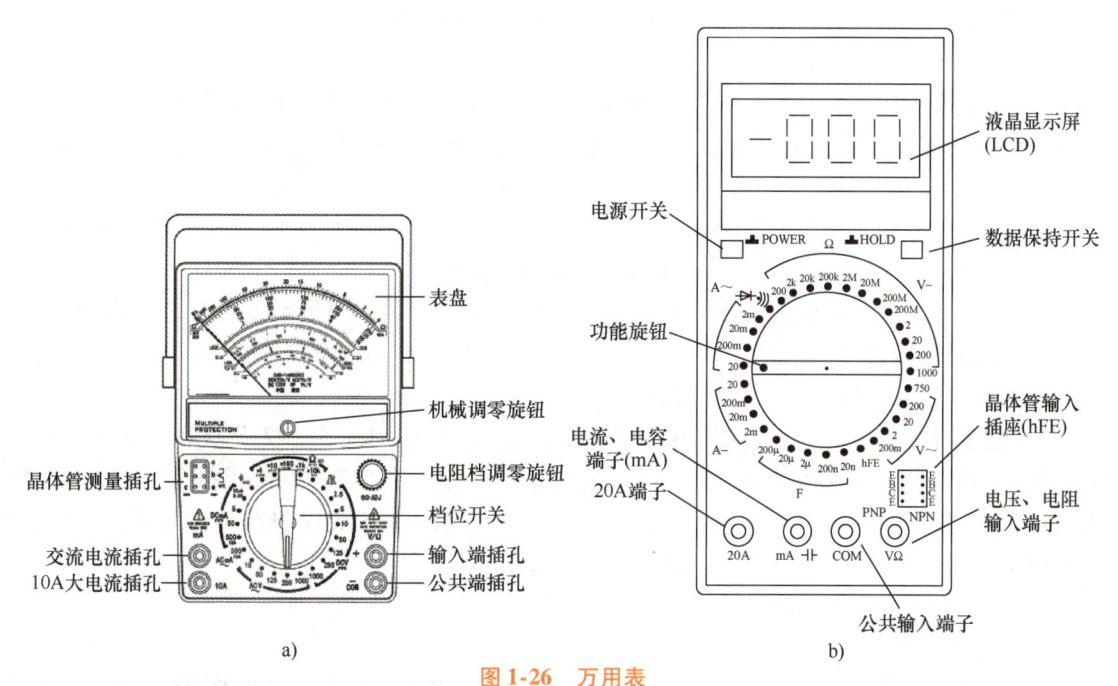

图 1-26 万用表
a) 指针式万用表 b) 数字式万用表

- F：测量电容的档位。
- hFE：测量晶体管电流放大倍数。

使用数字式万用表的注意事项如下：

1）用万用表电阻档测量电阻时，切记不要带电测量，而且被测电阻不能有并联支路。

2）测量电阻值比较大的电阻时（比如 10MΩ 的电阻），应先将两支表笔短路，此时显示的值可能为 1MΩ。每次测量完毕需把测量结果减去此值，才是实际电阻值（电阻档高时，误差会比较大）。

3）刚开始测量时仪表会出现跳数现象，应等待显示值稳定之后再去测量。

4）在事先无法估计被测电压（或电流）的大小时，应先拨至最高量程试测一次，再根据情况选择合适的量程。

5）若测试时万用表最高位显示数字"1"，其他位消隐，证明仪表已发生过载，应选择更高的量程。

6）测量电流时当输入电流超过 2A 时，应将红表笔改接至"20A"插孔，该孔一般未加保护装置，因此测量大电流时间不得超过 10~15s，以免锰铜分流电阻发热后改变电阻值，影响读数的准确性。

7）避免操作上的误动作，如用电流档测电压，用电阻档测电压或电流，用电容档测带电的电容器等，以免损坏仪表。另外，严禁在测量大电压时（比如220V），红表笔接在电流端，这可能会烧毁万用表。

8）测量电阻、二极管、检查电路通断时，红表笔应接 VΩ 插孔，此时红表笔带正电，黑表笔接 COM 插孔带负电，这与指针式万用表的电阻档恰好相反。检测二极管、晶体管、发光二极管（LED）、电解电容器等有极性的元器件时，必须注意表笔的极性。

9）数字式万用表内由电子电路组成，必须通电才能使用。

2. 电工测量仪表的分类

1）按用途不同：可分为电压表、电流表、功率表、电度表等；还可根据电流种类，分为直流表、交流表和交直流两用表3种，还有集测量电流、电压、电阻等功能于一体的万用表。

2）按作用原理：常用的有磁电式、电磁式、电动式和感应式4种，其他还有振动式、热电式、热线式、静电式、整流式、光电式和电解式等。

3）按测量方法：可分为直读式和比较式两种。直接指示被测量数值的仪表，称为直读式仪表，例如电压表、电流表、功率表等；被测量数值用"标准量"比较出来的仪表，称为比较式仪表，如平衡电桥、补偿器等。

4）按准确度：可分为0.1级、0.2级、0.5级、1.0级、1.5级、2.5级和5.0级7种。0.2级仪表的允许误差为0.2%，0.5级仪表的允许误差为0.5%，以此类推。0.1级～0.5级仪表准确度较高，多用在实验室作为校验仪表。1.5级～5.0级仪表准确度较低，一般装在配电盘和操作台上，用来监视电气设备运行情况。

3. 电工常用的测量方法

（1）直接测量法

凡是能用直接指示的仪器仪表读取被测数值，而无须度量器直接参与的测量方法，都叫作直接测量法。在电工作业上的体现是：用电压表测量电压、电流表测量电流、功率表测量功率等。这种测量方法的优点是简单方便，能快速获取测量数据。但是缺点也很明显，由于仪表接入被测电路后会使电路工作状态发生变化，所以测量结果的准确度较低。

（2）间接测量法

测量时先测出与被测量有关的电量，然后通过计算求得被测量数值的方法，就是间接测量法。比如说用"伏安法"测量电阻，就是先测量出电压和电流，再根据欧姆定律算出被测电阻的电阻值，就是典型的间接测量法。间接测量法在准确度要求不高的场所使用非常方便，但是该测量法误差比较大的缺点也不容忽视。

（3）比较测量法

比较测量法是指被测量与度量器在比较仪器中进行比较后，从而得到被测量数值的一种方法。电桥法测量电阻的原理就是利用了比较测量法。比较测量法的准确度和灵敏度较高，其准确度最高可达±0.001%，适用于精密测量。但是比较测量法操作麻烦、设备复杂、成本较高，所以不如其他两种测量方法的应用范围广。

1.6.2 任务2 元器件的识别和测量

1. 元器件的识别

（1）电阻

电阻在电路中用"R"加数字表示，例如R_7就表示编号为7的电阻，电阻在电路中的主要作用为分流、限流、分压、偏置、滤波（与电容器组合使用）和阻抗匹配等。电阻的识别主要有两种方法：数标法和色标法。

实操：认识电阻

数标法主要用于贴片等小体积的电阻，如：103 表示 10000Ω（10 后面加 3 个 0），也就是 10kΩ。

色标法通常用于色环电阻器，其表示方法如图 1-27 所示。

颜色	第一位数	第二位数	第三位数	倍数	容许差
黑	0	0	0	1	
棕	1	1	1	10	F(±1%)
红	2	2	2	100	G(±2%)
橙	3	3	3	1000	
黄	4	4	4	10000	
绿	5	5	5	100000	D(±0.5%)
蓝	6	6	6	1000000	C(±0.25%)
紫	7	7	7	10000000	B(±0.1%)
灰	8	8	8	100000000	
白	9	9	9	1000000000	
金				0.1	J(±5%)
银				0.01	K(±10%)

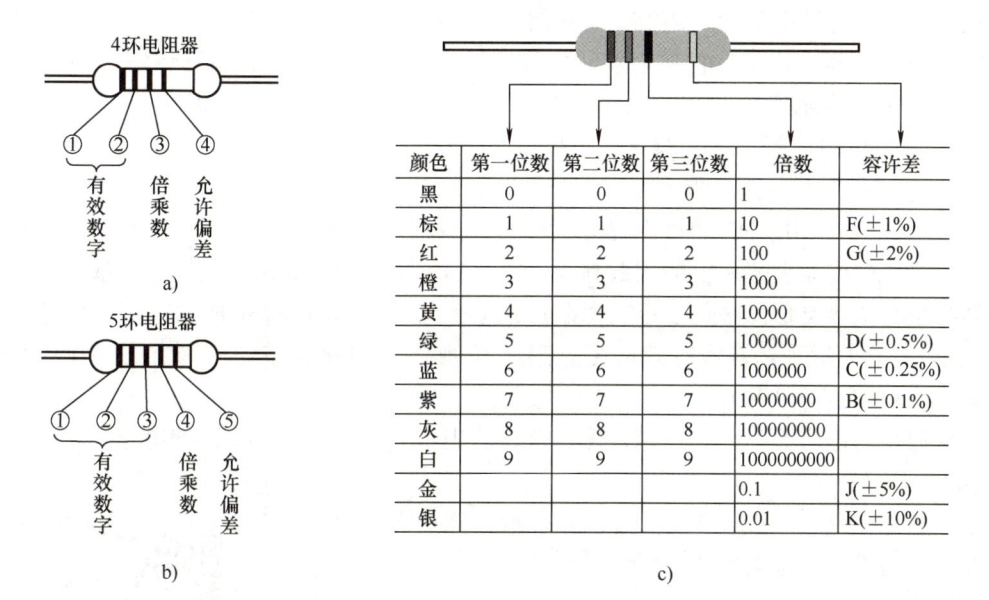

图 1-27　色标法

a）4 环电阻器　b）5 环电阻器　c）色标法标识

（2）电容

电容在电路中一般用"C"加数字表示，例如 C_{160} 就表示编号为 160 的电容。电容是由两片金属膜紧靠、中间用绝缘材料隔开而组成的元件。电容的特性主要是隔直流通交流。电容的识别方法分直标法、色标法和数标法 3 种。

常见的电解电容，如图 1-28a 所示，通常是圆柱形的，常见的外壳颜色是蓝色，此外还有黑色等。它的体积比普通固定电容器要大许多。它有两根引脚，一长一短，以区分引脚的

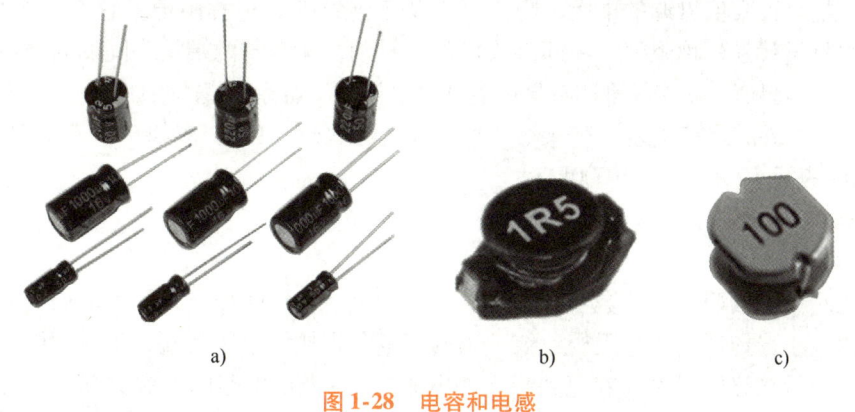

图 1-28　电容和电感

a）电解电容　b）电感直标法　c）电感数标法

正、负极性，长引脚为正极，短引脚为负极。电解电容的容量较大，一般均在 1μF 以上（有些电解电容的容量小于这一值），这种电容绝大多数采用直标法，其容量值在电容上直接标明，如 1μF/50V、1000μF/16V。

色环电容与色环电阻标识法类似，如图 1-27c 所示。

容量小的电容，其容量值在电容上用数标法表示。数标法一般用三位数字表示容量大小，其中前两位表示有效数字，第三位数字是倍率，单位是皮法（pF）。例如，102 表示 $10 \times 10^2 pF = 1000pF$，224 表示 $22 \times 10^4 pF = 0.22μF$。

(3) 电感

电感在电路中常用"L"加数字表示，例如 L_{10} 表示编号为 10 的电感。电感线圈是将绝缘的导线在绝缘的骨架上绕一定的圈数制成。电感的识别也分直标法、色标法和数标法 3 种。

数标法与电容类似。多见于小功率贴片式电感上面，如图 1-28c 所示，用三位数字表示容量大小，其中前两位表示有效数字，第三位数字是倍率，单位是微亨（μH）。例如，100 表示 $10 \times 10^0 μH = 10μH$。

色标法也与电阻类似。如：棕、黑、金、金表示 1μH（误差 5%）的电感。

(4) 二极管

二极管在电路中常用"VD"加数字表示，例如 VD_9 表示编号为 9 的二极管。二极管的主要特性是单向导电性，也就是在正向电压的作用下，导通电阻很小；而在反向电压作用下，导通电阻极大或无穷大。二极管有锗管和硅管之分。锗管正向压降比硅管小，正向压降 0.1~0.3V 为锗二极管，正向压降 0.5~0.8V 则为硅二极管。

二极管的识别比较容易，可以直接通过符号标志"P""N"来确定二极管的极性；发光二极管的正负极可从引脚长短来识别，长引脚为正极，短引脚为负极。

(5) 晶体管

晶体管在电路中常用"VT"加数字表示，例如 VT_3 表示编号为 3 的晶体管。晶体管是内部含有 2 个 PN 结，并且具有放大能力的特殊器件。晶体管引脚的排列方式具有一定的规律，在平面朝向自己的状态下，从左到右依次是 e、b、c 三个引脚，容易识别。

(6) 电位器

电位器是一种阻值可调的电阻，阻值可以从零连续变到标称阻值，它有 3 个引出接头，两端接头的阻值就是标称阻值。中间接头可随轴转动，使其与两端接头间的阻值改变。电位器的型号、标称阻值、功率等都印在电位器外壳上。电位器标称值读数：第一、二位数值表示电阻的第一、二位，第三位表示倍乘数 10^n，单位是欧姆（Ω）。例如 204 表示 $20 \times 10^4 Ω = 200kΩ$，105 表示 $10 \times 10^5 Ω = 1000kΩ$。

2. 元器件的测量

(1) 电阻的测量

电阻的测量比较简单，将数字式万用表的红表笔插入 VΩ 插孔，黑表笔插入 COM 插孔，根据电阻的大小选择适当的电阻档，红、黑两表笔分别接触电阻两端，观察读数即可。需要特别注意，测量在路电阻时（在电路板上的电阻），应先把电路的电源关断，以免引起读数抖动。禁止用电阻档测量电流或电压（特别是交流 220V 电压），否则容易损坏万用表。在路检测时注意电阻不能有并联支路。电阻档选得比较大时（比如测量 10MΩ 的电阻）应先将两支表笔短路，显示的值可能为 1MΩ。每次测量完毕需把测量结果减去此值，才是实际电阻值（电阻档高时，误差会比较大）。

（2）电容的测量

检测电容有专用的电容表来测量电容容量，也可用万用表测量。

用指针式万用表检测电容好坏：将电解电容两个引脚搭接，使电解电容短路放电。用万用表 $R×1k$ 档红、黑表笔接电容正、负极。接上万用表瞬间，电容充电，表针向右摆动，表针幅度越来越大，电解电容容量越大。随着电容的放电，表针又向左摆回，最后停在某一位置。若表针停在∞处，说明电容漏电很小，测不出来。漏电小，说明电容质量好。在测试中，若表针始终停在∞处，表明电容内部已开路断开。若在 0 处，表明电容被击穿，内部短路。

某些数字式万用表具有测量电容的功用，假设其量程分为"200μ"和"20μ"两档，测量时先将红表笔接到电容插孔（不同型号的万用表，其电容插孔不同，有的是 mA 插孔，有的是 VΩ 插孔），黑表笔接到 COM 插孔，功能档位选择电容档位，再用红、黑表笔接已放电的电容两引脚（红表笔接电容正极，黑表笔接电容负极），选取适当的量程后就可读取显示数据。"200μ"档适用于测量 20～200μF 之间的电容；"20μ"适用于测量 2～20μF 之间的电容。

（3）电感器的检测

将万用表置于电阻档，红、黑表笔各接色码电感器的任一引出端，此时指针应向右摆动。根据测出的电阻值大小，可具体分下述情况进行鉴别：

1）被测色码电感器电阻值为零，其内部有短路性故障。

2）被测色码电感器直流电阻值的大小与绕制电感器线圈所用的漆包线径、绕制圈数有直接关系，只要能测出电阻值，则可认为被测色码电感器是正常的。

（4）二极管好坏的判断

万用表选用 $R×1k$ 档（$R×1$ 档电流太小，$R×10k$ 档电压太高，易损坏二极管），两表笔分别接于二极管两端，测得一阻值，再对调两表笔，测得另一阻值。二极管正向电阻很小（几十到几百欧姆），反向电阻很大（几十到几百千欧姆）。若正、反向电阻值相差很大，说明二极管单向导电性能好，若两次值均很小或很大，则二极管质量有问题（很小说明内部击穿短路，很大说明内部开路）。

（5）晶体管的检测

1）晶体管好坏的检测。可以借助万用表来进行判断。将万用表调至电阻档，对晶体管的 3 个引脚两两进行测量，共测量 6 次，若其中两次可以测到电阻值则说明晶体管是好的，其他情况是坏的。

2）晶体管类型的检测。晶体管有两种类型，即 PNP 型和 NPN 型。判别时只要知道基极是 P 型材料还是 N 型材料即可。当用万用表 $R×1k$ 档时，黑表笔代表电源正极，如果黑表笔接基极时导通，则说明晶体管的基极为 P 型材料，即为 NPN 型晶体管。如果红表笔接基极导通，则说明晶体管基极为 N 型材料，即为 PNP 型晶体管。

（6）电位器的检测

首先根据被测电位器阻值的大小，选择好万用表的合适电阻档位，测量一下阻值，即两端片之间的电阻值，与标称阻值比较，看两者是否一致。同时旋动滑动触头，其值应固定不变。如果阻值无穷大，则此电位器已损坏。

然后测量其中心端与电阻的接触情况,即中心端与末端之间的电阻值。方法是将万用表电阻档打在适当量程,测量过程中,慢慢旋转转轴,注意观察万用表的读数,正常情况下,读数平稳地朝一个方向变化,若出现跳动、跌落或不通等现象,说明活动触点有接触不良的故障。

当中心端滑到首端或末端,理想状态下中心端与重合端的电阻值为0,在实际测量中,会有一定的残留值(一般视标称阻值而定,一般小于5Ω),属正常现象。

1.6.3 任务3 数据的处理及误差的计算分析

1. 电路实验数据的处理

(1) 有效数字

由于存在误差,因此测量的数据总有近似值,它通常由可靠数字和欠准数字两部分组成。例如,由电压表测得的电压24.3V就是一个近似数,24为可靠数字,3为欠准数字,即24.3为3位有效数字。对于有效值的表示,应注意以下几点。

1) 有效数字是指从左边第一个非零数字开始,到右边最后一个数字为止的所有数字。例如,测得的频率为0.0235MHz,则它是由2、3、5这3个有效数字组成的频率值,左边的两个零不是有效数字。它可以写成 2.35×10^{-2} MHz,也可写成23.5kHz,但不能写成23500Hz。

2) 若已知误差,则有效值的位数应与误差一致。例如,仪表误差为±0.01V,测得电压为13.232V,其结果应写成13.23V。

3) 当给出误差有单位时,测量数据的写法应与其一致。

(2) 数字的舍入规则

为使正、负舍入误差的机会大致相等,现已广泛采用小于5舍,大于5入,等于5时取偶数的方法。

2. 误差的计算分析

(1) 绝对误差

设被测量的真值为 A_0,测量仪器的示数为 X,则绝对误差为

$$\Delta X = X - A_0$$

在某一时间及空间条件下,被测量的真值虽然是客观存在的,但一般无法测得,只能尽量逼近它。故常用高一级标准测量仪器的测量值 A 代替真值 A_0,此时绝对误差近似为

$$\Delta X \approx X - A$$

(2) 相对误差

用绝对误差 ΔX 与被测量的实际值 A 的比值的百分数来表示相对误差。即

$$r_A = \frac{\Delta X}{A} \times 100\%$$

例如,图1-29所示电路中,由于电压表的内阻 R_V 不为无穷大,在测量电压时引入的方法误差计算如下。

R_2 上的电压为 $U_2 = \frac{R_2}{R_1 + R_2} U$,若 $R_1 = R_2$,则 $U_2 = U/2$。现

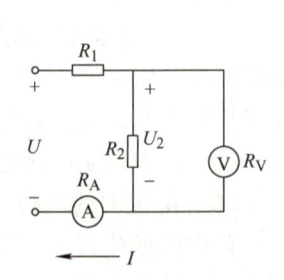

图1-29 电路

用一内阻为 R_V 的电压表来测量 U_2 的值，当 R_V 与 R_2 并联后，$R_2' = \dfrac{R_V R_2}{R_V + R_2}$，以此来代替上式的 R_2，则得

$$U_2' = \dfrac{\dfrac{R_V R_2}{R_V + R_2}}{R_1 + \dfrac{R_V R_2}{R_V + R_2}} U$$

绝对误差为

$$\Delta U = U_2 - U_2' = \left(\dfrac{R_2}{R_1 + R_2} - \dfrac{\dfrac{R_V R_2}{R_V + R_2}}{R_1 + \dfrac{R_V R_2}{R_V + R_2}} \right) \cdot U = \dfrac{R_1 R_2^2}{(R_1 + R_2)(R_1 R_2 + R_2 R_V + R_V R_1)} \cdot U$$

若 $R_1 = R_2 = R_V$，则得 $\Delta U = U/6$。相对误差为

$$\dfrac{\Delta U}{U_2} \times 100\% = \dfrac{U_2 - U_2'}{U_2} \times 100\% = \dfrac{U/6}{U/2} \times 100\% = 33.3\%$$

3. 操作步骤及方法

1）实训电路如图 1-29 所示，其中 $R_1 = R_2 = 300\Omega$，电源电压 $U = 10V$（可调恒压源）。

2）用直流电压表 10V 档量程测量 R_2 上的电压 U_2，将实测数据记入表 1-2 中。

3）计算测量的绝对误差和相对误差，将方法误差的测量与计算数据记入表 1-2 中。

表 1-2 方法误差的测量与计算数据

R_V	计算值 U_2	实测值 U_2'	绝对误差 $\Delta U = U_2 - U_2'$	相对误差 $\Delta U/U_2 \times 100\%$

4. 注意事项

1）实验台上的恒压源、恒流源均可通过粗调（分段调）波动开关和细调（连续调）旋钮调节其输出量，并由该组件上的数字电压表、数字电流表显示其输出量的大小。在启动这两个电源时，应使其输出电压或电流调节旋钮置零位，待实验时慢慢增大。

2）恒压源输出不允许短路，恒流源输出不允许开路。以后的实训中都要注意这一点。

3）电压表并联后测量，电流表串联后测量，并且要注意极性与量程的合理选择。

5. 思考题

1）用量程为 10A 的电流表测实际值为 8A 的电流时，读数为 8.1A，求测量的绝对误差和相对误差。

2）图 1-30a 和图 1-30b 为伏安法测量电阻的两种电路，被测电阻的实际值为 R，电压表的内阻为 R_V，电流表的内阻为 R_A，求两种电路中被测电阻 R 的相对误差。

6. 项目报告

1）如实填写实验数据。

2）根据实验数据，计算测量值的绝对误差和相对误差。

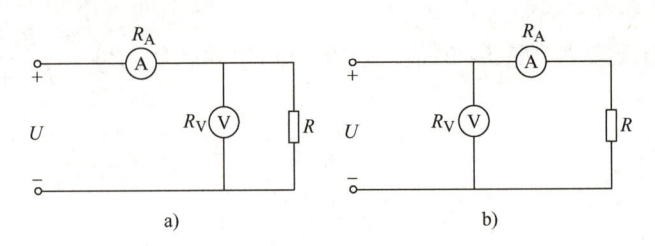

图 1-30 伏安法测量电阻的两种电路

3）回答思考题。
4）对实验进行总结。

1.7 实践项目　验证基尔霍夫定律

项目目的
熟悉仪器仪表的使用，会用电流插头、插座测量各支路电流，加深对基尔霍夫定律的理解，搭接电路来验证基尔霍夫定律。

设备材料
1）可调直流稳压电源。
2）万用表。
3）直流数字电压表。
4）基尔霍夫定律、叠加原理电路板。
5）直流数字电流表。
6）计算机（已安装 Multisim 14.0）。

1.7.1 任务 1　验证基尔霍夫电流定律

基尔霍夫电流定律是电路的基本定律之一。测量某电路的各支路电流，应能满足基尔霍夫电流定律（KCL），即对电路中的任一个节点而言，应有 $\sum i = 0$。不论是线性电路还是非线性电路，都是普遍适用的。运用上述定律时必须注意各支路或闭合回路中电流的正方向，此方向可预先任意设定。

操作步骤及方法如下：

1）基尔霍夫定律验证接线图如图 1-31 所示。此处使用挂箱上的"基尔霍夫定律、叠加原理"电路板。

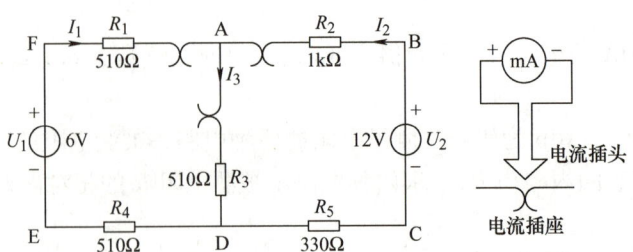

图 1-31　基尔霍夫定律验证接线图

2）实验前先任意设定 3 条支路电流正方向。如图 1-31 中的 I_1、I_2、I_3 的方向已设定。闭合回路的正方向可任意设定。分别将两路直流稳压源接入电路，令 $U_1=6V$，$U_2=12V$。

3）熟悉电流插头的结构，将电流插头的两端接至数字电流表的"＋""－"两端，然后将电流插头分别插入 3 条支路的 3 个电流插座中，读出并记录电流值，最后将测量结果填入表 1-3 中。

4）验证两个节点 A 和 D 的 $\sum i$ 是否等于 0，将结果计入表 1-4。

电流测量结果见表 1-3，基尔霍夫电流定律验证结果见表 1-4。

表 1-3　电流测量结果　　（单位：mA）

被测量	I_1	I_2	I_3
计算值			
测量值			
相对误差			

表 1-4　基尔霍夫电流定律验证结果

	节点 A	节点 D
$\sum i$ 计算值		
$\sum i$ 测量值		
相对误差		

1.7.2　任务 2　验证基尔霍夫电压定律

基尔霍夫电压定律也是电路的基本定律之一。测量某电路每个元件两端的电压，应能满足基尔霍夫电压定律（KVL），即对电路中的任何一个闭合回路而言，应有 $\sum u=0$。不论是线性电路还是非线性电路，都是普遍适用的。运用上述定律时必须注意各支路或闭合回路中电压的正方向，此方向可预先任意设定。

1.7.2 验证基尔霍夫电压定律

操作步骤及方法如下：

1）实训接线图如图 1-31 所示。用直流数字电压表分别测量两路电源及电阻元件上的电压值，将测量结果记入表 1-5 中。

电压测量结果见表 1-5。

表 1-5　电压测量结果　　　　　　　　　　　　　　　　　　　（单位：V）

被测量	U_1	U_2	U_{FA}	U_{AB}	U_{AD}	U_{CD}	U_{DE}
计算值							
测量值							
相对误差							

2）验证两个回路 ABCDA 和 ADEFA 的 $\sum u$ 是否等于 0，将结果记入表 1-6 中。

基尔霍夫电压定律验证结果见表 1-6。

表 1-6　基尔霍夫电压定律验证结果

	ABCDA	ADEFA
$\sum u$ 计算值		
$\sum u$ 测量值		
相对误差		

1.7.3 任务3 验证基尔霍夫定律仿真

1. 操作步骤及方法

Multisim 14.0 的使用方法详见附录。

1）依次单击"开始→所有程序→National Instruments→Circuit Design Suite 14.0→NI Multisim 14.0"选项，打开 Multisim 14.0 主界面，并选择合适的路径保存文件，文件名为"验证基尔霍夫定律"。

2）按照图 1-31 所示来设计仿真电路图。

首先放置电阻。在工具栏选择"Place Basic"，打开选择器件窗口，选择"Resistor"，再选择电阻的阻值510Ω，单击"确定"按钮，这样 R1 电阻就放置好了。再选择 1kΩ，也可以直接输入 1k，放置 R2。依此法放置 R3，然后按下〈Ctrl + R〉快捷键，把 R3 旋转90°。再放置 R4 和 R5，最后关闭器件选择窗口。

在工具栏选择"Place Source"，打开电源选择窗口，选择直流电压源，单击"确定"按钮，完成放置 V1。同样方法放置 V2，再放置"模拟地"，作为电路的参考点。关闭器件选择窗口。

器件放置后，就可以进行连线。光标滑动到器件端子位置单击，然后移动光标到另一个器件的端子上再单击，就完成两个器件的连接。连线完成后，双击电源 V1 修改参数，电压值改为 6V。

3）验证基尔霍夫电流定律。

在仿真电路的每个分支上放置一个电流表，在工具栏选择"Place Indicator"，选择电流表，方向为左正右负，放在 I1 支路上，电流表就自动被连接到该支路上，此时电流表与 I1 方向一致；再选择方向为左负右正，放在 I2 支路；选择方向为上正下负，放在 I3 支路，然后关闭器件选择窗口。打开电源开关，读取 3 个电流表的测量值，记录仿真数据，验证基尔霍夫电流定律，并计算和分析误差。

4）验证基尔霍夫电压定律。

在仿真电路的每个电阻上放一个电压表，在工具栏选择"Place Indicator"，选择电压表，注意电压表的方向，与表 1-5 中各个电压的方向一致。打开电源开关，读取各个电压表仿真结果，记录数据，验证基尔霍夫电压定律，并计算和分析误差。

2. 注意事项

1）调节电压时注意电压的量程。

2）网络元件阻值与所给参考接线图 1-31 不一致时，可以按现有的电阻重新组成电路进行测试。

3）所有需要测量的电压值，均以电压表测量的读数为准。U_1、U_2 也需测量，不应取电源本身的显示值。

4）防止稳压电源两个输出端碰线短路。

5）用数显电压表或电流表测量，则可直接读出电压或电流值。但应注意：所读取的电压或电流值的正、负号应根据设定的电流参考方向来判断。

3. 思考题

1）根据图 1-31 的电路参数，计算待测的电流 I_1、I_2、I_3 和各电阻上的电压值，记入表中，以便实验测量时，可正确地选定电流表和电压表的量程。

2）实验中，若用指针式万用表直流电流档测各支路电流，在什么情况下可能出现指针反偏？应如何处理？在记录数据时应注意什么？若用直流数字电流表进行测量时，则会有什么显示？

4. 项目报告

1）将实践数据填入相应的表格中，选定节点 A，验证 KCL 的正确性。

2）根据实训数据，选定任意一个闭合回路，验证 KVL 的正确性。

3）将各支路电流和闭合回路的方向重新设定，重复验证。

4）分析误差原因。

5）总结对基尔霍夫定律的认识。

拓展阅读：安全用电常识

1. 安全电压

（1）电流对人体的伤害

当人体的某一部位接触到带电的导体（裸导体、开关、插座的铜片等）或触及绝缘受到损坏的用电设备时，人体便成为一个通电的导体，电流通过人体会造成伤害，这就是触电。人体触电时，决定人体伤害程度的主要因素是通过人体电流的大小。当少量电流通过人体时，如 0.6～1.5mA 的电流会使触电者感到微麻和刺痛。当通过人体的电流超过 50mA 时，便会引起心力衰竭、血液循环终止、大脑缺氧而导致死亡。因此，电工操作时，应特别注意安全用电、安全操作。

（2）安全电压

通过人体的电流大小与作用到人体上的电压及人体电阻有关。通常人体的电阻为 800Ω 至几万欧姆不等，当皮肤出汗，有导电液或导电尘埃时，人体电阻将下降。若人体电阻以 800Ω 计算，当触及 36V 电压时，通过人体的电流为 45mA，对人体安全不构成威胁，所以规定 36V 及以下电压为安全电压。在金属架或潮湿的场地工作，安全电压等级还要降低，应采用 24V 或 12V。

2. 触电类型与防护措施

（1）常见的触电类型

常见的触电类型有单相触电、两相触电和跨步电压触电。

1）单相触电。当人体的某一部位碰到相线或绝缘性能不好的电气设备外壳时，电流由相线经人体流入大地导致的触电现象称为单相触电。单相触电的案例较多，常见的有：当人体触碰到某一根相线时，会发生单相触电；当人体触碰到掉落在地上的某根带电导线时，会发生单相触电；当人体触碰到由于漏电而带电的电气设备的金属外壳时，会发生单相触电等。

2）两相触电。当人体的不同部位分别接触到同一电源的两根不同电位的相线时，电流由一根相线经人体流到另一根相线导致的触电现象称为两相触电，亦称为双相触电。两相触电时,作用于人体上的电压为线电压,电流从一相导线经人体流入另一相导线,两相触电要比单相触电严重得多。

3) 跨步电压触电。当高压带电体直接接地或电气设备相线碰壳短路接地,人体虽没有接触带电电线或带电设备外壳,但当电流流入地下时,电流在接地点周围土壤中产生电压降,人跨步行走在电位分布曲线的范围内而造成的触电,称为跨步电压触电。常见的跨步电压触电有:当人行走在掉落在地上的高压带电导线周围时,会发生跨步电压触电。

(2) 防止触电的保护措施

为防止发生触电事故,除遵守电工安全操作规程外,还必须采取一定的防范措施以确保安全。常见的触电防范措施主要有:正确安装用电设备、安装漏电保护装置、电气设备的保护接地和电气设备的保护接零等。

需要注意的是电气设备的金属外壳必须接地,不准断开带电设备的外壳接地线;对临时装设的电气设备,也必须将金属外壳接地。

3. 触电现场的处理与急救

当发现有人触电,必须用最快的方法使触电者脱离电源。然后根据触电者的具体情况,进行相应的现场救护。

(1) 脱离电源

脱离电源的具体方法可用"拉""切""挑""拽""垫"5个字来概括。

- 拉:指就近拉开电源开关、拔出插头或瓷插熔断器。
- 切:当电源开关、插座或瓷插熔断器距离触电现场较远时,可用带有绝缘柄的利器切断电源线。切断时应防止带电导线断落触及周围的人体。
- 挑:如果导线落在触电者身上或压在身下,这时可用干燥的木棒、竹竿等挑开导线,或用干燥的绝缘绳套拉导线或触电者,使触电者脱离电源。
- 拽:救护人可戴上手套或在手上包缠干燥的衣服等绝缘物品拖拽触电者,使之脱离电源。如果触电者的衣裤是干燥的,又没有紧缠在身上,救护人可直接用一只手抓住触电者不贴身的衣裤,使其脱离电源,但要注意拖拽时切勿触及触电者的皮肤。救护人也可站在干燥的木板、橡胶垫等绝缘物品上,用一只手将触电者拖拽开来。
- 垫:如果触电者由于痉挛,手指紧握导线或导线缠绕在身上,可先用干燥的木板塞进触电者身下,使其与地绝缘,然后再采取其他办法把电源切断。

(2) 现场急救

触电者脱离电源后,应立即进行现场紧急救护,不可盲目给触电者注射强心针。当触电者出现心脏停搏、无呼吸等假死现象时,可采用胸外心脏按压法和口对口人工呼吸法进行救护。

1) 胸外心脏按压法:适用于有呼吸但无心跳的触电者。救护方法的口诀是:病人仰卧硬地上,松开领口解衣裳;当胸放掌不鲁莽,中指应该对凹膛;掌根用力向下按,压下一寸至半寸;压力轻重要适当,过分用力会压伤;慢慢压下突然放,一秒一次最恰当。

2) 口对口人工呼吸法:适用于有心跳但无呼吸的触电者。救护方法的口诀是:病人仰卧平地上,鼻孔朝天颈后仰;首先清理口鼻腔,然后松扣解衣裳;捏鼻吹气要适量,排气应让口鼻畅;吹两秒来停三秒,五秒一次最恰当。

当触电者既无呼吸又无心跳时,可以同时采用口对口人工呼吸法和胸外心脏按压法进行。应先口对口（鼻）吹气两次（约 5s 内完成），再做胸外按压 15 次（约 10s 内完成），之后交替进行。

4. 电气火灾的防范与扑救

电气火灾是由输配线路漏电、短路、设备过热、电气设备运行中产生明火引燃易燃物、静电火花引燃等引起的火警。为了防范电气火灾的发生，在制造和安装电气设备、电气线路时，应减少易燃物，选用具有一定阻燃能力的材料。一定要按防火要求设计和选用电气设备，严格按照额定值规定条件使用电气设备，按防火要求提高电气安装和维修水平，主要从减少明火、降低温度、减少易燃物 3 个方面入手，另外还要配备灭火器具。

电气设备发生火灾有两个特点：一是着火后用电设备可能带电，如不注意可能引起触电事故；二是有的用电设备本身有大量油，可能发生喷油或爆炸，会造成更大的事故。因此，电气火灾一旦发生，首先要切断电源，进行扑救，并及时报警。带电灭火时，切忌用水和泡沫灭火剂，应使用干黄沙、二氧化碳、四氯化碳或干粉等灭火器。

1.8 习题

1.1 已知下列电流的参考方向和电流值，试指出电流的实际方向。
1) $I_{AB} = 5A$ 2) $I_{AB} = -5A$ 3) $I_{BA} = 5A$ 4) $I_{BA} = -5A$

1.2 已知电路如图 1-32 所示，$U_1 = 6V$，$U_2 = -2V$。试求 U_{AB}、U_{BA}、U_{CD}、U_{DC}。

1.3 已知电路如图 1-33 所示，当以 C 为参考点时，$V_A = 10V$，$V_B = 5V$，$V_D = -3V$。试求 U_{AB}、U_{BC}、U_{BD}、U_{CD}。

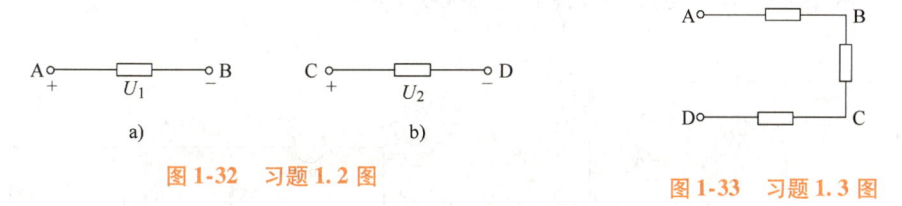

图 1-32 习题 1.2 图

图 1-33 习题 1.3 图

1.4 已知电路如图 1-34 所示。按给定电压和电流方向，求元器件的功率，并指出元器件是发出功率还是吸收功率。

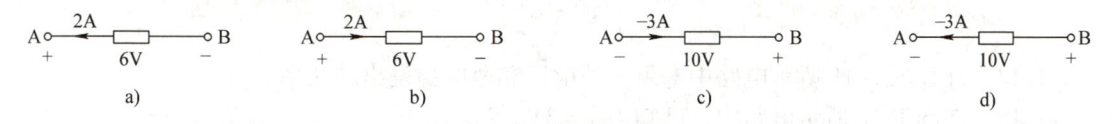

图 1-34 习题 1.4 图

1.5 电路如图 1-35 所示。试求以下各电路的电压 U 和电流 I。

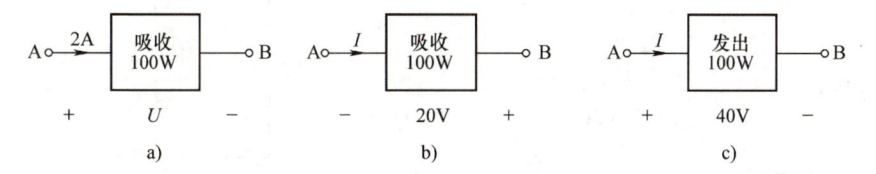

图 1-35 习题 1.5 图

1.6 在图 1-36 所示的电路中，一个 3A 的理想电流源与不同的外电路相连接，求 3A 电流源在 3 种情况下分别供给的功率 P。

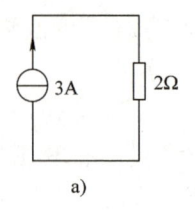

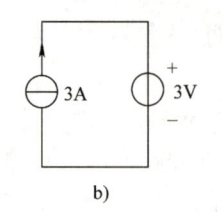

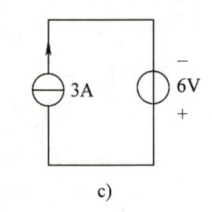

图 1-36 习题 1.6 图

1.7 在图 1-37 所示的电路中，一个 6V 的理想电压源与不同的电路相连接，求 6V 电压源在 3 种情况下分别供给的功率 P。

1.8 有一闭合回路如图 1-38 所示，各支路的元器件是任意的，已知 $U_{AB}=5V$，$U_{BC}=-4V$，$U_{DA}=-3V$。试求 U_{CD} 和 U_{CA}。

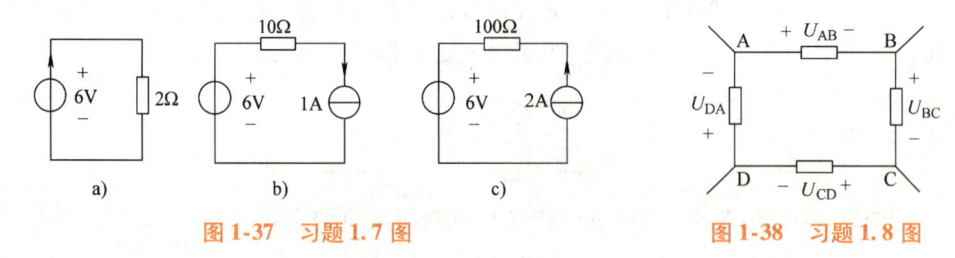

图 1-37 习题 1.7 图

图 1-38 习题 1.8 图

1.9 两个标明 220V、40W 的白炽灯泡，若分别接在 110V 和 380V 电源上，则消耗的功率各是多少？是否安全？

1.10 求图 1-39 所示电路的 U_{ab}。

1.11 求图 1-40 所示电路中各独立电源吸收的功率。

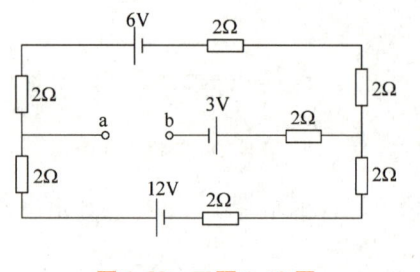

图 1-39 习题 1.10 图

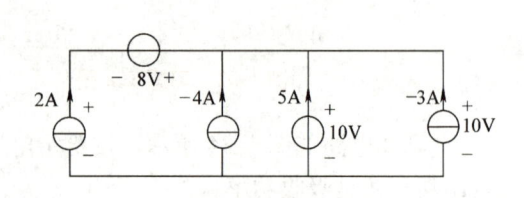

图 1-40 习题 1.11 图

1.12 计算图 1-41 所示电路中电阻上的电压和两电源发出的功率。

1.13 在图 1-42 所示电路中，已知 $U_{S1}=3V$，$U_{S2}=2V$，$U_{S3}=5V$，$R_2=1\Omega$，$R_3=4\Omega$，试计算电流 I_1、I_2、I_3 和 a、b、d 点的电位（以 c 点为参考点）。

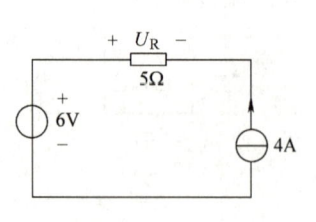

图 1-41 习题 1.12 图

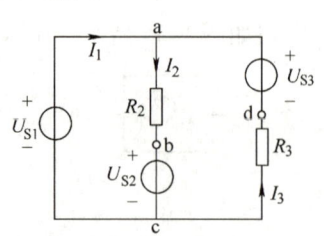

图 1-42 习题 1.13 图

1.14 求图 1-43 所示电路中的 U_1 和 U_2。

1.15 求图 1-44 所示电路中的电流 I 和电压 U。

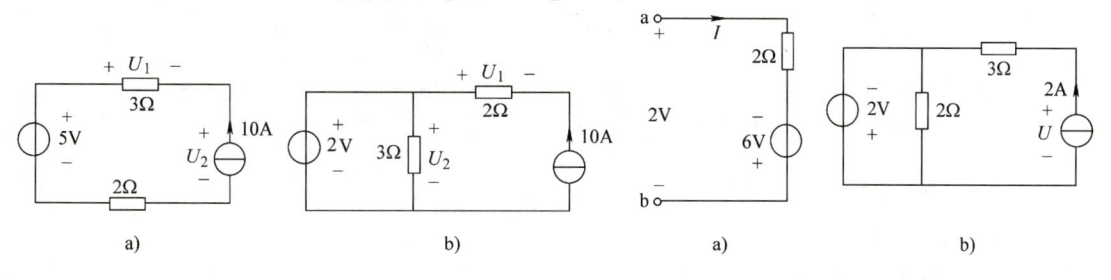

图 1-43 习题 1.14 图

图 1-44 习题 1.15 图

1.16 求图 1-45 所示电路中各未知电压 U_{ab}。

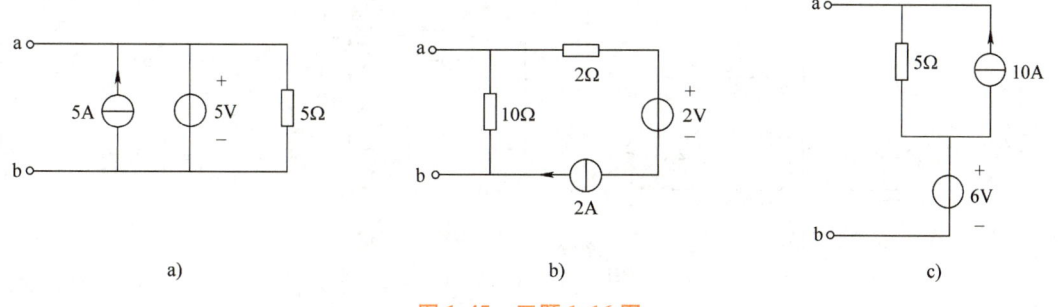

图 1-45 习题 1.16 图

1.17 求图 1-46 所示电路中各未知电流 I。

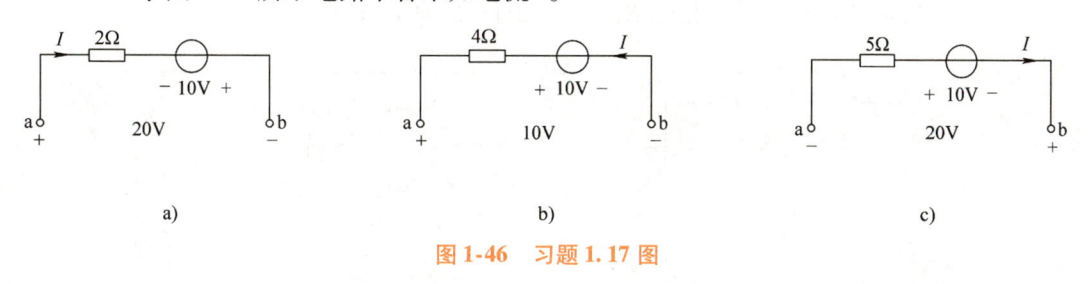

图 1-46 习题 1.17 图

1.18 求图 1-47 所示电路中各未知电压 U_a。

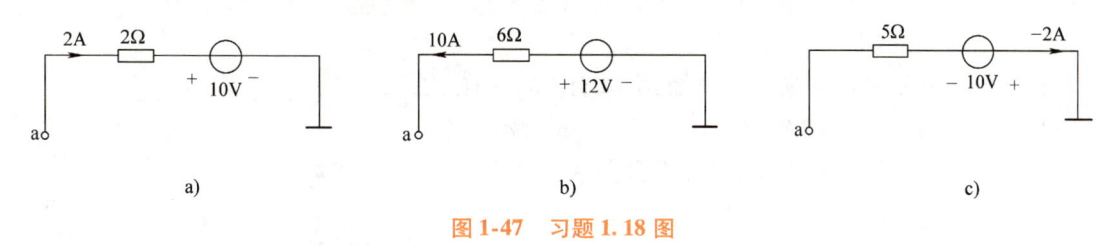

图 1-47 习题 1.18 图

1.19 电路如图 1-48 所示,试问支路 ab 是否有电压和电流?

1.20 在图 1-49 所示电路中,已知 $R_1=4\Omega$,$R_2=3\Omega$,求电阻 R_1 的电流、R_2 上的电压及电源功率。

1.21 图 1-50 所示电路,求:

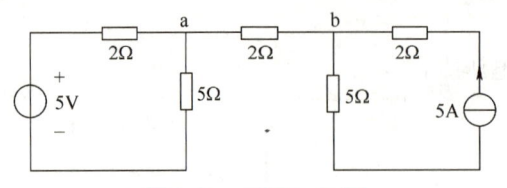

图 1-48　习题 1.19 图　　　　　　图 1-49　习题 1.20 图

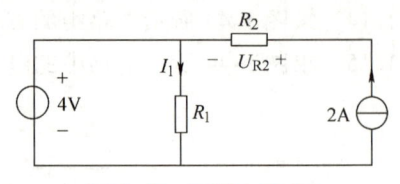

1) 各元器件电流（仅用 KCL）。
2) 各元器件电压（仅用 KVL）。
3) 各电源发出的功率。

1.22　求图 1-51 所示电路中的电压 U 和电流 I。

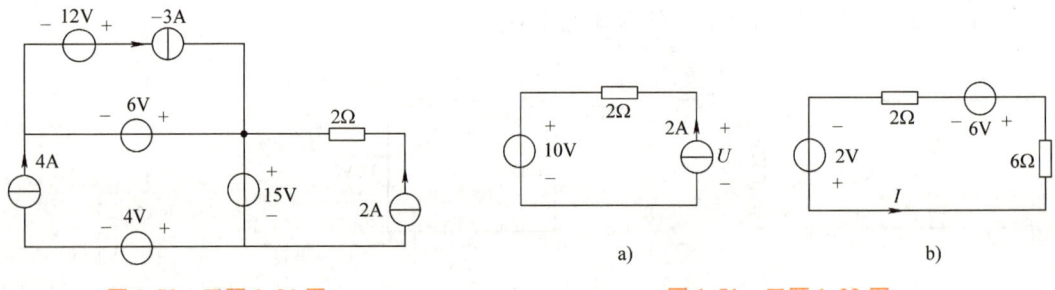

图 1-50　习题 1.21 图　　　　　　图 1-51　习题 1.22 图

1.23　电路如图 1-52 所示，已知 $R_1=1\Omega$，$R_2=4\Omega$，$R_3=3\Omega$，$I_1=1A$，$I_S=2A$，$U_{S1}=U_{S2}$，试求 I_2、U_{ab}、U_{S1} 和 U_{S2}。

1.24　电路如图 1-53 所示，已知 $R_1=R_4=2\Omega$，$R_2=R_3=3\Omega$，试求 U_{AB}。

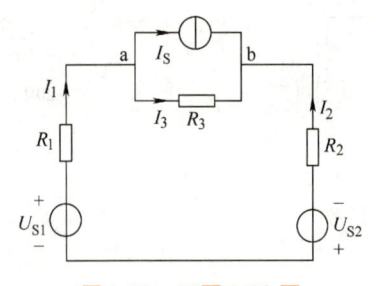

图 1-52　习题 1.23 图　　　　　　图 1-53　习题 1.24 图

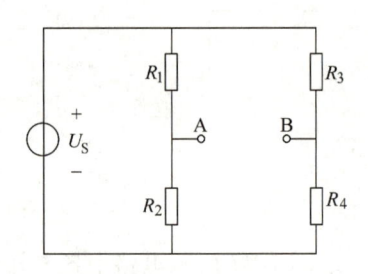

1.25　电路如图 1-54 所示，已知 $R_1=6\Omega$，$R_2=3\Omega$，$R_3=1\Omega$，$I_{S1}=4A$，$I_{S2}=2A$，$I_{S3}=-2/3A$，试求各元器件的功率，并指出各元器件是发出功率还是吸收功率。

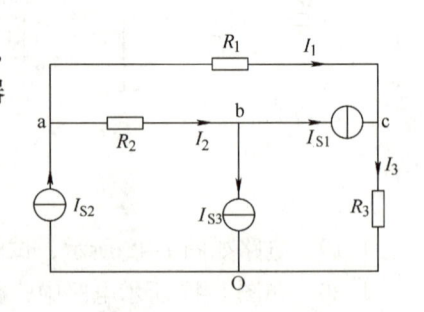

图 1-54　习题 1.25 图

第 2 章　直流电路的分析与计算

引例：室内照明电路

以两个灯泡和一串彩灯的情况为例，室内照明电路如图 2-1 所示。在购买灯泡时，会标有"220V，40W"的字样，这表示该灯泡工作电压为 220V 以及在此电压下的功率为 40W，灯泡能正常发光。为保证两个灯泡都能正常发光，就要采用图 2-1 所示的并联连接方式。

图中的一串小彩灯两端的电压也是 220V，因此一串彩灯也与灯泡并联，而每个彩灯之间采用串联连接方式。各个领域存在各种各样的电路，有些电路是串联或并联，还有很多电路既有串联又有并联，其中的电路元器件和用电设备也多种多样。那么，串联电路中，各处电压电流的关系是怎样的呢？并联电路中，各处电压电流的关系又是怎样的呢？电路相关定律、定理有哪些？怎样分析计算各种电路？

本章就以直流电路的情况为例，来学习电路有关的定律、定理；研究各种电路的分析方法。这些知识不但适用于直流电路，也适用于交流电路。

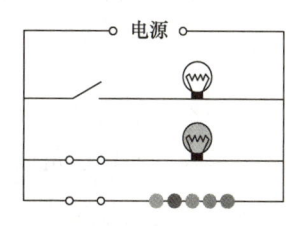

图 2-1　室内照明电路

培养目标

1. 知识目标

1）熟练掌握电路的等效变换并应用于电路分析计算。
2）熟练掌握求解电路的支路电流法、节点法、网孔法，并应用于电路分析计算。
3）熟练掌握叠加定理、戴维南定理和最大功率传输定理，并应用于电路分析计算。
4）掌握替代定理、诺顿定理，并应用于电路分析计算。

2. 能力目标

1）能够应用电路的基本分析方法对电路进行分析计算。
2）能够应用电路的基本定理对电路进行分析计算。
3）能够按照要求搭建实验电路，会对电路进行测量、对测量数据进行分析处理，并形成报告。
4）会使用仿真软件对电路进行仿真。

3. 素养目标

1）具有良好的学习习惯，提升信息获取与处理能力。
2）具有刻苦钻研精神，乐于探索，对于日常实际电路用电路理论进行分析。

3）具有良好的工程意识、安全意识、实验过程规范操作意识。

2.1 线性电阻网络等效变换

2.1.1 电阻的串联、并联和混联及其等效变换

1. 电阻的串联

（1）两个电阻串联

两个电阻串联的电路如图 2-2a 所示。根据欧姆定律，$U_1 = IR_1$，$U_2 = IR_2$，再根据基尔霍夫电压定律（KVL），有

$$U = U_1 + U_2$$

即

$$U = IR_1 + IR_2 = I(R_1 + R_2) = IR \tag{2-1}$$

因此，两个电阻串联可以用一个电阻等效，如图 2-2b 所示，且等效电阻 $R = R_1 + R_2$。

根据式（2-1），可以得到电流为

$$I = \frac{U}{R} = \frac{U}{R_1 + R_2}$$

因此，两个电阻上的电压 U_1 和 U_2 与总电压 U 的关系为

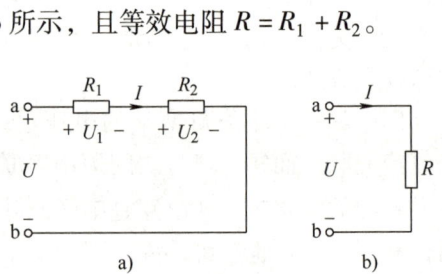

$$\begin{cases} U_1 = IR_1 = \dfrac{R_1}{R_1 + R_2}U \\ U_2 = IR_2 = \dfrac{R_2}{R_1 + R_2}U \end{cases} \tag{2-2}$$

图 2-2 两个电阻串联电路及其等效变换
a）两个电阻串联电路　b）等效电路

式（2-2）就是两个电阻串联的**分压公式**。可见 U_1、U_2 是总电压 U 的一部分，且 U_1、U_2 分别与阻值 R_1、R_2 成正比，即大电阻分得大电压、小电阻分得小电压，这就是电阻串联时的分压作用。串联电阻的分压作用在实际电路中有广泛应用，如扩大电压表的量程、用作分压器、直流电动机的串电阻起动等。

（2）多个电阻串联

多个电阻串联电路可以用一个电阻 R 来代替，如图 2-3 所示。

在图 2-3a 中，假定有 n 个电阻 R_1，R_2，…，R_n 顺序相接，其中没有分支，称为 n 个电阻串联，U 代表总电压，I 代表电流。此电路的特点是，通过每个电阻的电流相同。

根据基尔霍夫电压定律（KVL），有

$$U = U_1 + U_2 + \cdots + U_n = R_1 I + R_2 I + \cdots + R_n I = (R_1 + R_2 + \cdots + R_n)I = RI$$

其中，等效电阻为

$$R = R_1 + R_2 + \cdots + R_n = \sum_{k=1}^{n} R_k$$

该式表明，电阻串联的等效电阻等于各串联电阻之和，显然，等效电阻必大于任意一个串联的电阻，等效电路如图 2-3b 所示。

与两个电阻串联情况相似，各串联电阻的电压与电阻值成正比，第 k 个电阻上的电压为

$$U_k = R_k I = \frac{R_k}{R} U$$

功率为

$$p = UI = (R_1 + R_2 + \cdots + R_n)I^2 = RI^2$$

n 个串联电阻吸收的总功率等于它们的等效电阻所吸收的功率。

2. 电阻的并联

（1）两个电阻并联

两个电阻并联电路如图 2-4a 所示，根据欧姆定律有

$$I_1 = \frac{U}{R_1}, \quad I_2 = \frac{U}{R_2}$$

根据基尔霍夫电流定律（KCL），有

$$I = I_1 + I_2 = \frac{U}{R_1} + \frac{U}{R_2} = \left(\frac{1}{R_1} + \frac{1}{R_2}\right)U$$

因此

$$\frac{I}{U} = \left(\frac{1}{R_1} + \frac{1}{R_2}\right) = \frac{R_1 + R_2}{R_1 R_2}$$

即

$$U = \frac{R_1 R_2}{R_1 + R_2} I$$

如果用一个电阻等效代替这两个并联电阻，等效电路如图 2-4b 所示。在该图中，根据欧姆定律有

$$\frac{U}{I} = R$$

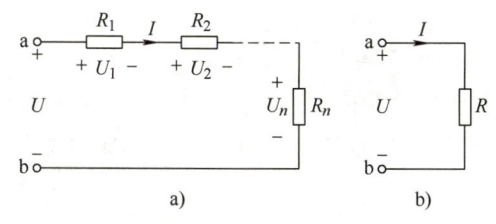

图 2-3 多个电阻串联电路及其等效变换
a) 多个电阻串联电路　b) 等效电路

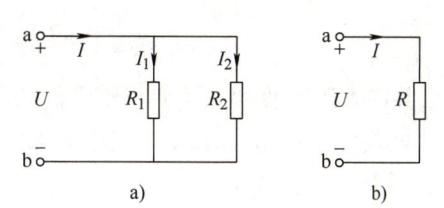

图 2-4 两个电阻并联电路及其等效变换
a) 两个电阻并联电路　b) 等效电路

因此，两个电阻并联后的等效电阻与两个电阻的关系为

$$R = \frac{R_1 R_2}{R_1 + R_2}$$

常用"$R_1 /\!/ R_2$"表示 R_1 和 R_2 并联，即

$$R_1 /\!/ R_2 = \frac{R_1 R_2}{R_1 + R_2}$$

下面研究分电流 I_1、I_2 和总电流 I 的关系。

由于 $I_1 = \frac{U}{R_1}$，$I_2 = \frac{U}{R_2}$，代入 $U = \frac{R_1 R_2}{R_1 + R_2} I$ 有

$$\begin{cases} I_1 = \dfrac{U}{R_1} = \dfrac{R_2}{R_1+R_2}I \\ I_2 = \dfrac{U}{R_2} = \dfrac{R_1}{R_1+R_2}I \end{cases} \qquad (2\text{-}3)$$

式（2-3）就是两个电阻并联的**分流公式**，可见，分电流的大小与各自的电阻值成反比、与相对支路的电阻成正比，即大电阻支路分得小电流、小电阻支路分得大电流。

（2）多个电阻并联

电路如图 2-5a 所示，也可以用一个电阻 R 来代替，如图 2-5b 所示。

在图 2-5a 中，假定有 n 个电阻 R_1，R_2，$\cdots$，R_n，并排连接，承受相同的电压，称为 n 个电阻并联，I 代表总电流，U 代表电压。根据基尔霍夫电流定律（KCL），有

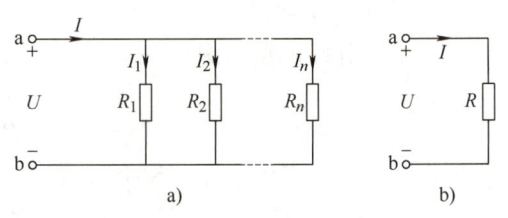

图 2-5　多个电阻并联电路及其等效变换
a) 多个电阻并联电路　b) 等效电路

$$I = I_1 + I_2 + \cdots + I_n = \left(\dfrac{1}{R_1} + \dfrac{1}{R_2} + \cdots + \dfrac{1}{R_n}\right)U = \dfrac{1}{R}U$$

$$\dfrac{1}{R} = \dfrac{1}{R_1} + \dfrac{1}{R_2} + \cdots + \dfrac{1}{R_n} = \sum_{k=1}^{n} \dfrac{1}{R_k}$$

显然，$R < R_k$，等效电阻小于任意一个并联电阻。等效电路如图 2-5b 所示。电阻并联时，各电阻流过的电流与电阻值成反比，即

$$I_k = \dfrac{U}{R_k}$$

功率为

$$P = UI = \dfrac{U^2}{R_1} + \dfrac{U^2}{R_2} + \cdots + \dfrac{U^2}{R_n} = \dfrac{U^2}{R}$$

n 个并联电阻吸收的总功率等于它们的等效电阻所吸收的功率。

需要注意的是，在两个电阻并联的情况下有分流公式，而对于 3 个及以上电阻并联的时候，没有分流公式。

3. 电阻的混联

既有电阻串联又有电阻并联的电路称为电阻混联电路。分析混联电路的关键问题是如何判别串、并联，这是初学者感到较难掌握的地方。判别混联电路的串、并联关系一般应掌握以下 3 点。

1）看电路的结构特点。若两电阻是首尾相连，则是串联；若是首首尾尾相连，则是并联。

2）看电压电流关系。若流经两电阻的电流是同一个电流，则是串联；若两电阻上承受的是同一个电压，则是并联。

3）对电路进行变形等效。即对电路做扭动变形，如左边的支路可以扭到右边，上面的支路可以翻到下面，弯曲的支路可以拉直等；对电路中的短路线可以任意压缩与伸长；对多点接地点可以用短路线相连。这点对于纵横交错的复杂电路是非常有效的。一般情况下，电阻串、并联电路的问题都可以用这种方法来判别。

【例 2-1】 求图 2-6a 所示电路 ab 端的等效电阻。

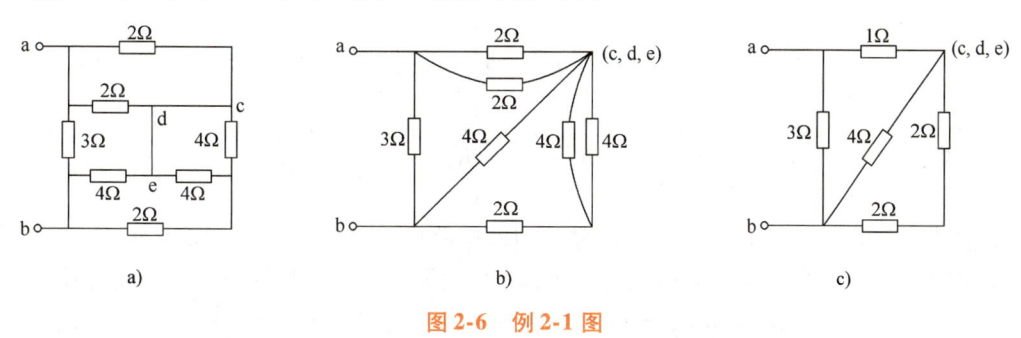

图 2-6 例 2-1 图

解： 将短路线压缩，c、d、e 三个点合为一点，如图 2-6b 所示。再将能看出串、并联关系的电阻用其等效电阻代替，如图 2-6c 所示，由图 2-6c 就可方便地求得

$$R_{eq} = R_{ab} = \{[(2\Omega + 2\Omega) \mathbin{/\mkern-5mu/} 4\Omega] + 1\Omega\} \mathbin{/\mkern-5mu/} 3\Omega = 1.5\Omega$$

2.1.2 电阻星形联结和三角形联结

电阻的连接形式除串联、并联和混联外，还有既不是串联也不是并联的形式，常称为 Y-△ 联结结构，Y-△ 联结结构电路图如图 2-7 所示。显然不能用电阻串、并联的方法求图 2-7a 中 12 端的等效电阻。如果能将图 2-7a 等效为图 2-7b，即用图 2-7b 中点画线围起来的 C 电路代换图 2-7a 中点画线围起来的 B 电路，那么从图 2-7b 就可以用串、并联方法求得 12 端的等效电阻，这种方法给电路问题的分析带来方便。由图 2-7a 等效为图 2-7b 就应用到 Y 联结电路（以下简称 Y 电路）与 △ 联结电路（以下简称 △ 电路）的互换等效。

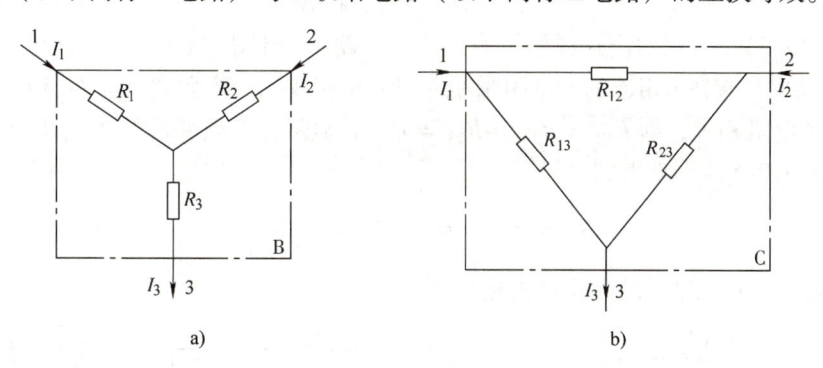

图 2-7 Y-△ 联结结构电路图
a) Y 联结　b) △ 联结

1. Y-△ 等效变换

所谓 Y 电路等效变换为 △ 电路，就是已知 Y 电路中 3 个电阻 R_1、R_2、R_3，通过变换公式求出 △ 电路中的 3 个电阻 R_{12}、R_{13}、R_{23}，将其接成 △ 电路去替换 Y 电路的 3 个电阻，从而完成 Y 电路等效变换为 △ 电路的任务。

由图 2-7 所示，经分析得到（推导略去）Y-△ 等效变换的变换公式为

$$\begin{cases} R_{12} = \dfrac{R_1R_2 + R_2R_3 + R_1R_3}{R_3} \\ R_{23} = \dfrac{R_1R_2 + R_2R_3 + R_1R_3}{R_1} \\ R_{13} = \dfrac{R_1R_2 + R_2R_3 + R_1R_3}{R_2} \end{cases} \quad (2\text{-}4)$$

观察式（2-4），可以看出这样的规律，即△电路中连接某两个端钮的电阻等于Y电路中3个电阻两两乘积之和除以与第三个端钮相连的电阻。在特殊情况下，若Y电路中3个电阻相等，即 $R_1 = R_2 = R_3 = R_Y$，显然，等效变换的△电路中3个电阻也相等，由式（2-4）不难得到 $R_{12} = R_{23} = R_{13} = R_\triangle = 3R_Y$。

2. △-Y 等效变换

所谓△电路等效变换为Y电路，就是已知△电路中3个电阻 R_{12}、R_{13}、R_{23}，通过变换公式求出Y电路中的3个电阻 R_1、R_2、R_3，将其接成Y电路去替换△电路中的3个电阻，从而完成△电路等效变换为Y电路的任务。

如图2-7所示，经分析得到（推导略去）△-Y等效变换的变换公式为

$$\begin{cases} R_1 = \dfrac{R_{12}R_{13}}{R_{12} + R_{23} + R_{13}} \\ R_2 = \dfrac{R_{12}R_{23}}{R_{12} + R_{23} + R_{13}} \\ R_3 = \dfrac{R_{13}R_{23}}{R_{12} + R_{23} + R_{13}} \end{cases} \quad (2\text{-}5)$$

观察式（2-5），可以看出这样的规律，即Y电路中与端钮 i（$i=1,2,3$）相连的电阻 R_i 等于△电路中与端钮 i 相连的两电阻乘积除以△电路中3个电阻之和。在特殊情况下，若△电路中3个电阻相等，即 $R_{12} = R_{23} = R_{13} = R_\triangle$，显然，等效变换的Y电路中3个电阻也相等，则由式（2-5）不难得到

$$R_1 = R_2 = R_3 = R_Y = \dfrac{1}{3}R_\triangle$$

【例2-2】 试求图2-8所示电路的电压 U_1。

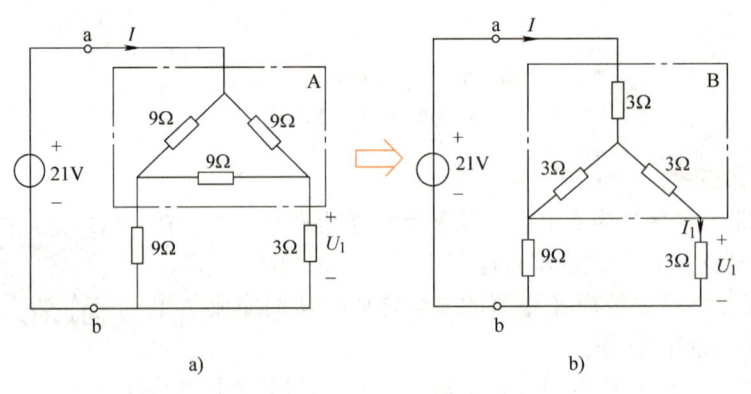

图 2-8 例 2-2 图

解： 应用△-Y等效变换将图2-8a等效为图2-8b，再应用电阻串、并联等效变换求得等效电阻$R_{ab}=3\Omega+[(3\Omega+9\Omega)/\!/(3\Omega+3\Omega)]=7\Omega$，则电流为

$$I=\frac{U_S}{R_{ab}}=\frac{21\text{V}}{7\Omega}=3\text{A}$$

由分流公式计算，得

$$I_1=\frac{3+9}{3+9+3+3}\times I=\frac{2}{3}\times 3\text{A}=2\text{A}$$

$$U_1=R_1I_1=3\Omega\times 2\text{A}=6\text{V}$$

2.2 电源等效变换

2.2.1 独立源等效变换

1. 实际电源模型的等效变换

用等效变换的方法来分析电路，不仅需要对负载进行等效变换，而且常常需要对电源进行等效变换。第1章已讨论了实际电源的两种电路模型。电源等效变换如图2-9所示。图2-9a、b分别是这两类实际电源接同一个负载的电路。在所关心的问题是电源对外电路的影响而不是电源内部的情况下，介绍图2-9a、b两电源模型在满足何种条件时对外电路等效。

将同一负载电阻R分别接在图2-9a、b所示的两电源模型上，若两电源对外等效，则R上应得到相同的电压、电流。

图2-9 电源等效变换
a) 电压源　b) 电流源

当按图2-9a所示电路接入时，有

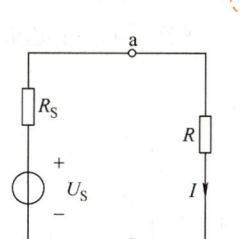

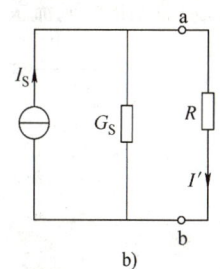

$$I=\frac{U_S}{R_S+R}=\left(\frac{R_S}{R_S+R}\right)\frac{U_S}{R_S}$$

当按图2-9b所示电路接入时，有

$$I'=\frac{\frac{1}{G_S}}{\frac{1}{G_S}+R}I_S$$

令$I=I'$，可得到实际电源的两种模型等效变换的条件为

$$\begin{cases}G_S=\dfrac{1}{R_S}\\ I_S=\dfrac{U_S}{R_S}\end{cases}\quad\text{或}\quad\begin{cases}R_S=\dfrac{1}{G_S}\\ U_S=\dfrac{I_S}{G_S}\end{cases}$$

这里需要指出的是，当两电源模型进行等效变换时，其参考方向应满足图2-9所示的关系，即I_S的参考方向应由U_S的负极指向正极。

若两电源均以电阻表示内阻,则等效变换时内阻不变。理想电源不能进行电压源、电流源的等效变换。等效变换只是对外等效,电源内部并不等效,因为变换前后内阻上的功率损耗并不相等。以负载开路为例,电压源模型内阻消耗的功率等于零,而电流源模型内阻消耗的功率为 I_S^2/G_S。

2. 有源支路的化简

在进行电路分析时,常常遇到几个电压源支路串联、几个电流源支路并联或是若干个电压源、电流源支路既有串联又有并联的二端网络,对外电路而言,面临如何进行等效化简的问题。在没有介绍戴维南定理之前,可以应用电源的等效变换和 KCL、KVL 来解决这类问题。化简的原则是:化简前后,端口处的电压和电流关系不变。

当两个或两个以上电压源支路串联时,可以化简为一个等效的电压源支路。电压源串联电路的化简如图 2-10 所示。图 2-10a 所示的电压源串联电路可以化简为图 2-10b 所示的等效电路。

对端口而言,图 2-10a 电路的电压和电流关系为

$$U = (U_{S1} + U_{S2}) - (R_{S1} + R_{S2})I$$

图 2-10b 电路为 $U = U_S - R_S I$,要两者等效,需要满足

$$U_S = U_{S1} + U_{S2} \text{ 和 } R_S = R_{S1} + R_{S2}$$

两电流源并联电路化简如图 2-11 所示。两电流源并联电路如图 2-11a 所示。同样,根据端口电压和电流关系不变的原则,可化简为如图 2-11b 所示的单电流源等效电路。

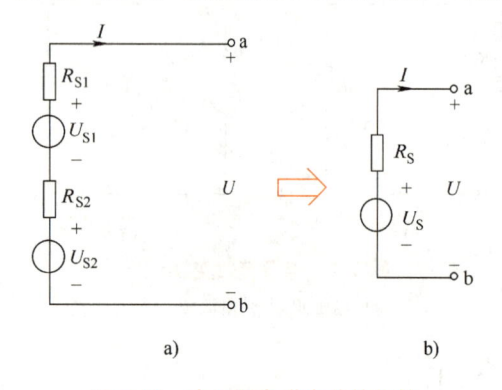

图 2-10 电压源串联电路的化简
a) 串联电路　b) 等效电路

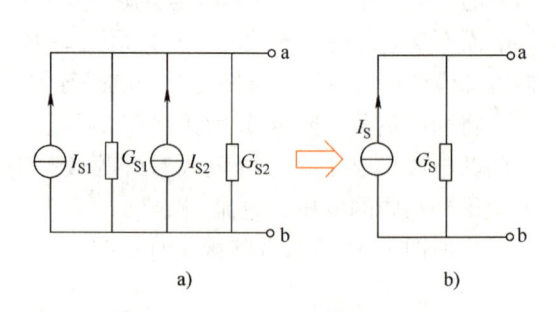

图 2-11 两电流源并联电路化简
a) 并联电路　b) 等效电路

图 2-11b 所示的电流源参数应满足

$$I_S = I_{S1} + I_{S2} \text{ 和 } G_S = G_{S1} + G_{S2}$$

当两个实际电压源并联或两个实际电流源串联时,可先利用电源变换将问题变为两个实际电流源并联或两个实际电压源串联的问题,而后再利用上述办法化简为一个单电源支路。

由 KVL 可知,两理想电压源并联的条件是 $U_{S1} = U_{S2}$。对分析外电路而言,任何与理想电压源并联的支路对端口电压将不起作用。同理,由 KCL 可知,两理想电流源串联的条件是 $I_{S1} = I_{S2}$。对分析外电路而言,任何与理想电流源串联的支路将对端口电流不产生影响。利用电源变换和有源支路化简的办法,可以方便地对电路进行计算,下面举例说明。

【例 2-3】 求图 2-12a 所示电路的 I 和 I_x。

解:先将两个电流源变换为电压源,如图 2-12b 所示;再将 12V 电压源变换为电流源,

此时两个4Ω电阻并联等效为2Ω；接着将此电流源变换为6V与2Ω串联的实际电压源模型，如图2-12c所示。

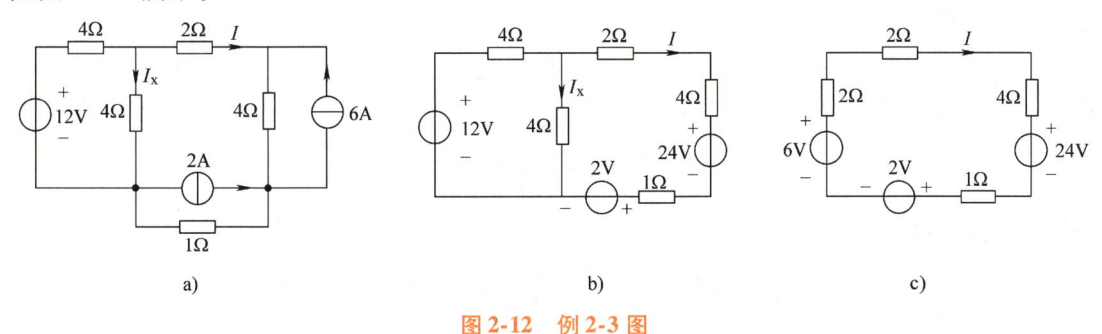

图 2-12 例 2-3 图

这样得到一个单回路，由KVL可知
$$2I + 2I + 1 \times I + 4I = (-2 - 24 + 6) \text{V}$$
所以
$$I = -2.22\text{A}$$
由图2-12b及KVL得
$$I_x = \frac{2I + 1 \times I + 4I + 24\text{V} + 2\text{V}}{4\Omega} = 2.62\text{A}$$

2.2.2 受控源等效变换

1. 受控源的等效变换实例

与两种独立源模型之间变换一样，一个受控电压源（仅指受控支路，以下同）和电阻串联的二端网络，也可以与一个受控电流源和电阻并联的二端网络进行等效变换。变换的办法是将受控源当作独立源进行变换。但在变换过程中，一定要注意受控源的控制量在变换前后不变化。

【例 2-4】 将图2-13a所示的受控电压源变换为受控电流源。

解：因受控电压源有串联电阻，故可采用等效变换的办法，求得等效电流源参数为 Au_x/R，内电阻仍为R。等效的受控电流源电路如图2-13b所示。

【例 2-5】 将图2-14a所示的CCCS电路等效变换为CCVS电路。

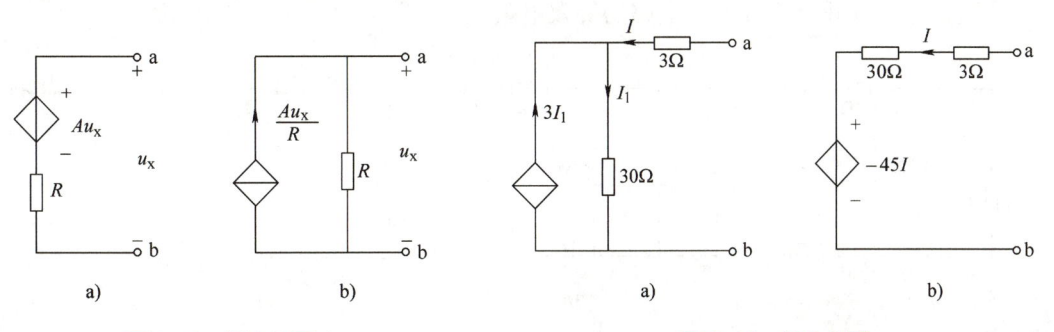

图 2-13 例 2-4 图
a）受控电压源电路　b）等效的受控电流源电路

图 2-14 例 2-5 图
a）受控电流源电路　b）等效的受控电压源电路

解：将受控电流源与并联的 30Ω 电阻变换为受控电压源时，控制量 I_1 将被消去，因此，需先将 I_1 转化为不会消去的电流 I，即找到 I_1 与 I 的关系，用 I 来作为受控源的控制量。由 KCL 得

$$I = I_1 - 3I_1 = -2I_1$$

即

$$I_1 = -\frac{1}{2}I$$

故受控电流源可表示为

$$3I_1 = 3 \times \left(-\frac{1}{2}I\right) = -1.5I$$

而其等效的受控电压源为

$$-1.5I \times 30 = -45I$$

串联电阻仍为 30Ω，因此得到图 2-14b 所示等效的受控电压源电路。

2. 含受控源二端网络的化简

此处所指的含受控源单口网络是指二端网络内部只含有受控源和电阻，不含独立电源的情况。就端口特性而言，所有这样的端口总可以对外等效为电阻，其等效电阻值等于端口处加一个电压源的电压与由此而引起的端口电流的比值。

【例 2-6】 求图 2-15a 所示单口网络的等效电阻。

解：假设在端口处加电压源 U，求 U 与 I_1 的关系，因为

$$U = RI_2$$
$$I_2 = I_1 - \beta I_1$$

所以

$$U = R(I_1 - \beta I_1) = (1-\beta)RI_1$$

从而求得二端网络的等效电阻为

$$R_o = \frac{U}{I_1} = (1-\beta)R$$

即图 2-15a 所示电路的端口特性等效为图 2-15b 所示的电路。

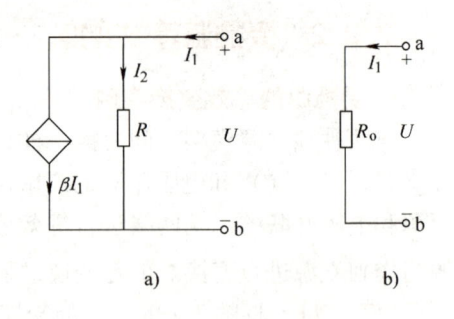

图 2-15 例 2-6 图
a) 单口网络　b) 等效电路

【例 2-7】 求图 2-16a 所示电路的等效电阻。

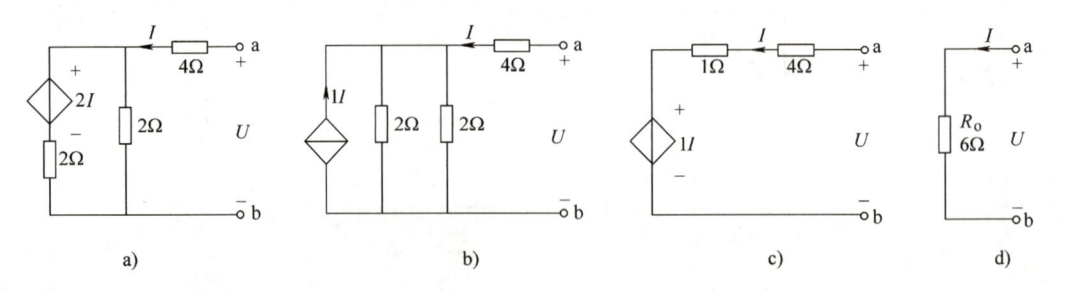

图 2-16 例 2-7 图

解：在电路端口加电压 U，对图 2-16a 所示电路最左边支路进行电源变换得到图 2-16b

所示电路,再将图 2-16b 所示电路进行电源变换后得图 2-16c 所示电路,再求端口电流 I 与电压 U 的关系。图 2-16d 为最后的等效电路,此时有

$$U = (4+1)I + 1I = 6I$$

所以,该二端网络的等效电阻为

$$R_\mathrm{o} = \frac{U}{I} = 6\Omega$$

含受控源(无独立源)的二端网络求等效电阻的方法可归纳如下:

首先在端口处外加理想电压源,电压为 U,从而引起端口输入电流 I;然后根据 KVL、KCL 及欧姆定律列写电路方程,整理后找出 U 与 I 的比值,从而求得等效电阻。对于较复杂的电路,可对电路进行等效化简后再求等效电阻。需要注意的是,当化简电路时,应保留控制支路,以免造成解题困难。

2.3 支路电流法及其独立方程的列写

2.3.1 支路电流法

电路分析、计算的主要任务是:在给定电路结构及元件参数的条件下,计算出各支路的电流和电压。简单电路可以用电阻串并联等效变换的方法,用欧姆定律求解。复杂电路则必须运用电路分析方法。

支路电流法是以电路中每条支路的电流为未知量,对独立节点、独立回路(网孔)分别应用 KCL、KVL 列出相应的方程,从而解得各个支路的电流和各个元件的电压。

如果一个电路,有 b 条支路、n 个节点,要求出 b 条支路的电流,就有 b 个未知量。因此需要列写 b 个方程,其中有多少个是根据 KCL 列写的电流方程?又有多少个是根据 KVL 列写的电压方程?下面以一个电路为例来讲解。

2.3.2 列写独立方程

在图 2-17 中有两个节点 a 和 b,独立节点只有一个,故只要对其中一个节点列电流方程即可;独立回路有两个,故只要对网孔列电压方程即可。

对节点 a 有　　　　$-I_1 - I_2 + I_3 = 0$
对回路 1 有　　　　$4I_1 - 4I_2 = 12$
对回路 2 有　　　　$4I_2 + 4I_3 = -24$

得方程组　　$\begin{cases} -I_1 - I_2 + I_3 = 0 \\ 4I_1 - 4I_2 = 12 \\ 4I_2 + 4I_3 = -24 \end{cases}$

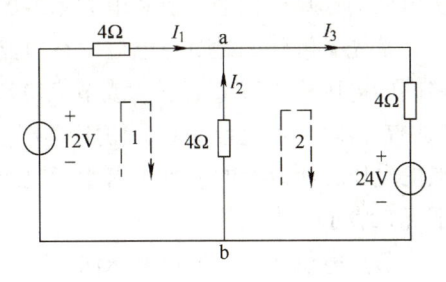

图 2-17　支路电流法分析用图

解方程组得支路电流 I_1、I_2、I_3。

从以上的分析过程可以得出支路电流法的解题步骤如下:

1) 看清电路结构、电路参数及待求量。本电路有两个节点、3 条支路、3 个回路(其

中两个网孔)。3条支路电流是待求量,需列出3个独立方程才能求解。

2) 确定支路电流的参考方向。将支路电流的参考方向标注在电路图中。

3) 根据KCL,对独立节点列电流方程(如有n个节点,则$n-1$个节点是独立的)。

4) 根据KVL,对独立回路列电压方程(一般选取网孔,网孔是独立回路)。

5) 对联立的方程组求解,解出支路电流。

需要注意的是,对有电流源的回路,在列回路电压方程时,要先设电流源两端的电压。

【例2-8】 电桥的电路原理图如图2-18所示。R_1、R_2、R_3和R_4是电桥的4个桥臂,a、b间接有检流计G。试求当检流计指示为零(即电桥平衡)时,桥臂R_1、R_2、R_3、R_4之间的关系。

解: 当检流计指示为零时,则该支路电流为零,可将该支路断开,即开路,得

$$I_1 = I_4, I_2 = I_3$$

a、b两点等电位,得到$R_1I_1 = R_2I_2$,$R_3I_3 = R_4I_4$,则桥臂R_1、R_2、R_3、R_4之间的关系为

$$\frac{R_1}{R_4} = \frac{R_2}{R_3}$$

即$R_1R_3 = R_2R_4$,这个结果为电桥平衡的条件。

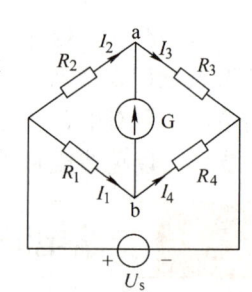

图2-18 例2-8图

由于a、b两点等电位,所以此题也可将a、b两点间短路进行分析,也能得到同样的结果。

2.4 节点电位法

上节所讲的支路电流法虽然能用来求解电路,但由于独立方程数目等于电路的支路数,所以对于支路数较多的复杂电路,手工求解方程的工作量较大。本节要介绍的节点电位法(简称为节点法)是一种改进的分析方法,它可以使方程的个数减少。此方法已经广泛应用于电路的计算机辅助分析和电力系统的计算,是最普遍应用的一种求解方法。

首先了解什么是节点电位。在电路中,任选某一点为参考节点,其他节点与该参考节点之间的电压称为节点电位(或节点电压)。前面介绍电位时用符号"V"表示,所以有的文献中在讲解节点电位法时,使用"V"作为变量的符号。而节点电位等于独立节点到参考节点的电压,所以有的文献也沿用了电压符号"U"来表示节点电位。本节中使用"U"加上下标来表示节点电位。

节点电位法也叫节点电压法,简称节点法。

节点法就是将各支路电流通过支路伏安特性用未知节点电位表示,以节点电位为未知量,应用KCL对节点列电流方程(简称节点方程),求解出各节点电位,进而求得电路中需要求得的电流、电压及功率等。

该方法只需要应用KCL列写电流方程,对比支路电流法,无须应用KVL列写电压方程,因此只需要独立节点数量的方程,方程数量有所减少。

2.4.1 节点方程及其一般形式

下面举例来说明在几种情况下节点方程的列写方法。

1. 电路中只有一个独立节点的情况

以一个独立节点的电路图 2-19 为例，图中含有两个节点 0 和 1，这里选择节点 0 为参考点，节点 1 为独立节点，它对参考节点 0 的节点电位可以记为 U_{10}。对节点 1 列电流方程，以流出该节点的电流为正、流入的为负，图 2-19 中流入节点 1 的电流为 I_1 和 I_2，流出节点 1 的电流为 I_3。则有

$$I_3 - I_1 - I_2 = 0 \quad (2\text{-}6)$$

由两点间电压等于这两点之间的电位之差，以及电阻上的电压和电流的关系有

$$I_1 = \frac{U_{S1} - U_{10}}{R_1}, \quad I_2 = \frac{U_{S2} - U_{10}}{R_2}, \quad I_3 = \frac{U_{10}}{R_3}$$

将 I_1、I_2、I_3 代入式（2-6）中得

$$\frac{U_{10}}{R_3} - \frac{U_{S1} - U_{10}}{R_1} - \frac{U_{S2} - U_{10}}{R_2} = 0$$

整理可得

$$U_{10}\left(\frac{1}{R_1} + \frac{1}{R_2} + \frac{1}{R_3}\right) - \frac{U_{S1}}{R_1} - \frac{U_{S2}}{R_2} = 0$$

即

$$U_{10}\left(\frac{1}{R_1} + \frac{1}{R_2} + \frac{1}{R_3}\right) = \frac{U_{S1}}{R_1} + \frac{U_{S2}}{R_2} \quad (2\text{-}7)$$

令

$$G_{11} = \frac{1}{R_1} + \frac{1}{R_2} + \frac{1}{R_3} = G_1 + G_2 + G_3$$

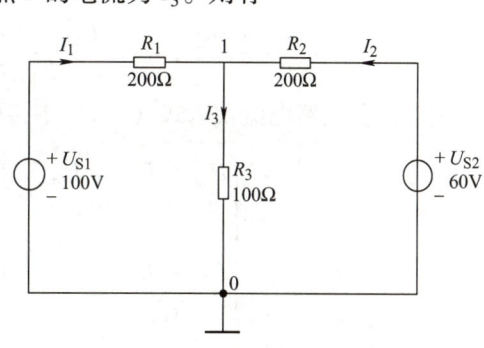

图 2-19 有一个独立节点的电路

G_{11} 称为节点 1 的自电导。自电导 G_{11} 恒为正。这是由于本节点电位对连到自身节点的电导支路的电流总是使电流流出本节点的缘故。式（2-7）就是图 2-19 中对一个独立节点使用节点法所列写的方程。可见，如果电路中只有一个独立节点，那么就只有一个未知量 U_{10}，从而只需要列写一个节点方程。

从式（2-7）可以得出该种电路列写节点方程的规律：方程左侧是节点 1 的节点电位乘以该节点的自电导，也就是流出节点 1 的电流和；方程右侧为流入节点 1 的电流和。

由式（2-7）可以解出 U_{10} 的值，这也就是电阻 R_3 两端的电压 U_{R3}。有兴趣的读者可以进一步求出电阻 R_1 和 R_2 两端的电压 U_{R1} 和 U_{R2}。

2. 电路中含有 3 个独立节点的情况

有 3 个独立节点的电路如图 2-20 所示，在图 2-20 中，有 3 个独立节点，分别为节点 1、节点 2 和节点 3。其中节点 3 电位已知：$U_{30} = U_{S2}$，因此还剩下两个未知量：U_{10} 和 U_{20}，故只需要列节点 1 和节点 2 的节点方程即可求得相应的节点电压。同求解电路图 2-19 方法一样，分别对节点 1 和节点 2 列方程，有

$$\begin{cases} I_3 - I_1 - I_2 = 0 \\ I_1 + I_4 - I_5 = 0 \end{cases} \quad (2\text{-}8)$$

则各支路电流为

$$I_1 = \frac{U_{20} - U_{10}}{R_1}, \; I_2 = \frac{U_{30} - U_{10}}{R_2} = \frac{U_{S2} - U_{10}}{R_2},$$

$$I_3 = \frac{U_{10}}{R_3}$$

$$I_4 = \frac{U_{20} - U_{S2} + U_{S3}}{R_4}, \; I_5 = \frac{U_{S1} - U_{20}}{R_5}$$

把上述各支路电流代入式（2-8）中得到

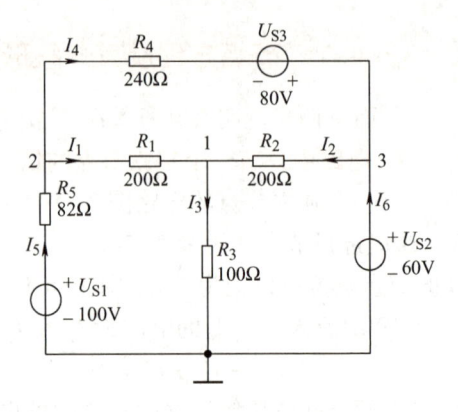

图 2-20 有 3 个独立节点的电路

$$\begin{cases} \dfrac{U_{10}}{R_3} - \dfrac{U_{20} - U_{10}}{R_1} - \dfrac{U_{30} - U_{10}}{R_2} = 0 \\ \dfrac{U_{20} - U_{10}}{R_1} + \dfrac{U_{20} - U_{S2} + U_{S3}}{R_4} - \dfrac{U_{S1} - U_{20}}{R_5} = 0 \end{cases}$$

整理可得

$$\begin{cases} U_{10}\left(\dfrac{1}{R_1} + \dfrac{1}{R_2} + \dfrac{1}{R_3}\right) - \dfrac{U_{20}}{R_1} = \dfrac{U_{S2}}{R_2} \\ -\dfrac{U_{10}}{R_1} + U_{20}\left(\dfrac{1}{R_1} + \dfrac{1}{R_4} + \dfrac{1}{R_5}\right) = \dfrac{U_{S1}}{R_5} + \dfrac{U_{S2}}{R_4} - \dfrac{U_{S3}}{R_4} \end{cases}$$

将方程组中 $G_{11} = \dfrac{1}{R_1} + \dfrac{1}{R_2} + \dfrac{1}{R_3}$，$G_{22} = \dfrac{1}{R_1} + \dfrac{1}{R_4} + \dfrac{1}{R_5}$ 称为自电导；将 $G_{12} = -\dfrac{1}{R_1}$，$G_{21} = -\dfrac{1}{R_1} = G_{12}$ 称为互电导。这里自电导恒为正，互电导恒为负。

可以得出此种电路节点法列写的规律：方程左侧为本节点电位乘上该节点的自电导再加上相邻节点电位乘上互电导；方程右侧为电压源除以与该节点共用的电阻然后叠加。电源正极靠近该节点（向该节点流入电流的方向）符号取正，电源负极靠近该节点（从该节点流出电流的方向）符号取负。

需要注意的是，这个电路中有一个节点电位是一个理想电压源的电压值，从而可以得出这样的规律：如果电路中某一支路含有理想电压源（无电阻与其串联），那么选择参考节点时尽量选择理想电压源的负极端作为参考点，则理想电压源的正极端为独立节点，那么该节点电位为已知，即为该理想电压源的电压，这样所必须列写的方程会减少一个，从而简化了方程的求解。

3. 电路中含有理想电流源支路的情况

图 2-21 所示为含有恒流源支路的电路。其结构同图 2-20，方程也同图 2-20 的类似，只是 $I_3 = \dfrac{U_{10}}{R_3}$ 替换为 $I_3 = -I_S$，方程如下：

$$\begin{cases} -I_S - \dfrac{U_{20} - U_{10}}{R_1} - \dfrac{U_{30} - U_{10}}{R_2} = 0 \\ \dfrac{U_{20} - U_{10}}{R_1} + \dfrac{U_{20} - U_{S2} + U_{S3}}{R_4} - \dfrac{U_{S1} - U_{20}}{R_5} = 0 \end{cases}$$

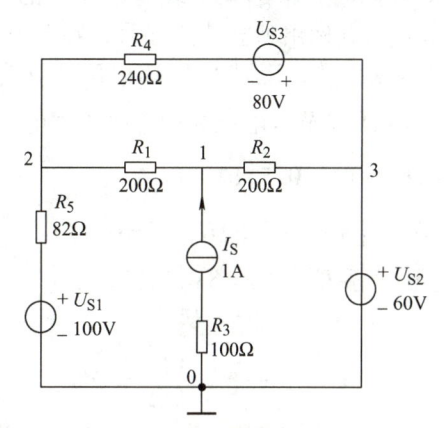

图 2-21　含有恒流源支路的电路

整理得到

$$\begin{cases} U_{10}\left(\dfrac{1}{R_1} + \dfrac{1}{R_2}\right) - \dfrac{U_{20}}{R_1} = \dfrac{U_{S2}}{R_2} + I_S \\ -\dfrac{U_{10}}{R_1} + U_{20}\left(\dfrac{1}{R_1} + \dfrac{1}{R_4} + \dfrac{1}{R_5}\right) = \dfrac{U_{S1}}{R_5} + \dfrac{U_{S2}}{R_4} - \dfrac{U_{S3}}{R_4} \end{cases} \tag{2-9}$$

因此，对于具有理想电流源的支路，该支路上的电阻不起作用，可以忽略不计。列写节点方程时，将恒流源的值放在方程右侧，流入该节点时取正号，反之取负号。N 个节点标准方程可以表示如下：

$$U_{10}G_{i1} + U_{20}G_{i2} + \cdots + U_{i0}G_{ii} + \cdots + U_N G_{iN} = \sum \dfrac{U_{Sj}}{R_j} + \sum I_{Sk} \tag{2-10}$$

式中，U_{10}，U_{20}，$\cdots$，$U_{(N-1)0}$，U_{N0} 为各个独立节点的电压。G_{N1}，G_{N2}，$\cdots$，$G_{N(N-1)}$ 为与节点 N 连接的互电导，恒为负。G_{NN} 为节点 N 的自电导，恒为正。U_{Sj} 和 R_j 表示有 j 条支路与节点 N 连接，该支路含有独立电压源 U_S 和与之串联的电阻 R，取 $\dfrac{U_{Sj}}{R_j}$ 的代数和。I_{Sk} 表示有 k 个含有理想电流源的支路与节点 N 相连，这些电流源的值取代数和。含电阻的电流源支路与含有理想电流源支路情况下电流符号的取法可以参考前面章节中的总结。

4. 电路中两个节点间有理想电压源的情况

图 2-22 的电路中节点 3 和节点 2 之间只有一个独立源。如果理想电压源没有串联电阻，就不能变换为等效的电流源。在列写节点方程时，有 3 种方法：一是选某一理

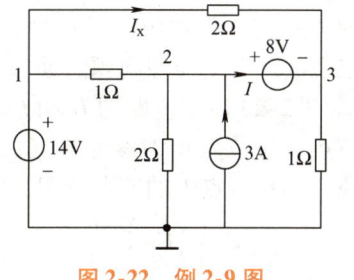

图 2-22　例 2-9 图

想电压源的一端作为参考节点；二是在理想电压源支路中增设电流未知量；三是列写广义节点 KCL 方程。下面举例来说明对这些情况的处理方法。

【例 2-9】 电路如图 2-22 所示，用节点法求 I_x。

解： 本例 $n=4$，则共有 3 个独立节点，接地点为参考节点，3 个电源中有两个理想电压源。当遇到含有理想电压源的电路时，常选某一理想电压源的一端为参考节点，现选 14V 理想电压源的负极端为参考节点，并标出独立节点序号，在节点 2 与节点 3 之间为 8V 理想电压源，可增设此支路电流 I 为未知数，现以 U_1、U_2、U_3 和 I 为未知数列写方程如下：

$$\begin{cases} U_1 = 14\text{V}（节点电压为理想电压源电压）\\ -1U_1 + (1+0.5)U_2 + I = 3 \\ -0.5U_1 + (1+0.5)U_3 - I = 0 \end{cases}$$

补充节点 2、节点 3 之间的电压关系 $U_2 - U_3 = 8\text{V}$，解得

$$U_1 = 14\text{V},\ U_2 = 12\text{V},\ U_3 = 4\text{V},\ I = -1\text{A}$$

$$I_x = \frac{U_1 - U_3}{2\Omega} = \frac{10\text{V}}{2\Omega} = 5\text{A}$$

在以上解题过程中，对两个理想电压源的处理分别应用了前面所述第一种（即选 14V 理想电压源的负极端为参考节点）和第二种（即在 8V 理想电压源支路增设此支路电流 I 为未知数）两种方法。若采用的是第三种方法（即列广义节点 KCL 方程），以本题为例，将节点 2、3 及 8V 理想电压源用虚线框起来，则构成一个假想的封闭面，也称作广义节点。对此广义节点列 KCL 方程得

$$-(1+0.5)U_1 + (1+0.5)U_2 + (1+0.5)U_3 = 3$$

此方程与 $U_1 = 14\text{V}$，$U_2 - U_3 = 8\text{V}$ 三式联立，得

$$U_2 = 12\text{V},\ U_3 = 4\text{V}$$

$$I_x = \frac{U_1 - U_3}{2\Omega} = 5\text{A}$$

从例 2-9 可以看出，如果电路中两个独立节点之间具有理想电压源，应设该支路的电流为未知量，并将其放在方程左侧，流出该节点取正、流入该节点取负，然后增加一个补充方程，补充方程为两个独立节点间的电位差等于该理想电压源的电压值。

5. 电路中含受控源的情况

若要对含受控源的电路列节点方程，则可以先将受控源当作独立源看待，将其作用的项列到方程右边，而后再找到受控源的控制量与节点电位的关系，将此关系代入节点方程，再将方程右边反映受控源作用的项移到方程左边，得到含受控源电路的节点方程。下面举例来说明对含受控源问题的处理方法。

【例 2-10】 用节点法求图 2-23 所示电路的 U 和 I。

解： 此电路共有两个节点，设节点 0 为参考节点，将电流控制电流源看作独立电流源，列写节点 1 的节点方程，即

$$\left(1 + \frac{1}{3}\right)U_1 = \frac{6}{1} + 4 - \frac{2}{3}I$$

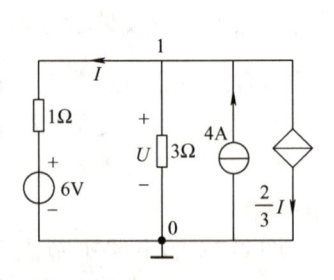

图 2-23 例 2-10 图

由于该式有两个未知量，因此无法直接求出 U_1，需要再列出一个方程，用节点电位表示控制量 I，有

$$I = 1 \times (U_1 - 6) = U_1 - 6$$

以上两式联立求解，可得

$$U_1 = 7\text{V}, I = 1\text{A}$$

则

$$U = U_1 = 7\text{V}$$

【例 2-11】 用节点法求图 2-24 所示电路的各节点电位。

解：设节点 0 为参考节点。将受控电压源 $3I_1$ 和受控电流源 $6I_x$ 分别看作理想电压源和理想电流源，对节点 1、2、3 分别列节点方程如下：

$$\begin{cases} 4U_1 - 3U_2 - 1 \times U_3 = -8 - 9I_1 \\ -3U_1 + 4U_2 = 9I_1 - 6I_x \\ -1 \times U_1 + 6U_3 = 25 + 6I_x \end{cases}$$

在以上各式中，由于出现了 I_1 和 I_x 两个未知量，因此需要再列写两个补充方程，到控制支路找出 I_1 和 I_x 与各节点电位的关系，有

$$\begin{cases} I_1 = 1 \times U_2 \\ I_x = 1 \times (U_3 - U_1) \end{cases}$$

将两个大括号中的五式联立求解，可得

$$U_1 = 5\text{V}, U_2 = -3.968\text{V}, U_3 = 4.192\text{V}$$

图 2-24 例 2-11 图

2.4.2 节点法解题步骤

从上节的内容可以归纳出节点法的解题步骤如下：

1) 选定参考节点，标出各独立节点序号，将独立节点电位作为未知量，其参考方向由独立节点指向参考节点。

2) 用观察法对各个独立节点列写以节点电位为未知量的 KCL 方程。

3) 联立求解第 2) 步得到的 $(n-1)$ 个方程，解得各节点电位。

4) 指定各支路方向，并由节点电位求得各支路电压。

5) 应用支路的伏安特性关系，由支路电压求得各支路电流。

【例 2-12】 在图 2-25 所示电路中，$R_1 = R_2 = R_3 = 4\Omega$，$R_4 = R_5 = 2\Omega$，$U_{S1} = 4\text{V}$，$U_{S5} = 12\text{V}$，$I_{S3} = 3\text{A}$。试用节点法求电流 I_1 和 I_4。

解：选图中节点 3 为参考节点，标出 1 和 2 两个独立节点，选 U_{10} 和 U_{20} 为两个未知量。

用观察法列节点方程，有

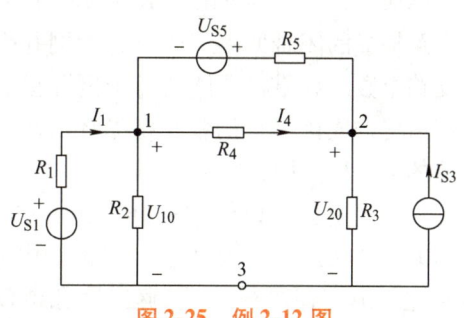

图 2-25 例 2-12 图

$$\left(\frac{1}{R_1}+\frac{1}{R_2}+\frac{1}{R_4}+\frac{1}{R_5}\right)U_{10} - \left(\frac{1}{R_4}+\frac{1}{R_5}\right)U_{20} = \frac{U_{S1}}{R_1} - \frac{U_{S5}}{R_5}$$

$$-\left(\frac{1}{R_4}+\frac{1}{R_5}\right)U_{10} + \left(\frac{1}{R_3}+\frac{1}{R_4}+\frac{1}{R_5}\right)U_{20} = I_{S3} + \frac{U_{S5}}{R_5}$$

将数据代入方程得

$$\frac{3}{2}U_{10} - U_{20} = -5$$

$$-U_{10} + \frac{5}{4}U_{20} = 9$$

联立求解得

$$U_{10} = \frac{22}{7}\text{V}$$

$$U_{20} = \frac{68}{7}\text{V}$$

$$I_1 = \frac{U_{S1} - U_{10}}{R_1} = \frac{3}{14}\text{A}$$

$$I_4 = \frac{U_{10} - U_{20}}{R_4} = -\frac{23}{7}\text{A}$$

2.5 网孔电流法

网孔电流法也是着眼于减少方程个数的一种改进的分析方法。上一节所讲的节点法自动满足 KVL，仅应用 KCL 列方程就可求解电路；对于有 b 条支路 n 个节点的电路，其网孔数为 $b-(n-1)$，即是独立方程的个数。本节讨论的网孔电流法自动满足 KCL，仅应用 KVL 就可以求解电路。

2.5.1 网孔方程及其一般形式

欲使方程数目减少必使求解的未知量数目减少。在一个平面电路里，因为网孔是由若干条支路构成的闭合回路，所以它的网孔个数必定少于支路个数。如果在电路的每个网孔里有一假想的电流沿着构成该网孔的各支路循环流动，就把这一假想的电流称为网孔电流。

对平面电路，以假想的网孔电流作为未知量，根据 KVL 列出网孔电压方程式（网孔内电阻上的电压通过欧姆定律求得），求解出网孔电流，进而求得各支路电流、电压、功率等，这种求解电路的方法称为网孔电流法，简称网孔法。下面以图 2-26 所示电路为例来列出网孔的 KVL 方程，并从中总结出

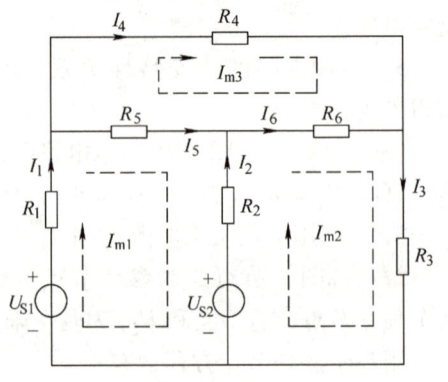

图 2-26 网孔分析法用图

列写网孔 KVL 方程的简便方法。

本电路共有 6 条支路、4 个节点，网孔电流分别为 I_{m1}、I_{m2}、I_{m3}，其参考方向即作为列写方程的绕行方向。按网孔列写 KVL 方程如下：

$$\begin{cases} 网孔1: R_1I_{m1} + R_5(I_{m1} - I_{m3}) + R_2(I_{m1} - I_{m2}) + U_{S2} - U_{S1} = 0 \\ 网孔2: R_2(-I_{m1} + I_{m2}) + R_6(I_{m2} - I_{m3}) + R_3I_{m2} - U_{S2} = 0 \\ 网孔3: R_4I_{m3} + R_6(-I_{m2} + I_{m3}) + R_5(-I_{m1} + I_{m3}) = 0 \end{cases}$$

为了便于解出方程（也可以参考相关书籍，应用克莱姆法则求解或在计算机上应用 MATLAB 工具软件求解，这里不赘述），上述 3 个方程需要按未知量顺序排列并加以整理，同时将已知激励源也移到等式右端。这样上面 3 个方程整理为

$$\begin{cases} (R_1 + R_2 + R_5)I_{m1} - R_2I_{m2} - R_5I_{m3} = U_{S1} - U_{S2} \\ -R_2I_{m1} + (R_2 + R_3 + R_6)I_{m2} - R_6I_{m3} = U_{S2} \\ -R_5I_{m1} - R_6I_{m2} + (R_4 + R_5 + R_6)I_{m3} = 0 \end{cases} \quad (2\text{-}11)$$

解上述方程组即可得电流 I_{m1}、I_{m2}、I_{m3}，进而确定各支路电流或电压、功率。如果用网孔法分析电路，就都有如上的方程整理过程，比较麻烦。将式 (2-11) 归纳为

$$\begin{cases} R_{11}I_{m1} + R_{12}I_{m2} + R_{13}I_{m3} = U_{S11} \\ R_{21}I_{m1} + R_{22}I_{m2} + R_{23}I_{m3} = U_{S22} \\ R_{31}I_{m1} + R_{32}I_{m2} + R_{33}I_{m3} = U_{S33} \end{cases} \quad (2\text{-}12)$$

比较式 (2-11) 和式 (2-12)，不难发现：$R_{11} = R_1 + R_2 + R_5$，是网孔 1 的所有电阻之和，称为网孔 1 的自电阻。同理，$R_{22} = R_2 + R_3 + R_6$、$R_{33} = R_4 + R_5 + R_6$ 分别为网孔 2 和网孔 3 的自电阻，且自电阻恒为正。这是因为本网孔电流方向与网孔绕行方向一致，由本网孔电流在各电阻上产生的电压方向必然与网孔绕行方向一致；$R_{12} = R_{21}$ 为网孔 1 和网孔 2 之间的互电阻，且 $R_{12} = R_{21} = -R_2$ 为两网孔共有电阻的负值。在网孔法中，互电阻恒为负。这是由于规定各网孔电流均以顺时针为参考方向，所以另一网孔在共有电阻上产生的电压总是与本网孔绕行方向相反。同理，可解释 $R_{13} = R_{31} = -R_5$ 和 $R_{23} = R_{32} = -R_6$；式 (2-12) 中等式右端的 U_{S11}、U_{S22}、U_{S33} 分别为 3 个网孔的等效电压源的代数和，与网孔绕行方向相反的电压源为正，一致的为负，如 $U_{S11} = U_{S1} - U_{S2}$，$U_{S1}$ 的方向与网孔 1 的绕行方向相反，而 U_{S2} 的方向与网孔 1 的绕行方向一致。可以推广到 m 个网孔的电路，有兴趣的读者可自行推导。

2.5.2 网孔法解题步骤

1. 解题步骤

从上节的内容可以归纳出网孔法的解题步骤如下：
1）选网孔为独立回路，标出顺时针的网孔电流方向和网孔序号。
2）若电路中存在实际电流源，则先将其等效变换为实际电压源后，用观察自电阻、互电阻的方法列出各网孔的 KVL 方程（以网孔电流为未知量）。
3）求解网孔电流。
4）由网孔电流求各支路电流。

5）由各支路电流及支路的伏安特性关系式求各支路电压。

【例2-13】 试用网孔法求解图2-27所示电路中的各支路电流。

解：网孔序号及网孔绕行方向如图2-27所示，列写网孔方程组为

$$\begin{cases} (2+1+2)I_{m1} - 2I_{m2} - 1I_{m3} = 3-11 \\ -2I_{m1} + (2+6+3)I_{m2} - 6I_{m3} = 11-4 \\ -1I_{m1} - 6I_{m2} + (3+6+1)I_{m3} = 8-3 \end{cases}$$

整理为

$$\begin{cases} 5I_{m1} - 2I_{m2} - I_{m3} = -8 \\ -2I_{m1} + 11I_{m2} - 6I_{m3} = 7 \\ -I_{m1} - 6I_{m2} + 10I_{m3} = 5 \end{cases}$$

联立求解得

$$I_{m1} = -1\text{A}$$
$$I_{m2} = 1\text{A}$$
$$I_{m3} = 1\text{A}$$

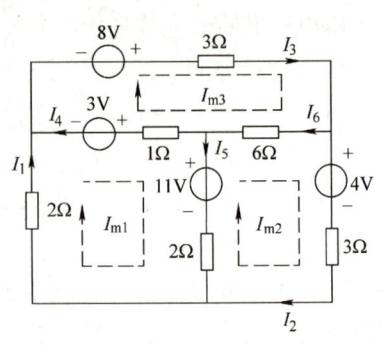

图 2-27 例 2-13 图

从而求得各支路电流为

$$I_1 = I_{m1} = -1\text{A}$$
$$I_2 = I_{m2} = 1\text{A}$$
$$I_3 = I_{m3} = 1\text{A}$$
$$I_4 = -I_{m1} + I_{m3} = 2\text{A}$$
$$I_5 = I_{m1} - I_{m2} = -2\text{A}$$
$$I_6 = -I_{m2} + I_{m3} = 0\text{A}$$

2. 含理想电流源及受控源的情况分析

（1）含理想电流源的情况分析

理想电流源不能变换为电压源，而网孔方程的每一项均为电压。下面举例说明如何处理这类问题。

【例2-14】 用网孔法求图2-28所示电路的各支路电流。

解：网孔序号及网孔电流参考方向如图中所选，题中有两个理想电流源，其中6A的理想电流源只流过一个网孔电流，则可知 $I_{m1}=6$A。这样就不必再列网孔1的KVL方程，而只需要列出网孔2和网孔3的KVL方程。为了列网孔2和网孔3的KVL方程，设2A电流源的电压为 U_x（见图2-28），所得方程为

$$\begin{cases} I_{m1} = 6\text{A} \\ -1I_{m1} + 3I_{m2} = U_x \\ -2I_{m1} + 5I_{m3} = -U_x \end{cases}$$

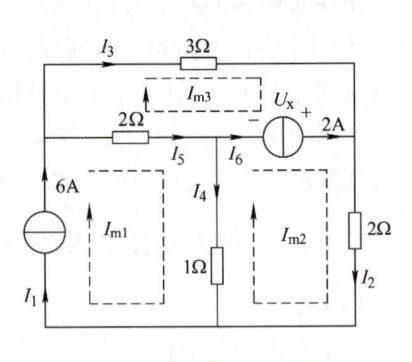

图 2-28 例 2-14 图

多了未知量 U_x，必须再增列一个方程，由 2A 理想电流源支路得到补充方程为
$$I_{m2} - I_{m3} = 2A$$
将以上四式联立求解得
$$I_{m2} = 3.5A$$
$$I_{m3} = 1.5A$$
各支路电流均可用网孔电流求得
$$I_1 = I_{m1} = 6A$$
$$I_2 = I_{m2} = 3.5A$$
$$I_3 = I_{m3} = 1.5A$$
$$I_4 = I_{m1} - I_{m2} = 2.5A$$
$$I_5 = I_{m1} - I_{m3} = 4.5A$$
$$I_6 = I_{m2} - I_{m3} = 2A$$

由本例可看出，当理想电流源所在支路只流过一个网孔电流时，该网孔电流被理想电流源限定；当理想电流源所在支路流过两个网孔电流时，可用增设理想电流源的电压为未知数的方法来处理。

（2）含受控源的情况分析

在列写含受控源电路的网孔方程时，可先将受控源作为独立电源处理，然后将受控源的控制量用网孔电流表示，再将受控源作用反映在方程右端的项移到方程左端，以得到含受控源电路的网孔方程。下面以例 2-15 进行说明。

【例 2-15】 用网孔法求图 2-29 所示电路的网孔电流，已知 $\mu = 1$，$\alpha = 1$。

解：标出网孔电流及序号，网孔 1 和网孔 2 的 KVL 方程分别为
$$6I_{m1} - 2I_{m2} - 2I_{m3} = 16$$
$$-2I_{m1} + 6I_{m2} - 2I_{m3} = -\mu U_1$$
对网孔 3，满足
$$I_{m3} = \alpha I_3$$
补充两个受控源的控制量与网孔电流关系方程，即
$$U_1 = 2I_{m1}, \quad I_3 = I_{m1} - I_{m2}$$
将 $\mu = 1$、$\alpha = 1$ 代入，联立求解得 $I_{m1} = 4A$，$I_{m2} = 1A$，$I_{m3} = 3A$。

图 2-29 例 2-15 图

2.6 叠加定理、齐性定理与替代定理

2.6.1 叠加定理

1. 叠加定理的内容

叠加定理是线性电路中一条十分重要的定理。本节所涉及的线性电路是由线性电阻元

件、独立电源和线性受控源构成的电路。叠加定理可表述如下：在任何由线性电阻元件、线性受控源及独立源组成的线性电路中，每一支路的响应（电压或电流）都可以看成各个独立电源单独作用（其他电源不作用）时，在该支路中产生响应的代数和。下面以图2-30为例来说明叠加定理的本质，叠加定理分析用图如图2-30所示。

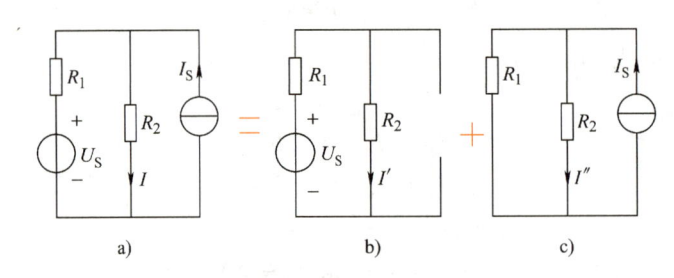

图2-30　叠加定理分析用图
a）两个独立源共同作用　b）电压源单独作用　c）电流源单独作用

图2-30a所示电路表示两个独立源共同作用，图2-30b表示由电压源单独作用产生响应I'，图2-30c表示由电流源单独作用产生响应I''。根据图2-30所示电路，推导出如下关系式：

$$I' = \frac{U_S}{R_1 + R_2}$$

$$I'' = \frac{R_1}{R_1 + R_2} I_S$$

即

$$I = I' + I'' = \frac{U_S}{R_1 + R_2} + \frac{R_1}{R_1 + R_2} I_S$$

可以根据电阻串、并联等效变换方法计算这个电路，得到同样的结论。

可见，电阻R_2上的电流是两个独立电源分别作用在R_2上产生的电流响应的叠加。不仅本例具有响应与激励之间关系的这种规律，而且对任何具有唯一解的线性电路都具有这种特性。它具有普遍意义。

2. 使用叠加定理的几个具体问题

（1）去除电源的处理

当求某一独立电源单独作用在某处产生的响应分量时，应去除其余独立电源。将电压源去除是将其短接，即将电源二端短接，使得其间电压为零；将电流源去除是将其开路，即将电源两端断开，使它不能向外电路提供电流。也就是说，去除电源意味着将该电源的参数置零。

（2）"代数和"中正、负号的确定

在应用叠加定理时，要注意，当各电源单独作用时，电路各处电流、电压的参考方向与原电路各电源共同作用时各处所对应的电流、电压的参考方向一致。

（3）叠加定理的适用性

1）该定理只适用于线性电路。

2）作为激励源，即独立电源一次函数的响应电压、电流可叠加，但功率是电压或电流的二次方，是激励源的二次函数，不可叠加。

3）叠加时只对独立电源产生的响应叠加，受控源在每个独立电源单独作用时都应在相应的电路中被保留；电路中的所有电阻（包括电源内阻）均应被保留。

下面通过例题来理解叠加定理。

【例 2-16】 在图 2-31 所示电路中，已知 $U_S = 21\text{V}$，$I_S = 14\text{A}$，$R_1 = 8\Omega$，$R_2 = 6\Omega$，$R_3 = 4\Omega$，$R = 3\Omega$。用叠加定理求 R 两端的电压 U。

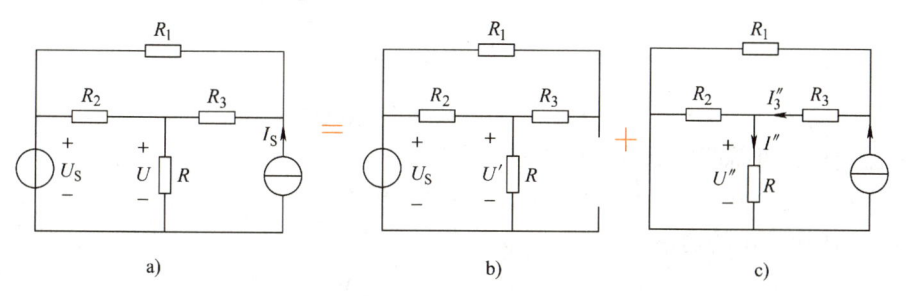

图 2-31 例 2-16 图

解： 将 I_S 开路去掉，使 U_S 单独作用，如图 2-31b 所示，求 U'。由分压公式可得

$$U' = \frac{R}{R + \frac{(R_1 + R_3) \times R_2}{R_1 + R_3 + R_2}} \times U_S = \left(\frac{3}{3+4} \times 21\right)\text{V} = 9\text{V}$$

将 U_S 短路，I_S 单独作用，如图 2-31c 所示，求 U''。由分流公式有

$$I_3'' = \frac{R_1}{R_1 + R_3 + \frac{R_2 R}{R_2 + R}} \times I_S = \left(\frac{8}{8+4+2} \times 14\right)\text{A} = 8\text{A}$$

$$I'' = \frac{R_2}{R_2 + R} I_3'' = \left(\frac{6}{6+3} \times 8\right)\text{A} \approx 5.33\text{A}$$

则

$$U'' = RI'' = (3 \times 5.33)\text{V} = 16\text{V}$$

最后叠加，得

$$U = U' + U'' = (9 + 16)\text{V} = 25\text{V}$$

【例 2-17】 在图 2-32a 所示电路中，试用叠加定理求 4V 电压源发出的功率。

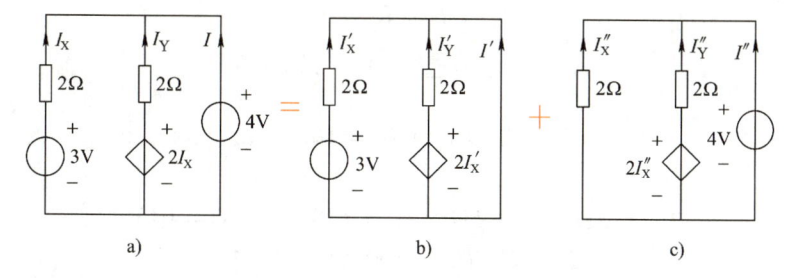

图 2-32 例 2-17 图

解： 功率不可叠加，但可用叠加定理求 4V 电压源支路的电流 I，再由 I 求电压源的功率。3V 电压源单独作用的电路如图 2-32b 所示，由此电路可得

$$I_X' = \frac{3}{2}\text{A}$$

$$I'_Y = \frac{2I'_X}{2} = \frac{3}{2}\text{A}$$

$$I' = -(I'_X + I'_Y) = -3\text{A}$$

4V 电压源单独作用的电路如图 2-32c 所示，由此电路得

$$I''_X = \left(-\frac{4}{2}\right)\text{A} = -2\text{A}$$

$$I''_Y = \left(\frac{2I''_X - 4}{2}\right)\text{A} = -4\text{A}$$

$$I'' = -(I''_X + I''_Y) = 6\text{A}$$

由叠加定理，可得两电源共同作用时电流为

$$I = I' + I'' = (-3 + 6)\text{A} = 3\text{A}$$

故 4V 电压源发出的功率为

$$P = 4\text{V} \times 3\text{A} = 12\text{W}$$

2.6.2 齐性定理

齐性定理是线性电路的另一个重要性质，可由叠加定理推出，它描述了线性电路的比例特性。齐性定理可表述如下：在线性电路中，若某一独立电源（独立电压源或独立电流源）同时扩大为 K 倍（K 为常实数）或缩小为 $1/K$ 时，则该独立电源单独作用所产生的响应分量亦扩大为 K 倍或缩小为 $1/K$，也有人把"齐性定理"归纳为"齐次定理"。

【例 2-18】 在图 2-33 所示电路中，求各支路电流。

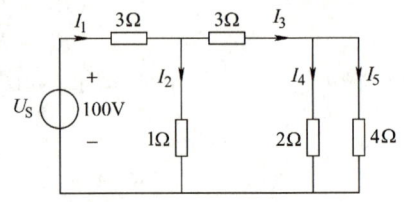

图 2-33 例 2-18 图

分析：由线性电路的齐次性，当一个独立电压扩大为 K 倍或缩小为 $1/K$ 时，它所产生的响应分量也扩大为 K 倍或缩小为 $1/K$。本题只有一个独立电源作用，因此，可设 $I'_5 = 1\text{A}$，求出相应的 U'_S，由 $U_S/U'_S = K$，再计算每一支路电流。

解：设 $I'_5 = 1\text{A}$，则

$$I'_4 = 2\text{A}$$

$$I'_3 = I'_4 + I'_5 = 3\text{A}$$

$$I'_2 = \frac{3I'_3 + 2I'_4}{1} = 13\text{A}$$

$$I'_1 = I'_2 + I'_3 = 16\text{A}$$

从而

$$U'_S = 3\Omega \times I'_1 + 1\Omega \times I'_2 = (48 + 13)\text{V} = 61\text{V}$$

$$K = U_S/U'_S = 100/61 \approx 1.64$$

由齐性定理得

$$I_1 = KI'_1 = 26.24\text{A}$$

$$I_2 = KI'_2 = 21.32\text{A}$$

$$I_3 = KI'_3 = 4.92\text{A}$$

$$I_4 = KI'_4 = 3.28\text{A}$$

$$I_5 = KI'_5 = 1.64\text{A}$$

此题的求解办法也称为单元电流法或倒推法。

2.6.3 替代定理

替代定理也称为置换定理，是集总参数电路理论中的一个重要的定理。从理论上讲，无论线性、非线性、时变、时不变电路，替代定理都是成立的。不过在线性时不变电路问题分析中，应用替代定理更加普遍，这里着重介绍在这类电路问题分析中的应用。替代定理可表述如下：在任一电路中，第 k 条支路的电压和电流为已知的 U_k 和 I_k，则不管该支路原为什么元器件，总可以用以下 3 个元器件中任一个元器件替代，替代前后电路各处电流、电压不变。这 3 个元器件分别是：

1）电压值为 U_k 且方向与原支路电压方向一致的理想电压源。
2）电流值为 I_k 且方向与原支路电流方向一致的理想电流源。
3）电阻值为 $R = U_k/I_k$ 的电阻元件。

下面通过一个具体例子（例 2-19）来验证替代定理的正确性。

【例 2-19】 在图 2-34a 所示电路中，试计算各支路电流及 ab 支路电压。

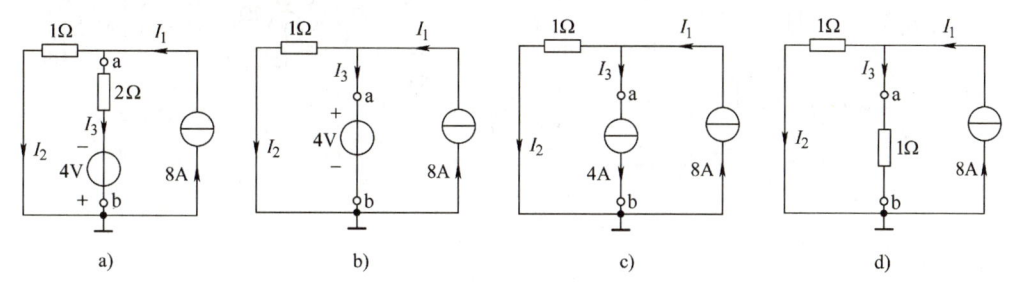

图 2-34 例 2-19 图

解： 先用节点法来求解电路，对节点 a 列方程，得

$$\left(\frac{1}{1} + \frac{1}{2}\right)U_1 = -\frac{4}{2} + 8 = 6$$

则
$$U_{ab} = U_1 = 4\text{V}$$

设各支路电流为 I_1、I_2、I_3，由图可见 $I_1 = 8\text{A}$，由欧姆定律得 $I_2 = 4\text{A}$，再由 KCL 得

$$I_3 = I_1 - I_2 = (8-4)\text{A} = 4\text{A}$$

这些结果的正确性是毋庸置疑的。下面分 3 种情况进行分析。

1）将支路 ab（视为替代定理表述中的第 k 条支路）用 4V 理想电压源替代，如图 2-34b 所示，并设各支路电流为 I_1、I_2、I_3。由图可见，$U_{ab} = 4\text{V}$，$I_1 = 8\text{A}$，$I_2 = 4\text{A}$，$I_3 = I_1 - I_2 = (8-4)\text{A} = 4\text{A}$。

2）支路 ab 用 4A 理想电流源替代，如图 2-34c 所示，并设各支路电流为 I_1、I_2、I_3。由图可见，$I_1 = 8\text{A}$，$I_3 = 4\text{A}$，$I_2 = I_1 - I_3 = (8-4)\text{A} = 4\text{A}$，$U_{ab} = 4\text{V}$。

3）支路 ab 用电阻 $R_{ab} = U_{ab}/I_3 = (4/4)\Omega = 1\Omega$ 来替代，如图 2-34d 所示，并设各支路电流为 I_1、I_2、I_3。由图可见，$I_1 = 8\text{A}$，$I_2 = I_3 = (0.5 \times 8)\text{A} = 4\text{A}$，$U_{ab} = 1 \times I_2 = (1 \times 4)\text{V} = 4\text{V}$。

此例说明了在这 3 种情况替代后的电路中，计算出的各支路电流 I_1、I_2、I_3 及 U_{ab} 与替代以前的原图 2-34a 所示电路经节点法计算出的结果完全相同，验证了替代定理的正确性。

事实上，替代定理就是电路等效变换。在分析电路时，常常用它化简电路，辅助其他方法来求解。在新定理的推导、等效变换时也常用到它。在实际工程测试电路或试验设备中，采用假负载（或称为模拟负载）的理论依据就是替代定理。下面再举例说明替代定理在电路分析中的应用。

【例 2-20】 对图 2-35a 所示电路，求电流 I_1。

解： 这个电路初看起来比较复杂，但如果将短路线压缩，ab 就合并为一点，3Ω 与 6Ω 电阻并联等效为一个 2Ω 电阻，如图 2-35b 所示。再把图 2-35b 中的点画线框起来的部分看作为一个支路 k，且知这个支路的电流为 4A（由图 2-35b 中下方 4A 理想电流源限定），应用替代定理，把支路 k 用 4A 理想电流源替代，如图 2-35c 所示，再应用电源互换将图 2-35c 等效为图 2-35d，即可解得

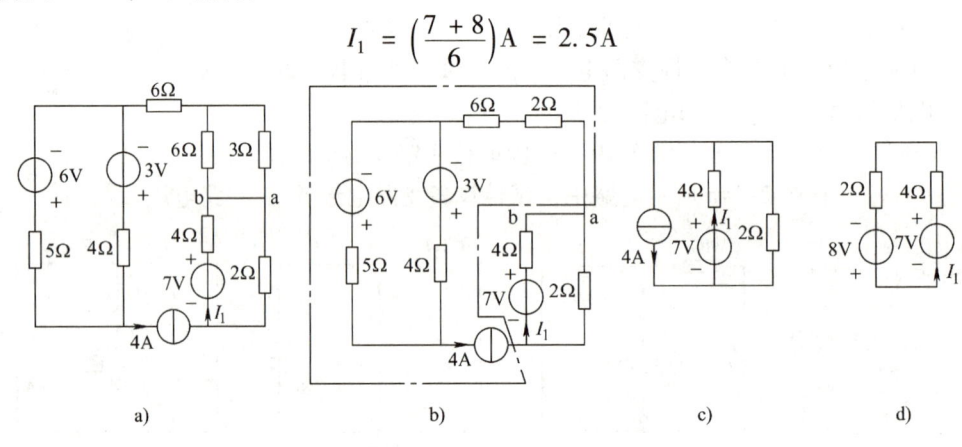

$$I_1 = \left(\frac{7+8}{6}\right)A = 2.5A$$

图 2-35 例 2-20 图

这里为把问题说得更清楚，画出的等效过程图较多。在实际解题时，并不需要画出每一步等效图。本题可直接画出图 2-35d 即可。可以看出，本题应用替代定理比直接用节点法、网孔法列方程求解要简单得多。

2.7 戴维南定理与诺顿定理

戴维南定理和诺顿定理是含源线性二端（单端口）网络的一个重要定理和特性。如果将含源二端网络等效成电压源形式，应用的就是戴维南定理；如果将含源二端网络等效成电流源形式，应用的就是诺顿定理。利用这两个定理，能够比较容易地计算复杂电路中某一支路的电流和电压。戴维南定理与诺顿定理又称为等效电源定理。

2.7.1 戴维南定理

戴维南定理可表述如下：任一含源线性二端网络对外电路而言，总可以等效为一个理想电压源与电阻串联构成的实际电源的电压源模型，此实际电源的理想电压源参数等于原二端网络端口处的开路电压，其串联电阻（内阻）等于原二端网络去掉内部独立电源之后，从端口处得到的等效电阻。戴维南定理描述用图如图 2-36 所示。

第2章 直流电路的分析与计算

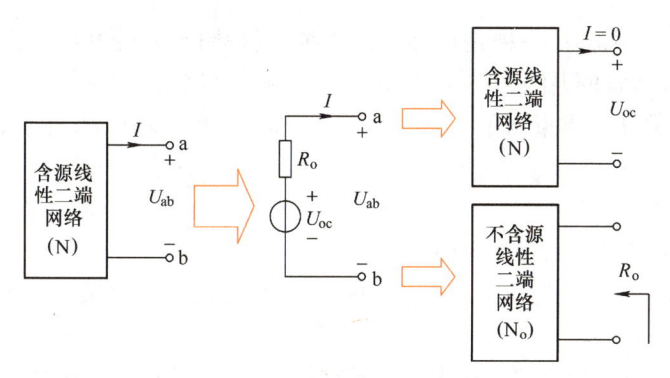

图2-36 戴维南定理描述用图

图 2-36 中 U_{oc} 称为开路电压，R_o 称为戴维南等效电阻，N 为含源线性二端网络，N_o 为 N 去掉独立电源之后所得到的二端网络。

可以由如下方法证明戴维南定理：设一含源线性二端网络（N）与外电路相连，如图 2-37a 所示，端口 ab 处的电压为 U，电流为 I。现在来寻求对外电路而言 N 的最等效电路。首先，应用替代定理，将外电路用一个电流源 $I_S = I$ 代替，如图 2-37b 所示。

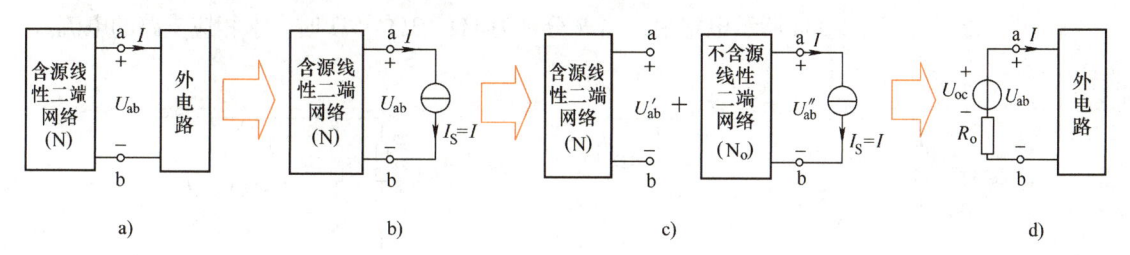

图2-37 戴维南定理的证明过程

根据叠加定理，N 端口处的电压 U 可以看作由 N 内部电源及 N 外部电流源 I_S 共同作用的结果，即

$$U = U' + U'' \tag{2-13}$$

式（2-13）中第一项 U' 是当 N 内部电源作用、去掉外部电流源（将电流源开路）时的端电压，即含源线性二端网络（N）的开路电压，即

$$U' = U_{oc} \tag{2-14}$$

式（2-13）的第二项 U'' 是当外部电流源单独作用、N 内部独立源置零（电压源短路，电流源开路）时的端口电压，此时的 N 变成相应的内部不含独立电源的 N_o，N_o 对外可等效为一个内阻 R_o，由图 2-37c 所示可得

$$U'' = -R_o I_S = -R_o I \tag{2-15}$$

由式（2-14）和式（2-15）得

$$U = U_{oc} - R_o I \tag{2-16}$$

根据式（2-16）画出的电路正好是一个电压源串联电阻支路，如图 2-37d 所示，电压源的电压等于含源线性二端网络（N）的开路电压 U_{oc}，串联电阻等于将 N 内部所有独立电源置零后得到的 N_o 从端口看进去的输入电阻 R_o，这就证明了戴维南定理。

应用戴维南定理的关键是求含源线性二端网络的戴维南等效电路参数 U_{oc} 和 R_o。

U_{oc} 的求法一般有两种：一种是将外电路去掉，将端口 ab 处开路，由 N 计算开路电压 U_{oc}；另一种是实验测量的办法，将端口 ab 开路，测量开路处的电压 U_{oc}，从而使 R_o 的求法也分为测量法和计算法。测量法是在测得 U_{oc} 的基础上，再将端口 ab 短接，测得短接处的短路电流 I_{sc}，则

$$R_o = U_{oc}/I_{sc}$$

计算 R_o 的方法又可分成以下 3 种：

1）在计算端口 ab 开路电压 U_{oc} 之后，将端口 ab 短接，求短接处的短路电流 I_{sc}，从而得到 $R_o = U_{oc}/I_{sc}$。

2）去掉 N 内部的独立电源，用串、并联化简和 Y-△ 变换等办法计算从端口 ab 看进去的等效电阻 R_o。

3）去掉 N 内部的独立电源，在端口 ab 处加电压源 U，求端口处电流 I，则 $R_o = U/I$，或是端口加电流源 I，求端口处电压 U 从而求得 R_o。

值得指出的是，对含受控源的电路求戴维南等效电路的 R_o 时，只能用上述 1）和 3）两种方法；且同叠加定理一样，受控源要同电阻一样看待，当去掉独立电源时受控源同电阻一样保留。

【例 2-21】 在图 2-38a 所示电路中，当 R 分别为 1Ω、3Ω、5Ω 时，求相应支路的电流。

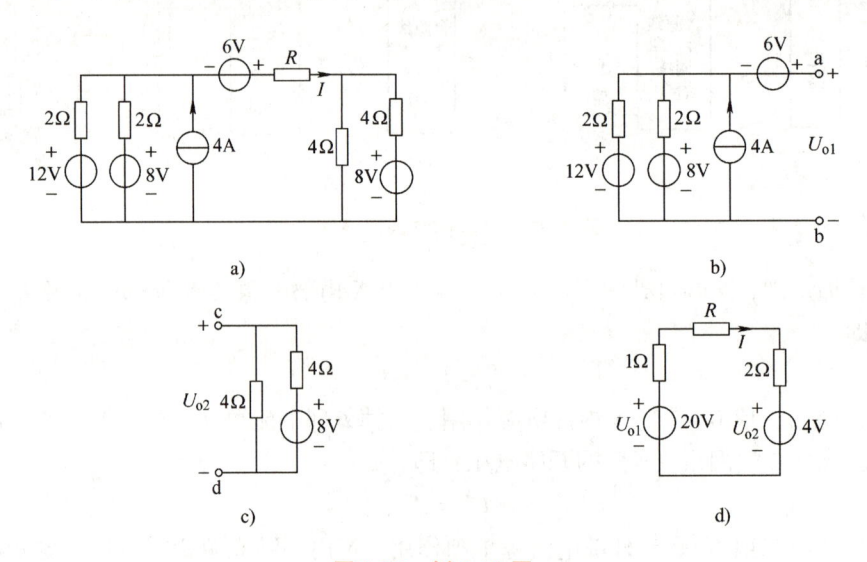

图 2-38 例 2-21 图

解：求 R 以左的二端网络的戴维南等效电路。由图 2-38b 所示经电源的等效变换可知，开路电压为

$$U_{o1} = \left[\left(\frac{12}{2} + \frac{8}{2} + 4\right) \times \frac{2 \times 2}{2+2} + 6\right]V = 20V$$

注意到图 2-38b 中，因为电路端口开路，所以端口电流为零。在此电路中无受控源，去掉电源后，经电阻串、并联化简可求得

$$R_{o1} = \left(\frac{2 \times 2}{2+2}\right)\Omega = 1\Omega$$

图 2-38c 所示是 R 以右的二端网络，由此电路可求得开路电压为

$$U_{o2} = \left(\frac{4}{4+4}\right) \times 8\text{V} = 4\text{V}$$

输入端内阻为
$$R_{o2} = 2\Omega$$

再将上述两戴维南等效电路与 R 相接得图 2-38d 所示的电路，由此，可求得

当 R=1Ω 时，
$$I = \left(\frac{20-4}{1+1+2}\right)\text{A} = 4\text{A}$$

当 R=3Ω 时，
$$I = \left(\frac{20-4}{1+2+3}\right)\text{A} = 2.67\text{A}$$

当 R=5Ω 时，
$$I = \left(\frac{20-4}{1+2+5}\right)\text{A} = 2\text{A}$$

【例 2-22】 求图 2-39a 所示电路的戴维南等效电路。

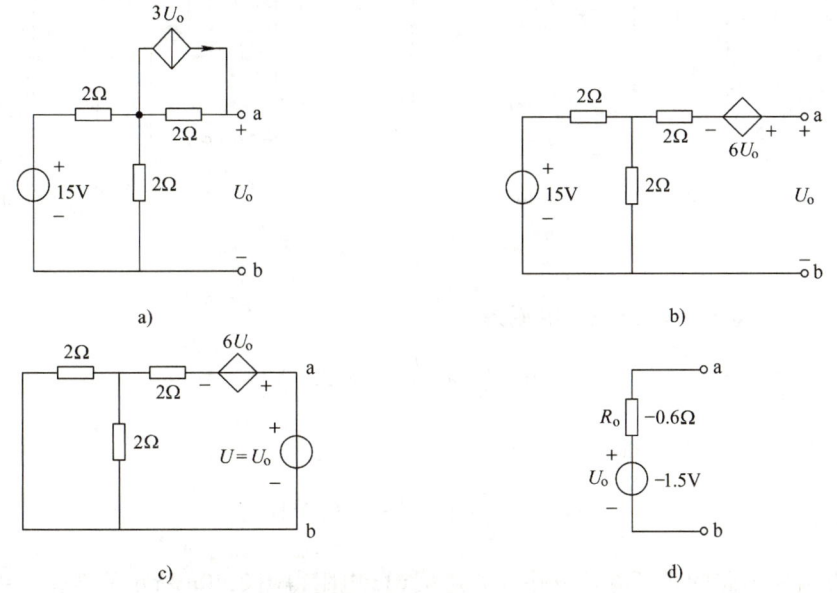

图 2-39 例 2-22 图

解：将受控电流源进行电源变换如图 2-39b 所示，由此求开路电压为

$$U_{oc} = U_o = 6U_o + 15 \times \frac{2}{2+2}\text{V}$$

解得

$$U_{oc} = U_o = -1.5\text{V}$$

利用去掉内部独立电源、端口加电压 U 求端口电流的方法来求输入电阻 R_o，如图 2-39c 所示。求得

$$I = \frac{-6U_o + U_o}{2 + \frac{2 \times 2}{2+2}} = -\frac{5U_o}{3} = -\frac{5U}{3}$$

$$R_o = U/I = -0.6\Omega$$

最后，求得本题的戴维南等效电路如图 2-39d 所示。本例中出现负电阻是含受控源电路时可能出现的情况。

2.7.2 诺顿定理

诺顿定理可表述如下：任一含源线性二端网络，对外而言，可化简为一实际电源的电流源模型，此实际电源的理想电流源参数等于原单端口网络端口处短路时的短路电流，其内电导等于原单端口网络去掉内部独立源后，从端口处得到的等效电导。

可见，对于同一含源线性二端网络，其戴维南等效电路与诺顿等效电路之间，满足电源变换的要求。诺顿等效电路的短路电流和内电导的求取办法也类似于戴维南等效电路。

【例 2-23】 用诺顿定理求图 2-40a 所示电路中的电流 I。

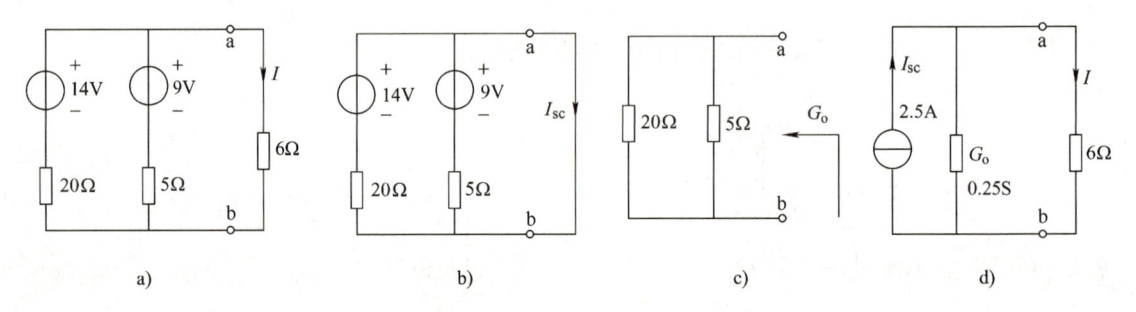

图 2-40 例 2-23 图

解： 由图 2-40b 所示求得短路电流为

$$I_{sc} = \left(\frac{14}{20} + \frac{9}{5}\right)A = 2.5A$$

由图 2-40c 所示求得等效内电导为

$$G_o = \left(\frac{1}{20} + \frac{1}{5}\right)S = 0.25S$$

做出 ab 以左电路的诺顿等效电路，并连接 6Ω 电阻得图 2-40d 所示的电路，由分流公式可得

$$I = \left(2.5 \times \frac{\frac{1}{0.25}}{\frac{1}{0.25} + 6}\right)A = 1A$$

2.8 最大功率传输定理

在电子电路中，常需要分析负载在什么条件下获得最大功率。电子电路虽然复杂，但其输出端一般引出两个端钮，可以看作一个含源二端网络，可以应用戴维南定理或诺顿定理来解决这一问题。

等效电压源接负载电路如图 2-41 所示。在图 2-41 中，将含源二端网络等效成戴维南等效电路。由图可知

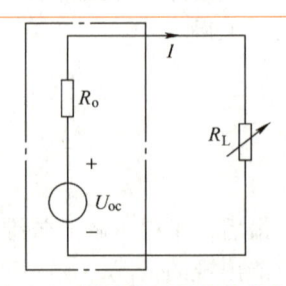

图 2-41 等效电压源接负载电路

$$I = \frac{U_{oc}}{R_o + R_L}$$

则电源传输给负载 R_L 的功率为

$$p_L = R_L I^2 = R_L \left(\frac{U_{oc}}{R_o + R_L}\right)^2 \tag{2-17}$$

为了找 p_L 的极点值，令 $dp_L/dR_L = 0$，即

$$\frac{dp_L}{dR_L} = U_{oc}^2 \frac{(R_L + R_o)^2 - 2R_L(R_L + R_o)}{(R_L + R_o)^4} = 0 \tag{2-18}$$

可见，当 $R_L = R_o > 0$ 时，p_L 取得最大值，所以含源二端网络传输给负载最大功率的条件是：负载电阻 R_L 等于含源二端网络的等效电源内阻 R_o。通常称 $R_L = R_o$ 为最大功率匹配条件。将式（2-18）代入式（2-17）即可得到含源二端网络传输给负载的最大功率为

$$p_{Lmax} = \frac{U_{oc}^2}{4R_o}$$

若含源二端网络转化为诺顿等效电路，即等效电流源接负载电路，如图 2-42 所示。读者可自行推导，同样可得到当 $R_L = R_o$ 时二端网络传输给负载的功率为最大，且此时最大功率为

$$p_{Lmax} = \frac{1}{4} R_o I_{sc}^2$$

最大功率传输定理是指在实际电源（或含源二端网络）确定（等效源电压和等效内阻确定）的情况下，使负载获得最大功率。此时的效率为

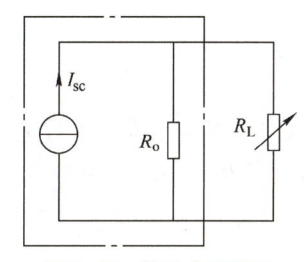

图 2-42 等效电流源接负载电路

$$\eta = \frac{I^2 R_L}{I^2(R_o + R_L)} = 50\%$$

可见，当最大功率输出时，电源传输效率只有 50%，对单端口网络中的独立电源效率可能会更低。在电力系统中这是不允许的，电力系统并不要求输出功率最大，用电设备都有它的额定功率，电源输出的功率能满足设备要求就可以了；但是要求尽可能提高电源输出效率，以便充分利用能源。在信息工程、通信工程和电子测量中，常常着眼于从微弱信号中获得最大功率，而不看重效率的高低。因此，最大功率的匹配是从事上述行业的工作人员非常关心的问题。

【例 2-24】 在图 2-43 所示的电路中，负载 R_L 可以任意改变，问负载为何值时其上获得的功率为最大？并求出此时负载上得到的最大功率 p_{Lmax}。

解： 对此类问题应用戴维南定理（或诺顿定理）与最大功率传输定理求解最简便。

1) 求 U_{oc}。从 ab 断开 R_L，设 U_{oc} 如图 2-43b 所示。在图 2-43b 中，应用电阻并联分流公式、欧姆定律及 KVL 求得

$$U_{oc} = \left(-\frac{4}{4+4+8} \times 4 \times 8 + 14 + \frac{3}{3+3+3} \times 18\right)V = 12V$$

2) 求 R_o。令图 2-43b 中各独立源为零，如图 2-43c 所示，可求得

$$R_o = [(4+4) // 8 + 3 // (3+3)]\Omega = 6\Omega$$

图 2-43 例 2-24 图

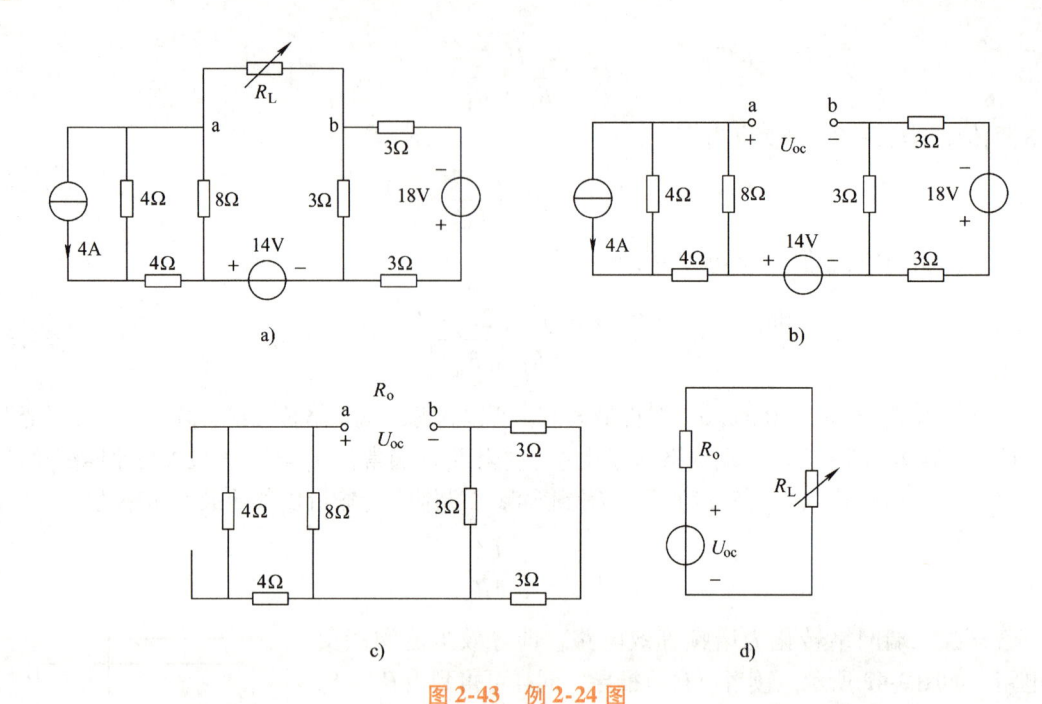

3) 画出戴维南等效电压源，接上待求支路 R_L，如图 2-43d 所示。由最大功率传输定理知，当 $R_L = R_o = 6\Omega$ 时，其上获得最大功率。此时负载 R_L 上所获得的最大功率为

$$p_{Lmax} = \frac{U_{oc}^2}{4R_o} = \left(\frac{12^2}{4 \times 6}\right)W = 6W$$

【例 2-25】 在图 2-44a 所示的电路中，含有一个电压控制的电流源，负载电阻 R_L 可任意改变，问 R_L 为何值时其上获得最大功率？并求出该最大功率 p_{Lmax}。

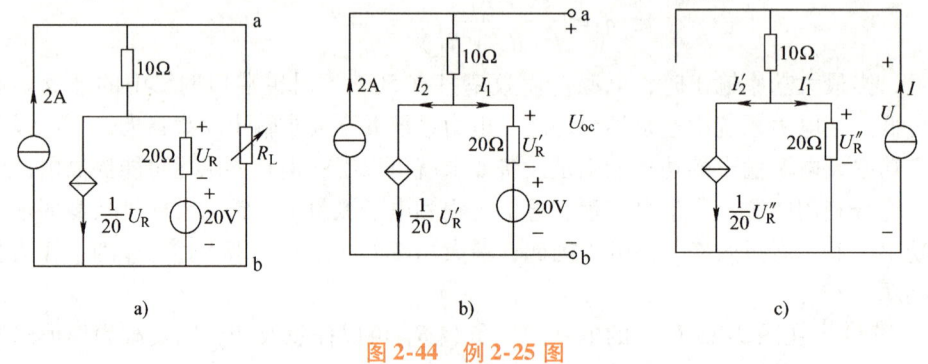

图 2-44 例 2-25 图

解： 1) 求 U_{oc}。从 ab 断开 R_L 并设 U_{oc}，如图 2-44b 所示。在图 2-44b 中设电流 I_1、I_2。由欧姆定律得

$$I_1 = \frac{U_R'}{20\Omega}, \quad I_2 = \frac{U_R'}{20\Omega}$$

又由 KCL 得

$$I_1 + I_2 = 2A$$

所以

$$I_1 = I_2 = 1\text{A}$$
$$U_{oc} = 2\text{A} \times 10\Omega + 20\Omega \cdot I_1 + 20\text{V} = (20 + 20 \times 1 + 20)\text{V} = 60\text{V}$$

2）求 R_o。令图 2-44b 中各独立源为零，受控源保留，并在 ab 端加上电流源 I，如图 2-44c 所示。有关电流和电压的参考方向标示在图上。类同图 2-44b 中求 I_1、I_2，由图 2-44c 可知

$$I_1' = I_2' = \frac{1}{2}I$$
$$U = 10I + 20 \times \frac{1}{2}I = 20I$$

所以
$$R_o = \frac{U}{I} = 20\Omega$$

3）由最大功率传输定理可知，当 $R_L = R_o = 20\Omega$ 时，其上可获得最大功率。此时负载 R_L 上获得的最大功率为

$$p_{L\max} = \frac{U_{oc}^2}{4R_o} = \left(\frac{60^2}{4 \times 20}\right)\text{W} = 45\text{W}$$

【例 2-26】 在图 2-45a 所示的电路中，负载电阻 R_L 可任意改变，问 R_L 取何值时其上获得最大功率？并求出该最大功率 $p_{L\max}$。

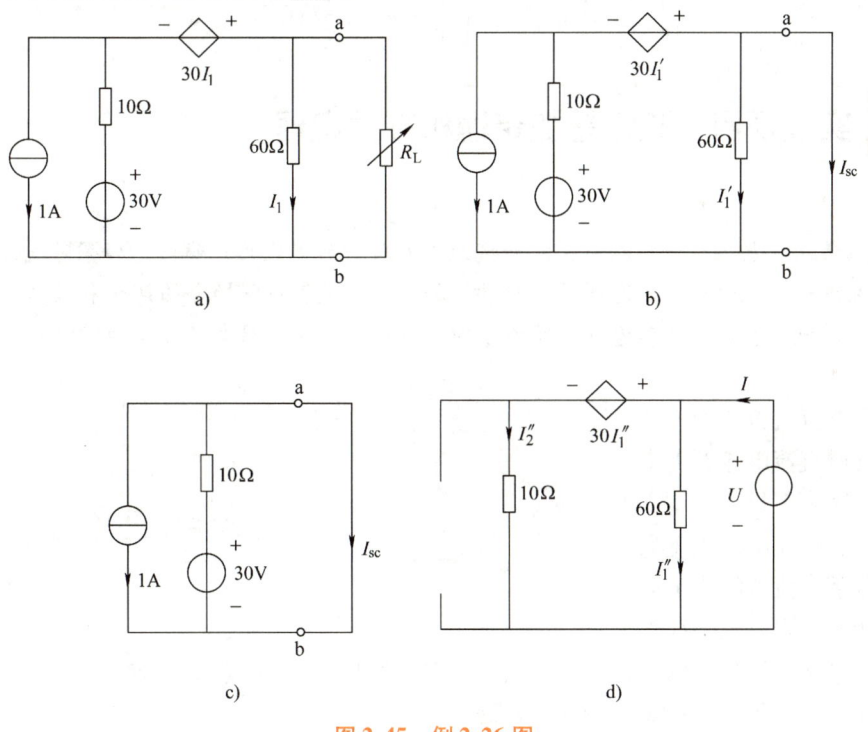

图 2-45 例 2-26 图

解： 本题求短路电流 I_{sc} 比求开路电压 U_{oc} 容易，所以选用诺顿定理及最大功率传输定理求解。

1）求 I_{sc}。从 ab 断开 R_L，并设 I_{sc} 如图 2-45b 所示。由图 2-45b 显然可知 $I_1' = 0$，则

$30I'_1 = 0$，即受控电压源等于零，视为短路，如图 2-45c 所示。应用叠加定理，得

$$I_{sc} = \left(\frac{30}{10} - 1\right)A = 2A$$

2）求 R_o。令图 2-45b 中各独立源为零，保留受控源，将 ab 端加上电压源 U，设 I''_1、I''_2 及 I 如图 2-45d 所示。由图 2-45d 应用欧姆定律、KVL、KCL 可求得

$$I''_1 = \frac{U}{60}$$

$$I''_2 = \frac{U - 30I''_1}{10} = \frac{U - 30 \times \frac{1}{60}U}{10} = \frac{1}{20}U$$

$$I = I''_1 + I''_2 = \frac{1}{60}U + \frac{1}{20}U = \frac{4}{60}U$$

则

$$R_o = \frac{U}{I} = 15\Omega$$

3）由最大功率传输定理可知，当 $R_L = R_o = 15\Omega$ 时，其上可获得最大功率。此时，最大功率为

$$p_{Lmax} = \frac{1}{4}R_o I_{sc}^2 = \left(\frac{1}{4} \times 15 \times 2^2\right)W = 15W$$

2.9 实践项目 验证叠加定理和齐性定理

项目目的

会正确使用仪器仪表进行测试；能验证线性电路叠加定理的正确性，加深对线性电路叠加性的认识和理解。能验证齐性定理的正确性，加深齐性定理应用场合的认识和理解。通过本实践项目加深对电位、电压与参考点之间关系的理解；加深对电路参考方向的掌握和运用能力。

设备材料

1）可调直流电压源 1 个。
2）可调直流电流源 1 个。
3）万用表 1 只。
4）数字直流电压表 1 只。
5）数字直流电流表 1 只。
6）功率电阻以及导线若干。
7）有电路实训平台的话，推荐在实验平台上完成。
8）计算机（安装 Multisim 14.0）1 台。

2.9.1 任务 1 验证叠加定理

叠加定理适用于线性网络，如果网络是非线性的，叠加定理不适用。操作步骤及方法如下：

1）图 2-46 所示为验证叠加定理和齐性定理接线图。取 $U_1 = +12V$，U_2 为可调直流稳压电源，调至 +6V（参数可以随所用实训设备而调整）。图中的开关 S_3 投向 R_5 侧，选择接入电阻。

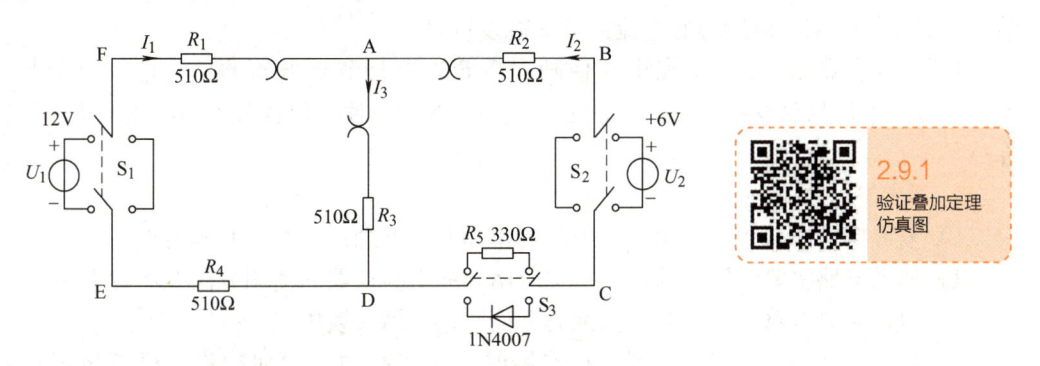

图 2-46 验证叠加定理和齐性定理接线图

2）令 U_1 单独作用时（将开关 S_1 投向 U_1 侧，开关 S_2 投向短路侧），用直流数字电压表和毫安表（接电流插头）测量各支路电流及电阻元件两端的电压，将数据记入表 2-1 中。

表 2-1 数据记录表

	U_1/V	U_2/V	I_1/mA	I_2/mA	I_3/mA	U_{AB}/V	U_{CD}/V	U_{AD}/V	U_{DE}/V	U_{FA}/V
U_1 单独作用										
U_2 单独作用										
U_1、U_2 共同作用										
$2U_2$ 单独作用										
U_1、$2U_2$ 共同作用										

3）令 U_2 单独作用时（将开关 S_1 投向短路侧，开关 S_2 投向 U_2 侧），重复实验步骤 2）的测量和记录。

4）令 U_1 和 U_2 共同作用（将开关 S_1 投向 U_1 侧，开关 S_2 投向 U_2 侧），重复上述的测量和记录。

5）用 Multisim 仿真验证叠加定理。

2.9.2　任务 2　验证齐性定理

线性电路的齐次性是指当激励信号（某独立源的值）增加 K 倍或减少 $1/K$ 时，电路的响应（即在电路其他各电阻元件上所建立的电流和电压值）也将增加 K 倍或减少 $1/K$。

1. 操作步骤及方法

将图 2-46 中的 U_2 的数值调至 +12V（即 $2U_2$），重复任务 1 中第 3）步和第 4）步的测量并记录。将数据记录在表 2-1 中。

2. 注意事项

1）所有需要测量的电压值，均以电压表测量的读数为准，不以电源表盘指示值为准。

2）防止电源两端碰线短路。

3）若用指针式电流表进行测量，要识别电流插头所接电流表的"＋、－"极性。倘若不换接极性，则电表指针可能反偏（电流为负值时），此时必须调换电流表极性，重新测量，此时指针正偏，但读得的电流值必须冠以负号。

4）当参考点选定后，节点电压便随之确定，这是节点电压的单值性；当参考点改变时，各节点电压均改变相对量值，这是节点电压的相对性。但各节点间电压的大小和极性应保持不变。

3. 思考题

1）复习实验中所用到的相关定理、定律和有关概念，领会其基本要点。

2）熟悉电路实验装置，预习实验中所用到的实验仪器的使用方法及注意事项。

3）根据实验电路计算所要求测试的理论数据，填入表中。

4）叠加原理中 U_1、U_2 分别单独作用时，在实验中应如何操作？可否将不作用的电源（U_1 或 U_2）置零（短接）？如果电路中有电流源存在，那么该电流源不作用时如何处理？

5）实验电路中，若有一个电阻改为二极管，叠加原理的叠加性和齐次性还成立吗？为什么？

4. 项目报告

1）根据实验数据，进行分析、比较、归纳、总结实验结论，验证线性电路的叠加性和齐次性。

2）各电阻所消耗的功率能否用叠加原理计算得出？试用上述实验数据，进行计算并得出结论。

3）计算理论值，并与实测值比较，计算误差并分析出现误差的原因。

4）实验报告要整齐、全面，包含全部实验内容。

5）对实验中出现的一些问题进行讨论。

6）有余力的读者可以在此实践的基础上自行设计验证替代定理。

2.10 实践项目　测试含源二端网络和验证戴维南定理

项目目的

会使用仪器和仪表对二端（单端口）网络进行测试，通过本实践加深对二端网络和戴维南定理的认识和理解。

设备材料

1）可调直流电压源 1 个。

2）可调直流电流源 1 个。

3）万用表 1 只。

4）数字直流电压表 1 只。

5）数字直流电流表 1 只。

6）功率电阻以及导线若干。

7）有电路实训平台推荐在实验平台上完成。

8）计算机（安装 Multisim 14.0）1 台。

2.10.1　任务 1　测试含源二端网络

含源二端网络等效参数的测量方法有开路电压和短路电流法测开路电阻、伏安法测开路电阻、半电压法测开路电阻、零示法测开路电压。

（1）开路电压、短路电流法测 R_o

在含源二端网络输出端开路时，用电压表直接测出开路电压 U_{oc}，然后再将其输出端短路，用电流表测其短路电流 I_{sc}，则等效电阻为

$$R_o = \frac{U_{oc}}{I_{sc}}$$

如果二端网络的内阻很小，短路其输出端易损坏内部元器件，因此不宜用此法。

（2）伏安法测 R_o

先测量开路电压 U_{oc}，连接一个负载电阻 R_L 后测出输出端电压值 U_L 及电流 I_L，则有

$$R_o = \frac{U_{oc} - U_L}{I_L}$$

（3）半电压法测 R_o

改变负载电阻，当输出端电压 U_L 为 U_{oc} 的一半时，负载电阻即为被测含源二端网络的等效电阻值。

（4）零示法测 U_{oc}

在测量具有高内阻含源二端网络的开路电压时，若用电压表直接测量，电压表的内阻会造成较大的误差。为了消除电压表内阻的影响，往往使用一个低内阻的电压源与被测含源二端网络进行比较，当该电源电压与含源二端网络的开路电压相等时，该电源电压即为含源二端网络的 U_{oc}。

操作步骤及方法如下：

1）含源二端网络端电压和端电流测试电路如图 2-47 所示。

2）测出该含源二端网络的端电压 U_{AB} 和端电流 I_R。

① 调节直流电压源，使其输出电压为 12V，调节前电压源均应先置零。

② 改变负载电阻 R_L，对每一个 R_L，测出对应的端电压 U_{AB} 和端电流 I_R，记入表 2-2 中。

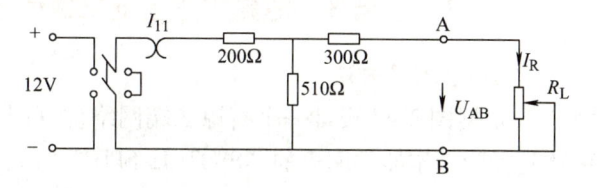

图 2-47　含源二端网络端电压和端电流测试电路

特别要测出 $R_L = \infty$（此时测出的 U_{AB} 即为 A、B 端开路的开路电压 U_{oc}）和 $R_L = 0$（此时测出的电流即为 A、B 端短路时的短路电流 I_{sc}）时的电压和电流。绘制 $U_{AB} = f(I_R)$ 曲线。

表 2-2　含源二端网络的外特性

$R_L/kΩ$	0	1	2	3	4	5	6	7	8	9	10	∞
U_{AB}/V												
I_R/mA												

3）测出无源二端网络的输入电阻。

① 将图 2-47 中的电源去掉：即将电压源 U 短路，再将负载电阻 R_L 开路。

② 用万用表测量 A、B 两点间的电阻 R_{AB}，即为含源二端网络所对应的无源二端网络的输入电阻，也就是此含源二端网络所对应等效电压源的内电阻 R_o。

2.10.2 任务 2 验证戴维南定理

任何一个线性含源网络，如果仅研究其中一条支路的电压和电流，则可将电路的其余部分看作一个含源二端网络（或称为含源单端口网络）。

戴维南定理指出：任何一个线性含源网络，总可以用一个等效电压源来代替，此电压源的电动势等于这个含源二端网络的开路电压 U_{oc}，其等效内阻 R_o 等于该网络中所有独立源均置零（理想电压源视为短接，理想电流源视为开路）时的等效电阻。U_{oc} 和 R_o 称为含源二端网络的等效参数。

操作步骤及方法如下：

1）调节电阻使其等于 R_o，然后将稳压电源调至 U_{oc}。串联组成图 2-48 所示的验证戴维南定理的等效电路。

2）改变负载电阻 R_L 的值（与任务 1 中表 2-2 中的 R 一一对应，便于比较），重复测量出 U_{AB}、I_R 并记入表 2-3 中。与任务 1 中表 2-2 的数据进行比较，验证戴维南定理。

图 2-48 验证戴维南定理的等效电路

表 2-3 等效电压源的外特性

$R_L/k\Omega$	1	2	3	4	5	6	7	8	9	10
U_{AB}/V										
I_R/mA										

2.10.3 任务 3 仿真方法验证戴维南定理

1. 操作步骤及方法

1）根据图 2-47 设计一个有源二端网络仿真图，仿真电路图如图 2-49 所示。图中的开关 J1 选择为基本器件库里的 "SWITCH/SPDT"，J2、J3 选择为 "SWITCH/SPST"。

放置开关后，对其双击打开 "Switch" 对话框，对其进行设置，如图 2-50 所示。开关控制键分别设置为〈B〉键、〈C〉键和〈D〉键。此时，单击鼠标左键或按对应的键都可以控制开关动作。

负载电阻用电位器，这里选择 10kΩ 电位器，选择界面如图 2-51 所示。拖动图 2-49 中滑块或者按下〈A〉键，都可以改变电位器的阻值。

2）在电路中放置电压表和电流表，打开电源开关，观察仿真结果。按照表 2-2 测量负载电阻从 0～10kΩ 变化以及负载开路时的输出的电压和电流，做出有源二端网络的外特性曲线。需特别记录下开路电压值。

3）电源侧开关打到短路线上，负载侧为开路，用万用表测量该二端网络的等效电阻。

万用表在窗口右侧，双击后选择"Ω"。

4）根据步骤2）开路电压和步骤3）测得的等效电阻，搭建等效电压源模型，再将10kΩ电位器作为负载，按照表2-3测量该等效电压源在外加负载变化时的输出电压和电流，绘制该电压源模型的外特性曲线。

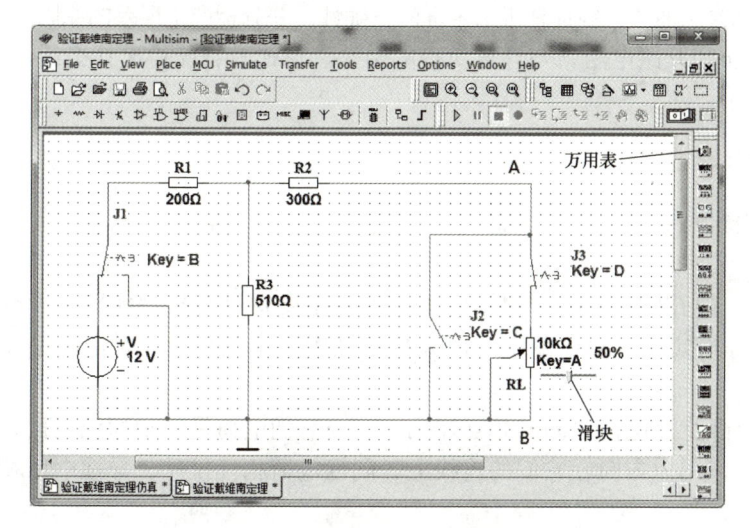

图 2-49　验证戴维南定理仿真图

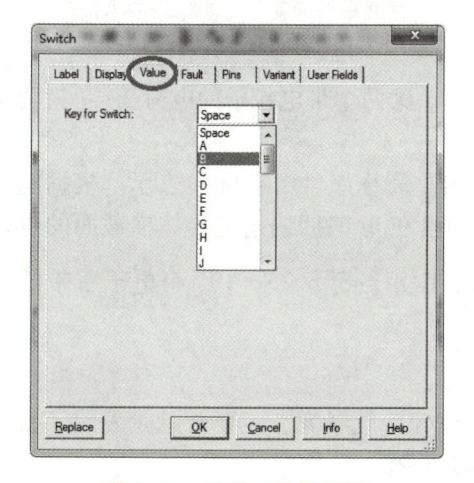

图 2-50　设置开关控制键

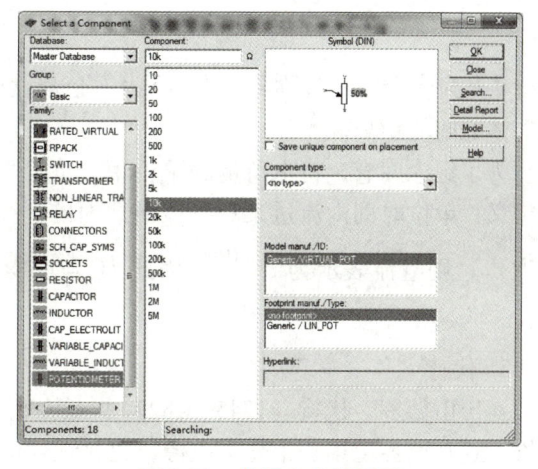

图 2-51　选择电位器界面

2. 注意事项

1）测量时应注意电流表量程的更换。
2）电压源置零时不可直接将稳压源短接。
3）用万用表直接测量 R_0 时，网络内的独立源必须先置零，以免损坏万用表。
4）改接电路时，要关掉电源。

3. 思考题

1）在求戴维南等效电路时，做短路实验，测 I_{sc} 的条件是什么？本实训中可否直接做负载短路实验？实训前预先对图2-47做好计算，以便调整实训电路及测量时可准确地选取电表的量程。

2）试说明几种二端网络等效电阻的测量方法，并定性分析它们的优缺点。

3）若想验证诺顿定理，应怎样接线？

4. 项目报告

1）根据测得的数据分别绘出曲线，验证戴维南定理的正确性，并分析产生误差的原因。

2）根据测得的开路电压和开路电阻，与计算所得的结果进行比较，能得出什么结论？

3）归纳、总结实训结果。

拓展阅读：电学科学家介绍

这里介绍几位与本书内容相关的电学科学家。

1. 库仑

查利·奥古斯丁·库仑（1736—1806），法国物理学家，主要贡献有扭秤实验、库仑定律等。他在1785年发现的库仑定律，使电磁学的研究从定性进入定量阶段，是电磁学史上重要的里程碑。

库仑定律：真空中两个静止点电荷之间的相互作用力，与它们电荷量的乘积成正比，与它们距离的二次方成反比，作用力方向在它们的连线上，同性电荷相互排斥，异性电荷相互吸引。

库仑定律表达式为

$$F = k\frac{q_1 q_2}{r^2}$$

式中，F 为库仑力，又称静电力；k 为库仑常量；q_1、q_2 为两个带电粒子的电荷量；r 为两个带电体之间的距离。

为了纪念库仑，将电荷量的单位用"库仑"命名，简称库，用字母 C 表示。根据电流的定义：单位时间内流过某一导体横截面的电荷量。设在 dt 时间内通过导体横截面的电荷量为 dq，则电流表示为 $i = \frac{dq}{dt}$，因此 1C = 1A × 1s。1C 相当于 6.25×10^{18} 个电子所带的电荷数。

2. 伏特

亚历山德罗·伏特（1745—1827），意大利物理学家、化学家，主要贡献是发明了伏特电堆，这是世界上第一个化学电源，也是现代电池的前身。

伏特电堆是能产生恒定电流的化学电源，它利用盐水分解产生的氢离子带正电向着铜片移动，使铜片带正电作为电池正极；盐水分解产生的氢氧根离子带负电向着锌片移动，使锌片带负电作为电池负极。

为了纪念伏特，将电动势（电压）的单位用"伏特"命名，简称伏，用字母 V 表示。在载有1A恒定电流导线的两点间消耗1W的功率，这两点间的电位差就是1V。伏特也可以用公式表示为 $1V = \frac{1W}{1A}$。也可以根据电压的定义：电场力将1C（库仑）正电荷由 a 点移至 b 点所做的功为1J（焦耳）时，a、b 两点间的电压为1V，即

$$u = \frac{dW}{dq} = \frac{pdt}{idt} = \frac{p}{i}$$

式中，功率单位为 W；电流单位为 A；电压单位为 V，两种描述得到的结论相同。

3. 安培

安德烈·马里·安培（1775—1836），法国物理学家、化学家、数学家，主要贡献是在 1820 年提出了安培定律；1821 年提出分子电流假设，第一次把研究动电的理论称为电动力学；1827 年将电磁现象的研究综合在《电动力学现象的数学理论》一书中，这是电磁学史上一部重要的经典论著。

为了纪念安培，将电流的单位以"安培"命名，简称安，用字母 A 表示。在真空中相距为 1m 的两根无限长平行直导线，通以相等的恒定电流，当每根导线上所受作用力为 $2×10^{-7}$N 时，各导线上的电流为 1A。

4. 欧姆

格奥尔格·西蒙·欧姆（1787—1854），德国物理学家，主要贡献是提出欧姆定律，这是电学的重要定律，是组成电学内容的主干知识。

欧姆定律：流过导体的电流强度与这段导体两端的电压成正比，与这段导体的电阻成反比。

为了纪念欧姆，将电阻的单位以"欧姆"命名，简称欧，用希腊字母 Ω 表示。当导体两端的电压为 1V，导体中的电流为 1A 时，这段导体的电阻为 1Ω，即 $1Ω = \dfrac{1V}{1A}$。

5. 亨利

约瑟夫·亨利（1797—1878），美国科学家，主要贡献是 1827 年制成强电磁铁，为改进发电机打下了基础；1830 年发现电磁感应现象，比法拉第还早了一年；1832 年发现了电的自感现象；1837 年发现了电子自动打火的原理。为了纪念亨利，把电感、自感系数和互感系数的单位用"亨利"命名，简称亨，用字母 H 表示。

6. 焦耳

詹姆斯·普雷斯科特·焦耳（1818—1889），英国物理学家，主要贡献是提出了焦耳定律和能量守恒与转化定律。

焦耳定律：电流通过导体产生的热量和电流的二次方成正比，和导体的电阻成反比，和通电时间成正比。焦耳定律的表达式为

$$Q = I^2Rt$$

式中，Q 为产生的热量，单位为 J（焦耳）；I 为电流，单位为 A（安培）；R 为导体的电阻，单位为 Ω（欧姆）；t 为通电时间，单位为 s（秒）。

能量守恒与转化定律：能量既不会凭空消失，也不会凭空产生，它只能从一种形式转化成另一种形式，或者从一个物体转移到另一个物体，而能量的总量保持不变。

为了纪念焦耳，把能量或功的单位命名为"焦耳"，简称焦，用字母 J 表示。1J 等于在 1N 的作用下，在该力的方向上运动 1m 所做的功；在电学中 1J = 1W×1s，即 1A 的电流流过 1Ω 的电阻在 1s 内释放的能量。

7. 基尔霍夫

基尔霍夫（1824—1887），德国物理学家，主要贡献是提出了稳恒电路网络中电流、电压、电阻关系的两条电路定律，即著名的基尔霍夫电流定律（KCL）和基尔霍夫电压定律（KVL），解决了电气设计中电路分析的问题。因此，基尔霍夫被称为"电路求解大师"。

2.11 习题

2.1 求图 2-52 所示电路中各二端网络的输入电阻 R_{ab}。

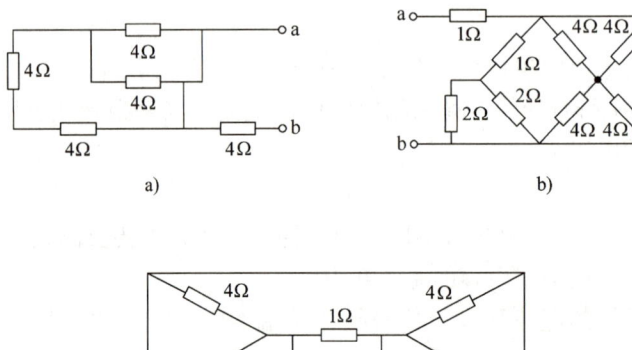

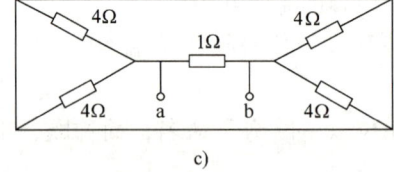

图 2-52 习题 2.1 图

2.2 试对图 2-53 所示的电路，由 Y 联结变换为 △ 联结或由 △ 联结变换为 Y 联结。

2.3 电路如图 2-54 所示。若 $U_2 = 10V$，求 I_1 及 U_S；若 $U_S = 10V$，求 U_2。

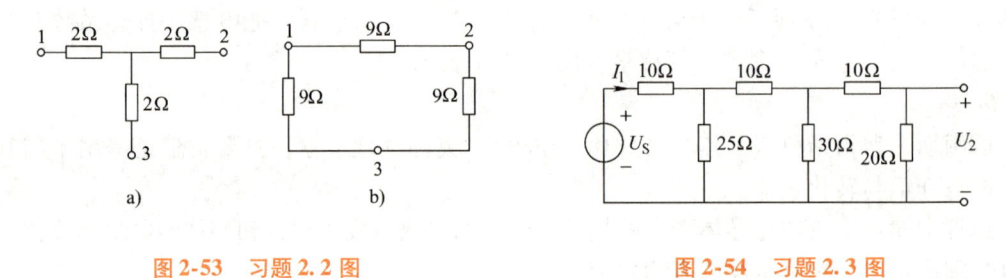

图 2-53 习题 2.2 图

图 2-54 习题 2.3 图

2.4 将图 2-55 所示各二端网络化简为最简形式的二端网络。

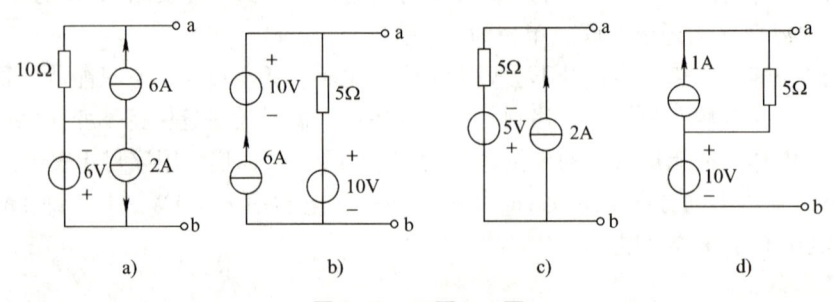

图 2-55 习题 2.4 图

2.5 将图 2-56 所示各电路化简为一个电压源与电阻的串联组合。

2.6 求图 2-57 所示各二端网络的 R_i。

图 2-56 习题 2.5 图

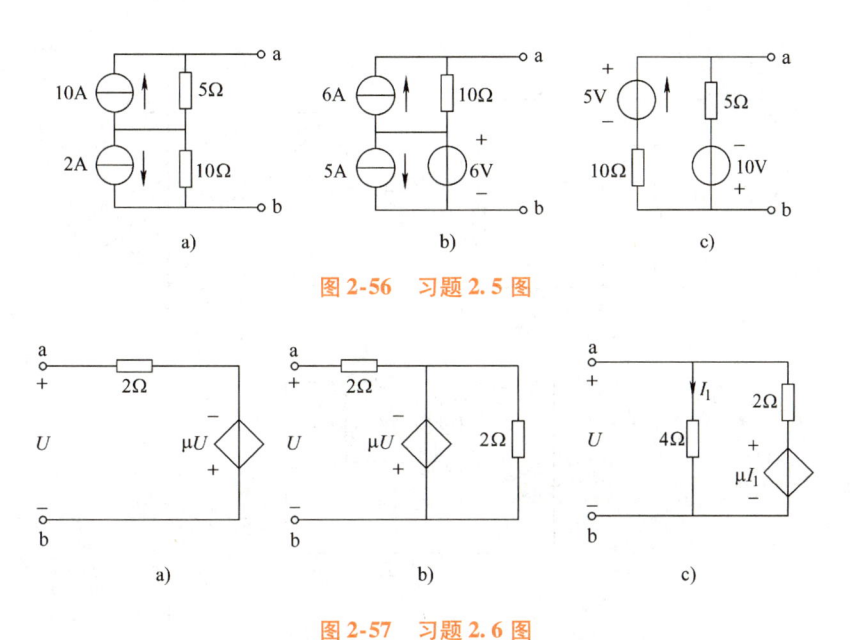

图 2-57 习题 2.6 图

2.7 求图 2-58 所示各电路中的电压 U 或电流 I。

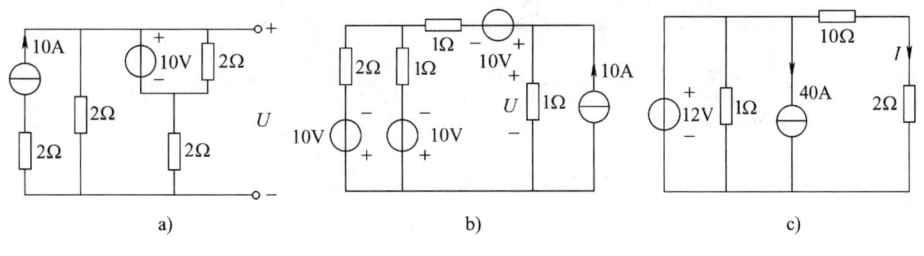

图 2-58 习题 2.7 图

2.8 用支路法求图 2-59 所示的各支路电流。

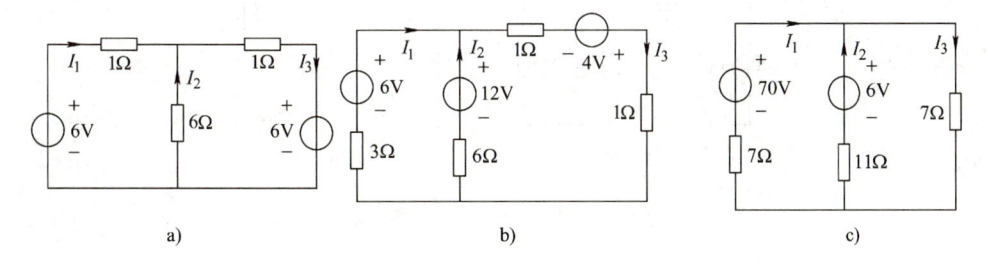

图 2-59 习题 2.8 图

2.9 电路如图 2-60 所示，列出各电路的节点方程。
2.10 用节点法求出图 2-61 所示电路的各支路电压。
2.11 试用网孔法求图 2-62 所示电路中的 U 和 I。
2.12 用网孔法求图 2-63 所示电路中所标物理量的值。
2.13 用叠加定理求图 2-64 所示电路中的电压 U。

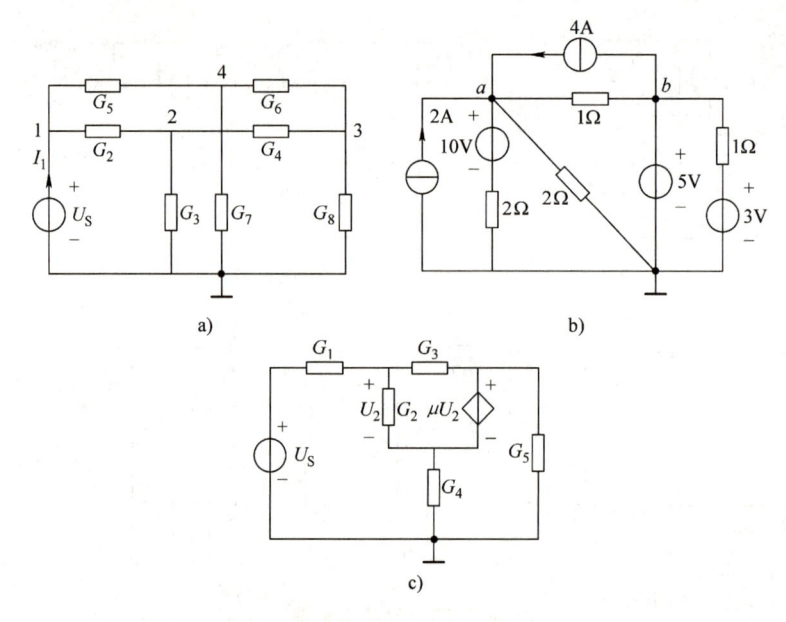

图 2-60 习题 2.9 图

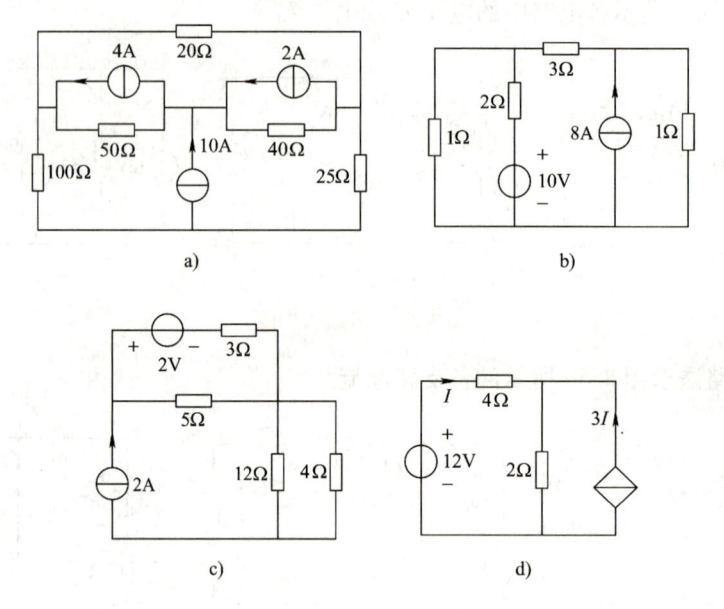

图 2-61 习题 2.10 图

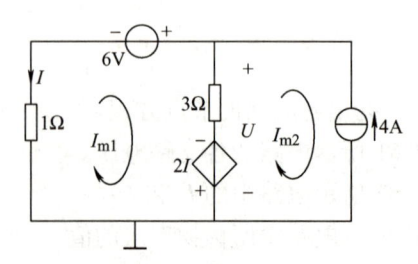

图 2-62 习题 2.11 图

图 2-63　习题 2.12 图

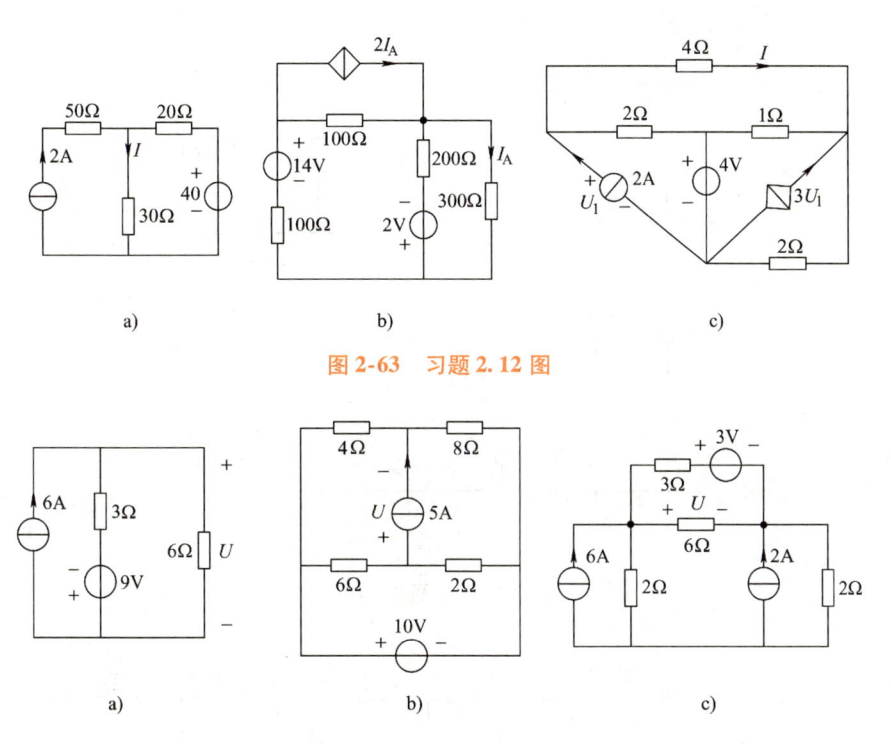

图 2-64　习题 2.13 图

2.14　用叠加定理求图 2-65 所示电路中的电流 I。

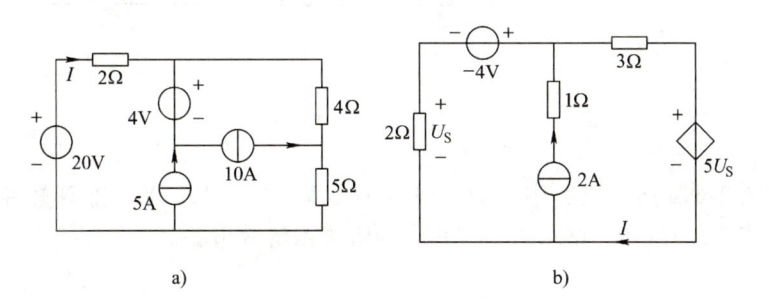

图 2-65　习题 2.14 图

2.15　用戴维南定理求图 2-66 所示电路中电流 I。

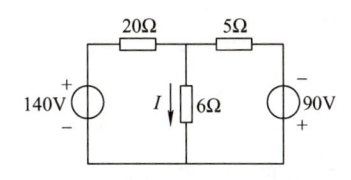

图 2-66　习题 2.15 图

2.16　求图 2-67 所示各含源二端网络的戴维南等效电路。

2.17　求图 2-68 所示各电路的等效电阻 R_{ab}。

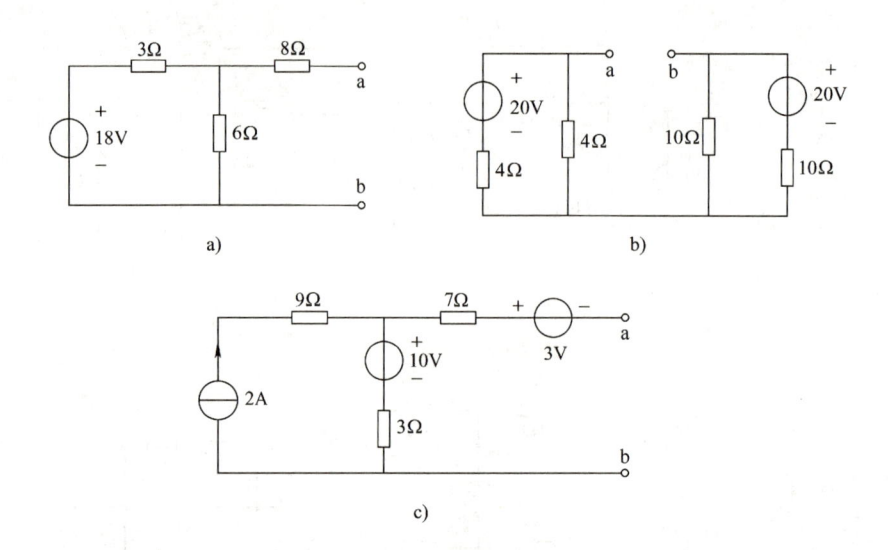

图 2-67　习题 2.16 图

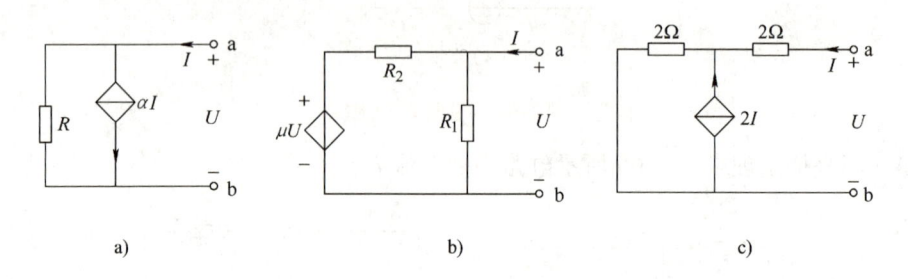

图 2-68　习题 2.17 图

2.18　在图 2-69a 所示电路中，输入电压为 20V，$U_2 = 12.7V$。将 N 短路，如图 2-69b 所示，短路电流 I 为 10mA。试求 N 在 AB 端的戴维南等效电路。

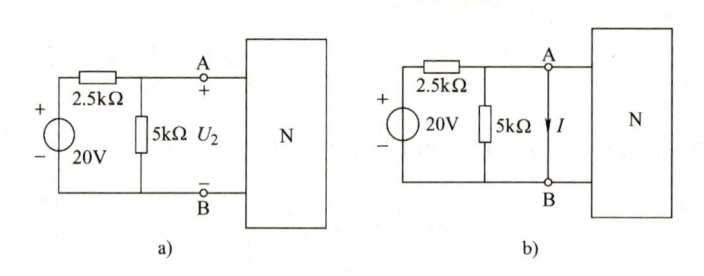

图 2-69　习题 2.18 图

2.19　试用戴维南定理求图 2-70 所示电路的电流 I。

2.20　用诺顿定理求图 2-71 所示电路的电流 I。

2.21　在图 2-72 所示电路中，负载电阻 R_L 可以任意改变，试问 R_L 等于多大时，其上获得最大功率？并求出该最大功率 p_{Lmax}。

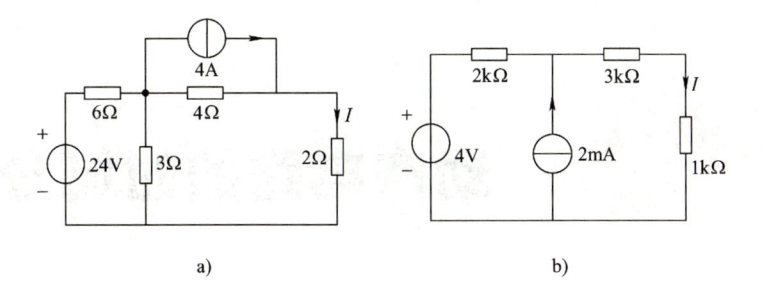

图 2-70　习题 2.19 图

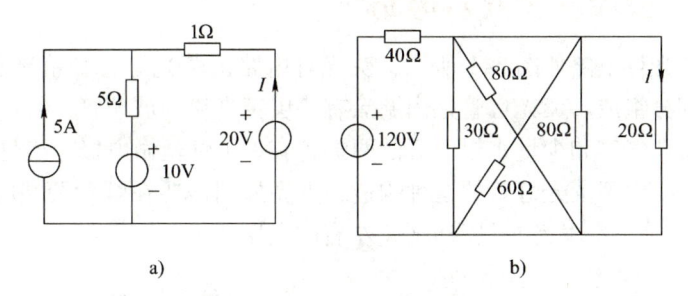

图 2-71　习题 2.20 图

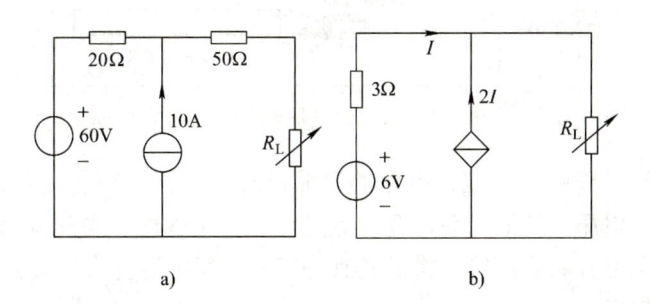

图 2-72　习题 2.21 图

第3章 动态电路的时域分析

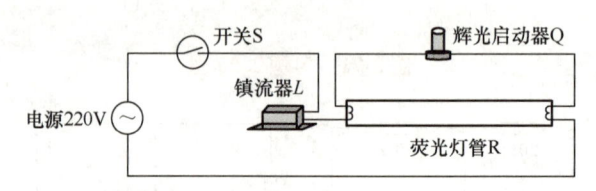

引例：电感镇流器荧光灯电路

电感镇流器荧光灯电路如图 3-1 所示，荧光灯电路由荧光灯管、镇流器、辉光启动器、电源、开关等几部分组成。荧光灯管是内壁涂有一层荧光粉的玻璃管，管内抽成真空后再充入一定量氩气等惰性气体和少量水银，管的两端各有一个灯丝做电极，当灯管通电后，荧光粉就会发出可见光。由于荧光灯管的这种构造，点亮瞬间需要在灯管两端电极之间加 600 ~ 800V 的高压，而灯管正常发光时只需 100V 左右的电压即可。

图 3-1 电感镇流器荧光灯电路

观察荧光灯点亮过程就会发现，电路的组成没有发生任何变化，只是合上开关这个动作，就能瞬间产生高电压，从而点亮灯管，点亮后正常工作时，电压保持在 100V 左右。经过观察还会发现从合上开关到灯管正常发光有一定的时间延迟。为什么会出现这些现象？将在本章中进行研究探索。

培养目标

1. 知识目标

1）熟练掌握动态电路的过渡过程、换路定律，以及初始值、稳态值、时间常数等概念。

2）熟练掌握一阶电路的零输入响应、零状态响应和全响应求解方法。

3）熟练掌握三要素法求解一阶电路。

4）了解阶跃函数和阶跃响应。

2. 能力目标

1）能够应用换路定律以及直流电路的分析计算方法求解动态电路的初始值、稳态值。

2）会计算动态电路的时间常数，能够描述时间常数对动态响应的影响。

3）能够对动态电路进行时域分析。

4）能够按照要求搭建动态电路，会对电路进行测量、对测量数据进行分析处理，并形成报告。

5）会使用仿真软件对动态电路进行仿真。

3. 素养目标

1）具有自主学习的意识，主动探索，把理论知识与工程实践相结合。

2）具有良好的思维习惯，积极思考不断学习，把创新想法付诸实际。

3）具有文档处理能力，规范撰写实验报告、规范命名文档、规范整理和分类文件。

4）具有良好的安全意识和实验过程规范操作。

3.1 动态元件

在电路中，如果有电容元件或电感元件，当电路中有开关的动作或者某些参数改变时，电路就不会立即达到稳定，而是需要一个过渡过程，这个过程称为动态过程，而电容和电感称为动态元件。在实际的电路系统中，一些用电设备、电路元器件或多或少都有容性或者感性的特征，因此电路的过渡过程客观存在，研究动态电路具有实际意义。

3.1.1 电感元件

1. 线性电感

将导线绕制在非磁性材料芯子上制成的线圈或空心线圈为线性电感；绕制在磁性材料上的线圈为非线性电感。对于线性电感，当忽略线圈的等效电阻时，线圈就是一个理想的线性电感元件。在电感线圈中通入交变电流后将会产生交变磁场，磁场的磁通为 Φ，各匝线圈磁通的总和称为磁链 Ψ。线性电感线圈示意图如图3-2a所示。若线圈的匝数为 N，则有 $\Psi = N\Phi$。线性电感产生的磁链 Ψ 与引起它的电流 i 成正比，即

$$L = \frac{\Psi}{i} \tag{3-1}$$

式中，L 为常数，称为电感线圈的电感量，简称为电感。在国际单位制中，磁链的单位为 Wb（韦伯），电流的单位为 A（安培），电感的单位为 H（亨利）。

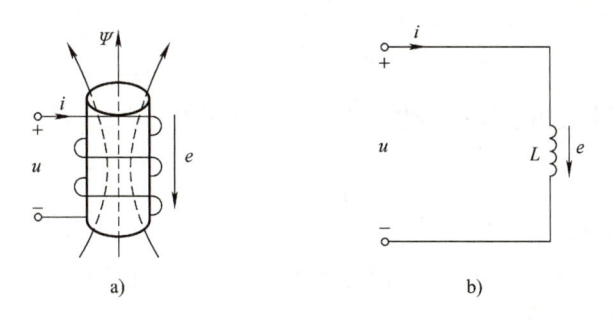

图 3-2 线性电感线圈示意图及其等效电路图

a）线性电感线圈示意图　b）线性电感线圈的等效电路图

2. 电感元件的伏安关系

当在电感线圈中通入交变电流时，就会产生交变磁场，交变磁场能引起感应电动势。线

性电感线圈的等效电路图如图 3-2b 所示。当电流 i 与引起的感应电动势 e 为相关联参考方向时，根据楞次定律可知电流和感应电动势的关系为

$$e = -\frac{d\Psi}{dt}$$

由式（3-1）可知 $\Psi = Li$，因此有

$$e = -L\frac{di}{dt}$$

若电压 u 的参考方向如图 3-2b 所示，为与电流相关联的参考方向，则有

$$u = -e = L\frac{di}{dt} \tag{3-2}$$

可见，电感元件的电压与电流的变化率成正比。当电流为直流时，电感电压为零，电感相当于短路。

3. 电感元件储存的能量

当电流和电压为相关联参考方向时，任一瞬间电感元件吸收的能量为

$$p = ui = Li\frac{di}{dt}$$

当 $p > 0$ 时，电感元件吸收电能转换成磁场能；当 $p < 0$ 时，电感发出能量，磁场能转换成电能。在一段时间 dt 内，电感吸收的能量为

$$dW_L = pdt = Lidi$$

设在 $t = 0$ 时刻之前电感没有储存能量，线圈从 0 时刻开始通入电流，那么在 $0 \sim t$ 时间内元件吸收的能量为

$$W_L = \int_0^t pdt = L\int_0^i idi = \frac{1}{2}Li^2 \tag{3-3}$$

由此可知，电感元件储存的能量与电流的二次方成正比。

由以上分析可知，电感元件可以把电能转换成磁场能储存起来，它并不消耗能量，因此电感元件是储能元件。而电阻元件会吸收电能，并以热能的形式散失掉，因此电阻元件是耗能元件。

3.1.2 电容元件

1. 线性电容

在线性电容的两个极板上储存的电荷量与其端电压成正比，即

$$\frac{q}{u} = C \tag{3-4}$$

式中，比例常数 C 为电容量，简称为电容。在国际单位制中，电容的单位为 F（法拉），常用单位有 μF（微法）、pF（皮法）。它们之间的关系为 $1F = 10^6 \mu F = 10^{12} pF$。

2. 电容元件的伏安关系

电容电路如图 3-3 所示，电流和电压为相关联参考方向。根据电流的定义和式（3-4）有

$$i = \frac{dq}{dt} = C\frac{du}{dt} \tag{3-5}$$

或者

$$u = \frac{1}{C}\int i\,dt$$

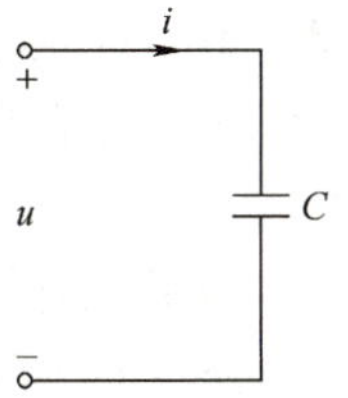

可见，线性电容元件的电流与其端电压的变化率成正比，当电压为直流量时，电流为零，电容相当于开路。

3. 电容元件储存的能量

图 3-3 电容电路

电容元件储存的能量为电场能，当电流和电压为相关联参考方向时，任一瞬间电容元件吸收的能量为

$$p = ui = Cu\frac{du}{dt}$$

当 $p>0$ 时，元件吸收电能转换成电场能；当 $p<0$ 时，电容发出能量，电场能转换成电能。在一段时间 dt 内，电容吸收的能量为

$$dW_C = p\,dt = Cu\,du$$

设在 $t=0$ 时刻之前电容没有储存能量，从 0 时刻开始对电容充电，那么在 $0\sim t$ 时间内元件吸收的能量为

$$W_C = \int_0^t p\,dt = C\int_0^u u\,du = \frac{1}{2}Cu^2 \tag{3-6}$$

由此可知，电容元件储存的能量与电压的二次方成正比。

由以上分析可知，电容元件可以把电能转换成电场能储存起来，它不消耗能量，因此它是储能元件。

3.2 换路定律及初始值的确定

3.2.1 电路的过渡过程与换路定律

1. 电路的过渡过程

在前面研究的电路中，电压或电流都是某一稳定值或某一稳定的时间函数。这种状态称为电路的稳定状态，简称稳态。当电路的工作条件发生变化时，电路中的电压或电流将从原来的稳定值（或时间函数）变为另一稳定值（或时间函数），即从原来的稳态变换到新的稳态。一般说来，这种变换需要经历一定的时间才能完成，这一变换过程称为电路的过渡过程。

相对于电路的稳态分析，对电路过渡过程的分析称为动态分析。动态过程一般持续时间非常短暂，所以动态分析也被称为暂态分析。动态电路分析就是研究电路在过渡过程中电压与电流随时间变化的规律。

电路的过渡过程虽然时间短暂，但对它的研究却十分重要。例如，电子技术中电容充放电产生脉冲信号就是利用了电路的过渡过程；而在电力系统的电路通断过程中产生的过电压或过电流往往是有害的，必须加以避免。为此，有必要认识和掌握过渡过程的客观规律。

过渡过程是客观存在的，如汽车从静止到匀速行驶的过程。产生过渡过程的原因在于物

质能量不能跃变。因为如果能量能够跃变，就意味着能量的变化率（即功率）为无穷大，这显然是不可能的。同理，在电路中有储能元件电感和电容时，它们所储存的能量也是不能跃变的。

2. 换路定律

电路中的过渡过程是由于电路状态发生变化而产生的。对电路中的变化（如电路的接通、关断或电路元件参数的突然改变、电路连接方式的改变以及电源的变化等）统称为换路。

对于图3-4a所示的 RC 串联电路，设电容原来没储存能量，在 $t=0$ 时开关闭合。闭合后电路满足KVL，即

$$U_S = iR + u_C = RC\frac{du_C}{dt} + u_C \tag{3-7}$$

假设电容电压能够跃变，式（3-7）右边的第一项为无穷大。有限值不能等于无穷大与有限值之和，因此假设不成立，即电容电压不能跃变。

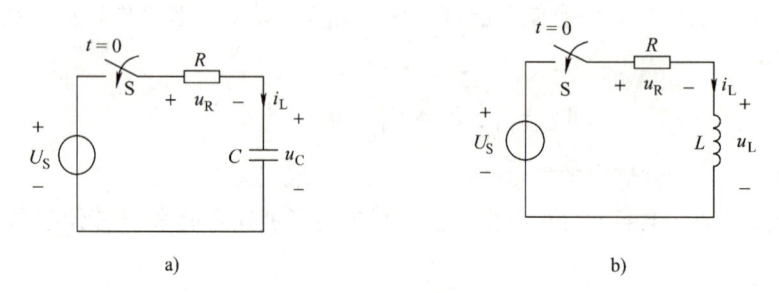

图3-4 解释换路定律用图
a) RC 串联电路 b) RL 串联电路

同理，对于图3-4b所示的 RL 串联电路，设电感原来没储存能量，在 $t=0$ 时开关闭合。闭合后瞬间电路满足KVL，即

$$U_S = iR + u_L = iR + L\frac{di}{dt} \tag{3-8}$$

假设电感电流能够跃变，式（3-8）右边的第二项为无穷大。有限值不能等于无穷大与有限值之和，因此假设不成立，因此电感电流不能跃变。

由以上分析得出，在换路瞬间，电容电压和电感电流不能跃变，这一结论称为换路定律。

由于研究的是换路之后电路的动态过程，所以常把换路的瞬间作为计时起点，记为 $t=0$，并把换路前的最后瞬间，记为 $t=0_-$，而将换路后的最初瞬间记为 $t=0_+$，换路定律表示为

$$u_C(0_+) = u_C(0_-), i_L(0_+) = i_L(0_-)$$

电容电压和电感电流不能跃变的实质是能量不能跃变。对于有电容的电路，由式（3-6）知电容储能与电压的二次方成正比，因此在换路瞬间，电容上的电压 u_C 不能跃变，只能逐渐变化；对于有电感的电路，由式（3-3）可知电感储能与电流的二次方成正比，所以在换路瞬间电感的电流 i_L 不能跃变，只能逐渐变化。

3.2.2 电路初始值的确定

电路的初始值就是换路后 $t=0_+$ 时刻的电压、电流值。电容电压的初始值 $u_C(0_+)$ 和电感电流的初始值 $i_L(0_+)$ 可按换路定律来确定，称为独立初始值；其他可以跃变量的初始值可根据独立初始值和应用 KCL、KVL 及欧姆定律来确定，称为非独立初始值或相关初始值。

求解电路初始值的步骤方法总结如下：

1) 由换路前的电路求得电容电压 $u_C(0_-)$ 和电感电流 $i_L(0_-)$。
2) 根据换路定律确定电容电压的初始值 $u_C(0_+)$ 和电感电流的初始值 $i_L(0_+)$。
3) 画出 "0_+" 等效图：储能元件没储能的时候，电容相当于短路、电感相当于开路；元件已储能，则用恒压源 U_0 代替电容、恒流源 I_0 代替电感，得到直流电路。
4) 用直流电路求解方法，在等效图中，求出电容电流、电感电压和电阻电压、电流等。

【例 3-1】 在图 3-5 所示的电路中，$U_S = 12V$，$R_1 = R_3 = 4k\Omega$，$R_2 = 8k\Omega$，$C_1 = C_2 = 1\mu F$。开关闭合前电路稳定，电容 C_2 没储能。求开关 S 闭合前、后瞬间电容两端的电压、R_3 上的电压及电流 i_1、i_2、i_{C2} 的初始值。

解：设 $t=0$ 时开关 S 闭合。由于开关闭合前电路稳定，电容 C_1 相当于开路，电容 C_2 没储能，端电压为零，所以有

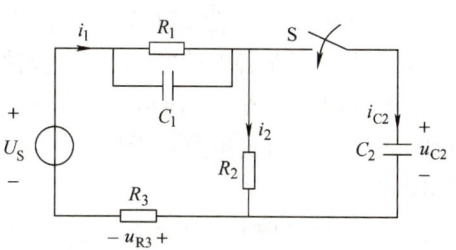

图 3-5 例 3-1 图

$$u_{C1}(0_-) = u_{R1}(0_-) = \frac{R_1}{R_1+R_2+R_3} \times U_S = \frac{4}{4+4+8} \times 12V = 3V$$

$$u_{R3}(0_-) = \frac{R_3}{R_1+R_2+R_3} \times U_S = \frac{4}{4+4+8} \times 12V = 3V$$

$$i_1(0_-) = i_2(0_-) = \frac{U_S}{R_1+R_2+R_3} = \frac{12}{4+8+4}mA = 0.75mA$$

$$u_{C2}(0_-) = 0V$$

$$i_{C2}(0_-) = 0A$$

由换路定律可知

$$u_{C1}(0_+) = u_{C1}(0_-) = 3V$$

$$u_{C2}(0_+) = u_{C2}(0_-) = 0V$$

$$u_{R2}(0_+) = u_{C2}(0_+) = 0V$$

$$i_2(0_+) = \frac{u_{R2}(0_+)}{R_2} = 0A$$

由 KVL 可得

$$U_S = u_{C1}(0_+) + u_{R3}(0_+) + u_{R2}(0_+)$$

所以

$$u_{R3}(0_+) = U_S - u_{C1}(0_+) - u_{R2}(0_+) = (12-3)V = 9V$$

$$i_1(0_+) = \frac{u_{R3}(0_+)}{R_3} = 2.25mA$$

根据KCL有

$$i_{C2}(0_+) = i_1(0_+) - i_2(0_+) = 2.25\text{mA}$$

从本例中可以看到：第一，在换路的瞬间，虽然电容两端的电压不能突变，但通过它的电流却可以突变；电阻上的电压和电流也可以突变。第二，换路前电容没储能，当$t=0_-$时，电容端电压为0，在$t=0_+$时刻端电压也为0，电容相当于短路；换路前电容已经储能，当$t=0_-$时，其电压为一确定值，则换路后在$t=0_+$时保持该值不变，相当于一个恒压源。因此，如果电容没储能，即$u_C(0_-)=0$，在$t=0_+$时刻就将电容C视为短路；若电容已储能，即$u_C(0_-)=U_0$，则在$t=0_+$时刻保持U_0不变，可以用电压值等于U_0的理想电压源替代原电路的电容元件。这样替代后的电路称为$t=0_+$时刻的等效电路。例3-1的"0_+"等效电路如图3-6所示。可见，电路是由恒压源和纯电阻组成的，可以用求解直流电路的方法求解电路各处的电压、电流初始值。

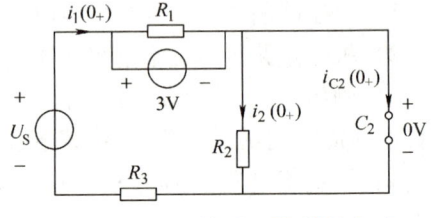

图3-6 例3-1的"0_+"等效电路

【例3-2】 在图3-7所示的电路中，$U_S=10\text{V}$，$R_1=6\Omega$，$R_2=R_3=4\Omega$，$L_1=2\text{mH}$，$L_2=1\text{mH}$。开关S闭合前电路处于稳态。求开关S闭合前、后瞬间电感两端的电压及各支路电流的初始值。

解：设$t=0$时开关S闭合，换路前电路处于稳定状态，则

$$i_1(0_-) = i_2(0_-) = \frac{U_S}{R_1+R_2} = \frac{10}{6+4}\text{A} = 1\text{A}$$

$$u_{L1}(0_-) = u_{L2}(0_-) = 0\text{V}$$

$$i_{L2}(0_-) = i_3(0_-) = 0\text{A}$$

由换路定律可知

$$i_1(0_+) = i_1(0_-) = 1\text{A}$$

$$i_{L2}(0_+) = i_{L2}(0_-) = 0\text{A}$$

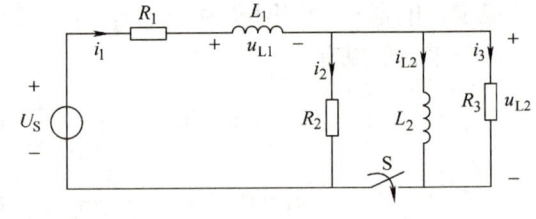

图3-7 例3-2图

由KCL得

$$i_1(0_+) = i_2(0_+) + i_3(0_+) + i_{L2}(0_+)$$

$R_2 = R_3$，所以

$$i_2(0_+) = i_3(0_+) = 0.5\text{A}$$

$$u_{L2}(0_+) = i_2(0_+) \times R_2 = i_3(0_+) \times R_3 = 0.5\text{A} \times 4\Omega = 2\text{V}$$

由KVL得

$$u_{L1}(0_+) = U_S - u_{L2}(0_+) - i_1(0_+)R_1 = 2\text{V}$$

从本例中可以看到：第一，在换路的瞬间，通过电感的电流i_L不能突变，但它两端的电压u_L可以突变；第二，如果换路前电感元件无储能，即$i_L(0_-)=0$，在$t=0_+$时刻电感电流也为0，就可将电感L视为开路；若电感已储能，即$i_L(0_-)=I_0$，则在$t=0_+$时刻保持I_0不变，可用电流值等于I_0的理想电流源替代原电路的电感元件，得到$t=0_+$时刻的等效电路。例3-2的"0_+"等效电路如图3-8所示。可见，电路是由恒压源、恒流源和纯电阻组成的，可以用直流电路的方法求解电路各处的初始值。

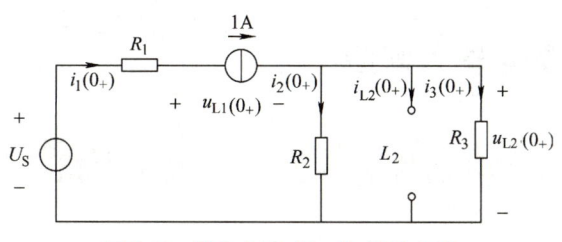

图3-8 例3-2的"0₊"等效电路

【例3-3】 在图3-9a所示电路中，直流电压源的电压 $U_S = 50V$，$R_1 = R_2 = 5\Omega$，$R_3 = 20\Omega$。电路原先已达到稳态。在 $t = 0$ 时断开开关S。试求 $t = 0_+$ 时电路的 $i_L(0_+)$、$u_C(0_+)$、$u_{R2}(0_+)$、$u_{R3}(0_+)$、$i_C(0_+)$、$u_L(0_+)$ 等初始值。

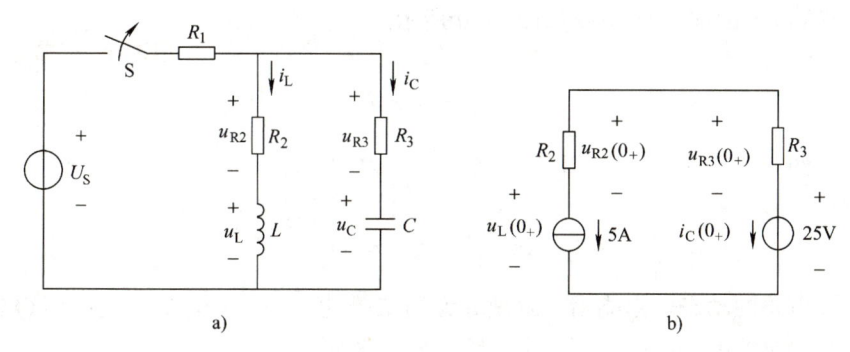

图3-9 例3-3图

a) 电路图 b) "0₊" 等效图

解：1) 因为电路换路前已达到稳态，所以有

$$i_L(0_-) = \frac{U_S}{R_1 + R_2} = \frac{50}{5+5}A = 5A$$

$$u_C(0_-) = R_2 i_L(0_-) = 5\Omega \times 5A = 25V$$

2) 根据换路定律有

$$i_L(0_+) = i_L(0_-) = 5A$$

$$u_C(0_+) = u_C(0_-) = 25V$$

3) 计算相关初始值。将图3-9a中的电容 C 用25V恒压源等效代替；电感 L 用5A恒流源等效代替，得到 $t = 0_+$ 时的等效电路，如图3-9b所示。

4) 根据图3-9b所示，计算相关初始值

$$u_{R2}(0_+) = R_2 i_L(0_+) = 5\Omega \times 5A = 25V$$

$$i_C(0_+) = -i_L(0_+) = -5A$$

$$u_{R3}(0_+) = R_3 i_C(0_+) = 20\Omega \times (-5A) = -100V$$

$$u_L(0_+) = i_C(0_+)[R_2 + R_3] + u_C(0_+) = (-5A) \times (5\Omega + 20\Omega) + 25V = -100V$$

3.3 一阶电路的零输入响应

3.3.1 概述

1. 一阶电路

在一个电路中，如果只含有一个储能元件或者含有多个同类储能元件，经过等效变换后，能用一个储能元件来等效代替的，就都是一阶电路。含有两个或两个以上不同种类储能元件（如一个电感和一个电容）的电路一定不是一阶电路。以电容电路为例，换路后的一阶电容电路如图 3-10 所示。

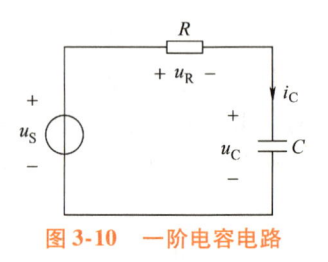

电路的 KVL 方程有

$$u_R + u_C = u_S$$

由元件的约束关系 $u_R = Ri_C$ 及 $i_C = C\dfrac{du_C}{dt}$，得到

$$RC\dfrac{du_C}{dt} + u_C = u_S$$

图 3-10　一阶电容电路

可见，该电路的动态过程能用一阶微分方程来描述，"一阶电路"因此而得名。同理，对于含有一个电感的电路也可以用一个一阶微分方程来描述。

2. 零输入响应

在一阶动态电路中，如果储能元件在换路前已储能，那么即使在换路后电路中没有激励源存在，仍会有电流、电压。这是因为储能元件所储存的能量要通过电路中的电阻以热能的形式放出。把这种没有独立电源作用、仅由储能元件初始储能所引起的响应，称为零输入响应。

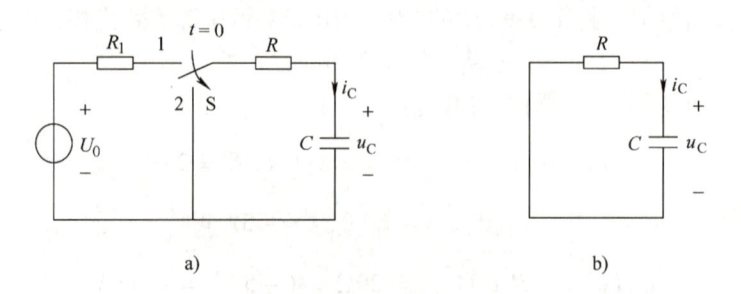

3.3.2 RC 电路的零输入响应

RC 电路的零输入响应，就是已经充过电的电容通过电阻放电的物理过程。图 3-11a 所示为换路前的电路。在电路中的开关原来连接在"1"端，电压源 U_0 通过电阻（R_1+R）对电容充电。假设在开关转换以前，电容电压已经达到 U_0，在 $t=0$ 时，开关迅速由"1"端转换到"2"端，已经充电的电容脱离电压源而与电阻相连。换路后的电路如图 3-11b 所示。

图 3-11　RC 电路的零输入响应
a) 换路前的电路　b) 换路后的电路

换路后电路的 KVL 方程为

$$Ri_C + u_C = 0$$

$$RC\frac{du_C}{dt} + u_C = 0$$

利用分离变量法得

$$\frac{du_C}{u_C} = -\frac{dt}{RC}$$

$$\ln u_C = -\frac{t}{RC} + C_{常数}$$

$$u_C = Ae^{-\frac{t}{RC}}$$

式中，A 为待定系数。将电路的初始值 $u_C(0_+) = u_C(0_-) = U_0$ 代入，得到 $A = U_0$，因此电容的零输入响应为

$$u_C = U_0 e^{-\frac{t}{RC}}$$

$$i_C = C\frac{du_C}{dt} = C\frac{d(U_0 e^{-\frac{t}{RC}})}{dt} = -\frac{U_0}{R}e^{-\frac{t}{RC}}$$

电容上的零输入响应电压和电流曲线如图3-12所示。电压、电流均以相同的指数规律变化，变化的快慢取决于 R 和 C 的乘积。令 $\tau = RC$，在电阻的单位为 Ω、电容的单位为 F 时，时间常数的单位是 s（秒）。由于 τ 具有时间量纲，所以称它为 RC 电路的时间常数。引入 τ 以后，u_C、i_C 表达式变为

$$u_C = U_0 e^{-\frac{t}{\tau}} \quad (3-9)$$

$$i_C = -\frac{U_0}{R}e^{-\frac{t}{\tau}} \quad (3-10)$$

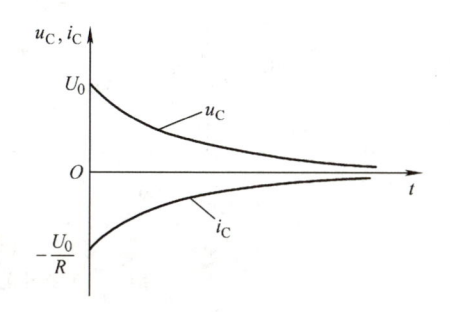

图 3-12 电容上的零输入响应电压和电流曲线

时间常数 τ 的大小取决于电路的结构和参数，由于时间常数 $\tau = RC$，在电阻不变的情况下，电容 C 越大，电容的初始储能就越大，放电时间也就越长；在电容不变的情况下，增加电阻 R，放电电流将减小，放电过程的时间也加长。因此，时间常数越大，电容放电越慢，过渡过程的时间就越长。图 3-13 所示为在 3 个不同时间常数下的电容放电过程曲线。

把 t/τ 作为横坐标、u_C/U_0 作为纵坐标，电容电压的响应曲线如图 3-14 所示。由图中可见，电容电压按指数规律衰减，开始的时候衰减较快，随着时间的变化，衰减逐渐变慢。当 $t = 0$ 时，$u_C(0) = U_0$；当 $t = \tau$ 时，电压已经衰减到 U_0 的 36.8%；当 $t = 5\tau$ 时，电压几乎衰减为零。实际工程中，只要经过 $3\tau \sim 5\tau$ 的时间就可以认为放电过程基本结束。表 3-1 列出了不同时刻的电容电压值。

3.3.2 不同时间常数电容放电比较

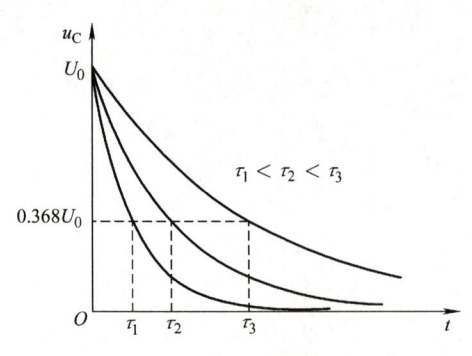

图 3-13 在 3 个不同时间常数下的电容放电过程曲线

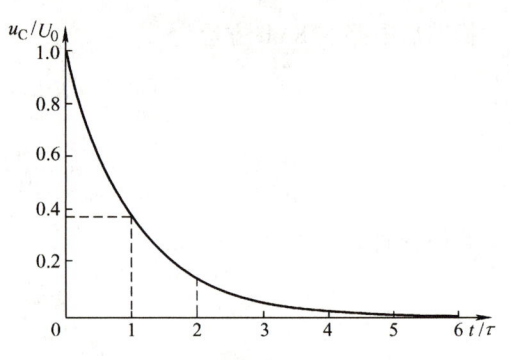

图 3-14 电容电压的响应曲线

表 3-1 不同时刻的电容电压值

t	0	τ	2τ	3τ	4τ	5τ	∞
$u_C(t)$	U_0	$0.368U_0$	$0.135U_0$	$0.050U_0$	$0.018U_0$	$0.007U_0$	0

【例 3-4】 电路如图 3-15 所示，开关 S 长时间接到"1"位置，$t=0$ 时开关由"1"打向"2"，求 $t>0$ 的电容电压和电流 i_C、i_R，并计算电阻在电容放电过程中消耗的能量。

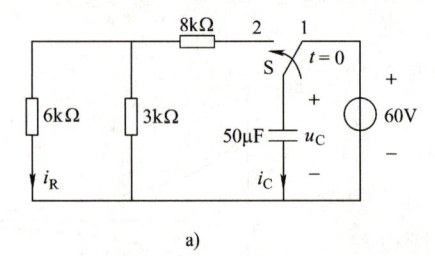

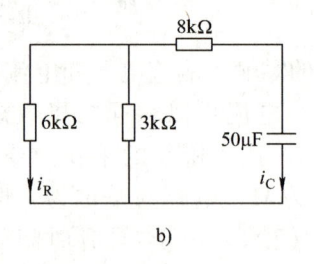

图 3-15 例 3-4 图
a) 换路前的电路　b) 换路后的电路

解： 该电路是零输入响应。由于开关长时间置于"1"位置，所以电容电压等于电源电压，即 $u_C(0_-) = 60\text{V}$。

换路后的电路如图 3-15b 所示，由换路定律有

$$u_C(0_+) = u_C(0_-) = 60\text{V}$$

换路后，电容两端的等效电阻为

$$R = \left(8 + \frac{6\times 3}{6+3}\right)\text{k}\Omega = 10\text{k}\Omega$$

电路时间常数为

$$\tau = RC = 10\times 10^3 \times 50\times 10^{-6}\text{s} = 0.5\text{s}$$

根据式（3-9）及式（3-10），有

$$u_C(t) = U_0 e^{-\frac{t}{\tau}} = 60e^{-2t}\text{V}$$

$$i_C(t) = C\frac{du_C}{dt} = -\frac{U_0}{R}e^{-\frac{t}{\tau}} = -\frac{60}{10\times 10^3}e^{-2t}\text{A} = -6e^{-2t}\text{mA}$$

由分流公式有

$$i_R(t) = -\frac{3}{3+6}i_C(t) = \frac{1}{3} \times 6e^{-2t}\,\text{mA} = 2e^{-2t}\,\text{mA}$$

电阻在电容放电过程中消耗的能量，就是电容中储存的全部能量。由式（3-6）可知电容初始储能为

$$W_C = \frac{1}{2}Cu_C^2(0_+) = 0.09\,\text{J}$$

在电容放电过程中，这些能量全部在电阻上消耗，因此 $W_R = 0.09\,\text{J}$。

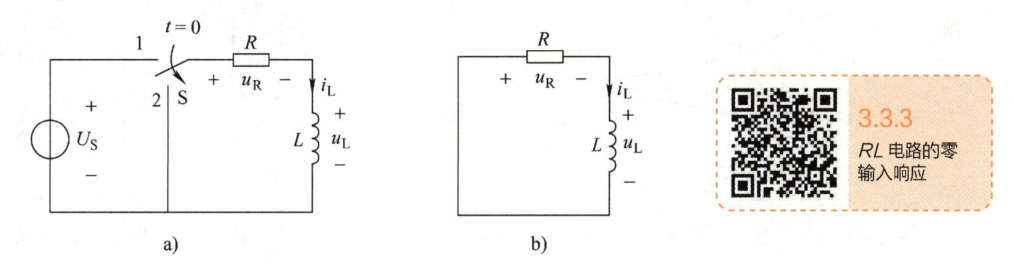

3.3.3　RL 电路的零输入响应

RL 电路的零输入响应（见图 3-16）是指电感储存的磁场能量通过电阻 R 进行释放的物理过程。在图 3-16a 所示的电路中，开关 S 长时间连接于"1"端，电感中储存一定的磁场能。在 $t=0$ 时开关由"1"端打向"2"端，换路后的电路如图 3-16b 所示。在开关转换瞬间，电感电流不能跃变，即 $i_L(0_+) = i_L(0_-) = I_0$，这个电感电流通过电阻 R 时要引起能量的消耗，这就会造成电感电流的逐渐减小，直到电感放出全部初始储能为止。

图 3-16　RL 电路的零输入响应
a）换路前的电路　b）换路后的电路

由开关长时间接通"1"端可知电路已经稳定，有

$$i_L(0_-) = I_0 = \frac{U_S}{R}$$

由换路定律有

$$i_L(0_+) = i_L(0_-) = \frac{U_S}{R}$$

换路后电路的 KVL 方程为

$$u_L + u_R = 0$$

根据元件约束关系 $u_R = i_L R$ 及 $u_L = L\dfrac{di_L}{dt}$，有

$$\frac{L}{R}\frac{di_L}{dt} + i_L = 0$$

利用分离变量法求得

$$i_L = Ae^{-t/\frac{L}{R}}$$

代入初始值，$A = I_0 = U_S/R$，求得电感电流的响应为

$$i_L = I_0 e^{-t/\frac{L}{R}} = \frac{U_S}{R} e^{-t/\frac{L}{R}} \tag{3-11}$$

电感上的零输入响应电压为

$$u_L = L\frac{di_L}{dt} = -I_0 R e^{-t/\frac{L}{R}} = -\frac{U_S}{R} R e^{-t/\frac{L}{R}}$$

电感上的零输入响应电压和电流曲线如图 3-17 所示。电压、电流均以相同的指数规律变化，变化的快慢取决于 L/R。令 $\tau = L/R$，称为 RL 电路的时间常数。τ 值越大，各电路变量衰减得越慢，过渡过程就越长。当 R 的单位为 Ω、L 的单位为 H 时，τ 的单位为 s（秒）。同电容电路一样，工程上一般经过 $3\tau \sim 5\tau$ 的时间即可认为电感电路的过渡过程结束。

【例 3-5】 图 3-18 所示为一实际电感线圈和电阻 R_0 并联后与直流电源接通的电路。已知 $U_S = 220\text{V}$，$R_0 = 40\Omega$，线圈的电感 $L = 1\text{H}$，电阻 $R = 20\Omega$，开关打开前电路已处于稳态。求在开关 S 打开后，电流 i_L 的变化规律和线圈两端电压的初始值 $u_{RL}(0_+)$。

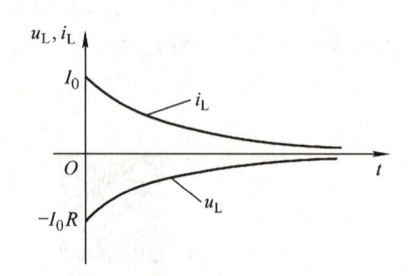

图 3-17 电感上的零输入响应电压和电流曲线

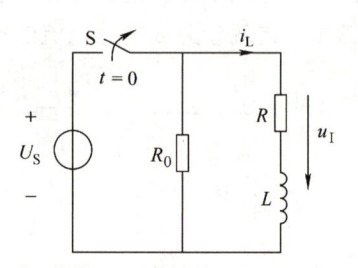

图 3-18 例 3-5 电路图

解：由于换路前电路已经稳定，所以初始值为

$$i_L(0_+) = i_L(0_-) = I_0 = \frac{U}{R} = \frac{220\text{V}}{20\Omega} = 11\text{A}$$

时间常数为

$$\tau = \frac{L}{R_0 + R} = \frac{1}{60}\text{s}$$

由式（3-11）得电流响应表达式为

$$i_L = I_0 e^{-\frac{t}{\tau}} = 11e^{-60t}\text{A}$$

$$u_{RL}(0_+) = u_{R0}(0_+) = -I_0 R_0 = (-11\text{A}) \times 40\Omega = -440\text{V}$$

从本例可见，在换路的瞬间，电压 u_{RL} 和 u_{R0} 均从原来的 220V 突变到 -440V，因此放电电阻 R_0 不能选得过大，否则一旦电源断开，线圈两端的电压会很大，其绝缘部分容易被损坏；如果 R_0 是一只内阻很大的电压表，那么该表就容易受到损坏。为安全起见，在断开电源之前，必须将与线圈并联的测量仪表拆除。同样道理，对电动机，要先卸掉负载再关电源。一般小型电动机的空载电流为额定电流的 30%~70%，大中型电动机的空载电流为额定电流的 20%~40%。比如一个大型电动机，额定电流为 180A，而空载电流只有大约 70A。如果满载运行时切断电源，瞬间电压就要比空载时大得多，可能造成人员伤亡和设备损坏。

3.4 一阶电路的零状态响应

3.4.1 RC 电路的零状态响应

零状态响应是指电路换路时储能元件没有初始储能，电路仅由外加激励源作用产生的响应。由于储能元件的初始状态是零，所以叫作零状态响应。RC 电路的零状态响应如图 3-19 所示。

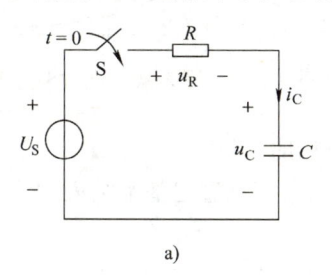

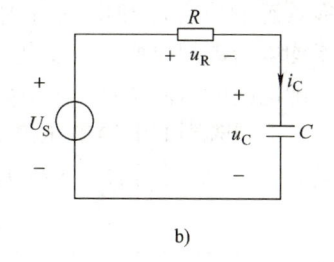

图 3-19　RC 电路的零状态响应
a) 换路前的电路　b) 换路后的电路

图 3-19a 所示为一个 RC 充电电路，电容原先未储能，在 $t=0$ 时开关闭合，电压源通过电阻对电容充电。由于开关转换瞬间，电容电压不能跃变，所以此时直流电压源的电压全部加在电阻上，使电流由零跃变为 U_S/R。该电流使电容电压和电场能量逐渐增加，而其本身逐渐变小，直到电容电压等于电压源电压，电流变为零，充电结束，电路达到稳定状态。

换路后的电路如图 3-19b 所示，电路的 KVL 方程为

$$u_C + u_R = U_S$$

由欧姆定律 $u_R = i_C R$ 和电容上的电压电流关系 $i_C = C\dfrac{du_C}{dt}$ 得到

$$RC\frac{du_C}{dt} + u_C = U_S \tag{3-12}$$

式（3-12）为非齐次的一阶微分方程，它对应的齐次方程为

$$RC\frac{du_C}{dt} + u_C = 0$$

该齐次方程的通解为

$$u_{C1} = Ae^{-\frac{t}{RC}}$$

式（3-12）中的 U_S 是常数，若设它的特解 u_{C2} 为常数 K，则非齐次方程的解为

$$u_C = u_{C1} + u_{C2} = K + Ae^{-\frac{t}{RC}}$$

当电路达到新稳态时，$u_C(\infty) = U_S$，代入上式，得到 $K = U_S$；电路的初始值为 0，代入上式得 $A = -U_S$，从而得到零状态响应电压为

$$u_C = U_S - U_S e^{-\frac{t}{RC}} = U_S(1 - e^{-\frac{t}{RC}}) \tag{3-13}$$

电容电流为

$$i_C = C\frac{du_C}{dt} = \frac{U_S}{R}e^{-\frac{t}{RC}} \tag{3-14}$$

式（3-13）右边第一项"U_S"是电容充电完毕以后的电压值，是电容电压的稳态值，称为稳态分量；第二项"$-U_S e^{-\frac{t}{RC}}$"随时间按指数规律衰减，最后为零。该项只存在于过渡过程，称其为暂态分量。因此，在整个过渡过程中，可以认为 u_C 是由稳态分量和暂态分量叠加而成的。

电容上的零状态响应电压和电流曲线如图 3-20 所示。电压、电流均以指数规律变化，变化的快慢取决于 R 和 C 的乘积，即电路的时间常数 $\tau = RC$。

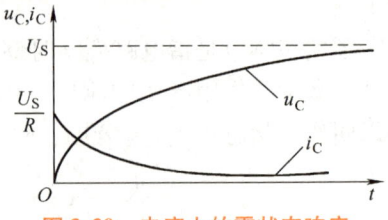

图 3-20　电容上的零状态响应电压和电流曲线

表 3-2 列出了不同时刻的电容电压值。波形开始时变化很快，经过 $3\tau \sim 5\tau$ 的时间后，工程上就可以认为充电过程基本结束。

表 3-2　不同时刻的电容电压值

t	0	τ	2τ	3τ	4τ	5τ	∞
$u_C(t)$	0	$0.632U_S$	$0.865U_S$	$0.950U_S$	$0.982U_S$	$0.993U_S$	U_S

【例 3-6】　电路如图 3-19a 所示，已知 $U_S = 220$V，$R = 200\Omega$，$C = 1\mu F$，开关 S 闭合前电容未储能，在 $t = 0$ 时开关 S 闭合。求电路的时间常数 τ、最大充电电流 I_0，开关 S 闭合后 1ms 时 i_C 和 u_C 的数值。

解：时间常数为

$$\tau = RC = 200 \times 1 \times 10^{-6}\text{s} = 0.2\text{ms}$$

开关闭合前电容没储能，电路的响应是零输入响应，根据式（3-13）和式（3-14），得

$$u_C = U_S(1 - e^{-\frac{t}{RC}}) = 220(1 - e^{-5000t})\text{V}$$

$$i_C = \frac{U_S}{R}e^{-\frac{t}{RC}} = 1.1e^{-5000t}\text{A}$$

可见，$t = 0_+$ 时电流最大，即

$$I_0 = i_C(0_+) = 1.1\text{A}$$

开关合上 1ms 时有

$$i_C(1\text{ms}) = 1.1e^{-5}\text{A} = 1.1 \times 0.007\text{A} = 0.008\text{A}$$

$$u_C(1\text{ms}) = 220(1 - e^{-5})\text{V} = 218.5\text{V}$$

3.4.2　RL 电路的零状态响应

RL 一阶电路的零状态响应与 RC 一阶电路相似。RL 电路的零状态响应如图 3-21 所示。电路在换路前，电感电流为零，电感未储能。在 $t = 0$ 时，开关 S 闭合。在开关闭合瞬间，由于电感电流不能突变，电路中的电流仍然为零，所以电阻上没有电压，这时电源电压全部加在电感两端，即 u_L 立即从换路前的 0 突变到 U_S，随着时间的增加，电路中的电流逐渐增加，u_R 也随之逐渐增大，与此同时 u_L 逐渐减小，直至当最后电路稳定时电感相

当于短路为止，$u_L = 0$，过渡过程结束，电路进入一个新的稳定状态。

换路后电路的 KVL 方程为

$$u_L + u_R = U_S$$

由元件的约束关系 $u_R = i_L R$ 和 $u_L = L\dfrac{di_L}{dt}$，有

$$\dfrac{L}{R}\dfrac{di_L}{dt} + i_L = \dfrac{U_S}{R}$$

解微分方程得

$$i_L = \dfrac{U_S}{R}(1 - e^{-t/\frac{L}{R}}) = \dfrac{U_S}{R} - \dfrac{U_S}{R}e^{-t/\frac{L}{R}} \tag{3-15}$$

电感上的零状态响应电压为

$$u_L = L\dfrac{di_L}{dt} = U_S e^{-t/\frac{L}{R}} \tag{3-16}$$

式（3-15）右边第一项是电路进入新的稳定状态时的电流值，为稳态分量；第二项将随时间按指数规律衰减，最后为零，为暂态分量。而暂态分量衰减的快慢取决于因子 L/R，与电路的零输入响应一样，时间常数 $\tau = L/R$ 越大，暂态分量衰减得越慢，其意义同前所述。一般认为在经过 $3\tau \sim 5\tau$ 的时间后，过渡过程即可视为结束。电感上的零状态响应电压和电流曲线如图 3-22 所示。

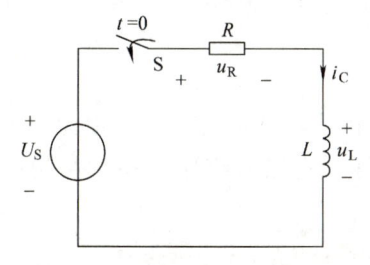

图 3-21 RL 电路的零状态响应

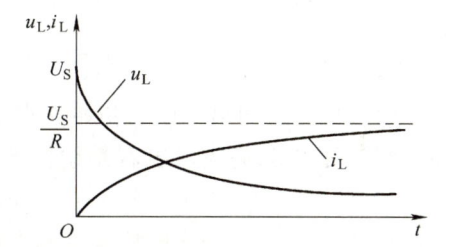

图 3-22 电感上的零状态响应电压和电流曲线

【例 3-7】电路如图 3-21 所示，已知 $U_S = 20V$，$R = 20\Omega$，$L = 5H$，开关 S 闭合前电感未储能，在 $t = 0$ 时开关 S 闭合。求换路后的电感电流 $i(t)$ 及电感元件上的电压 $u_L(t)$，并分别计算 $t = 0$、$t = \tau$、$t = 5\tau$ 和 $t = \infty$ 时的电感电流、电感电压值，并计算电感储存的最大能量值。

解：$\tau = L/R = 1/4$s，根据式（3-15）及式（3-16）有

$$i_L = \dfrac{U_S}{R}(1 - e^{-\frac{t}{\tau}}) = (1 - e^{-4t})\,\mathrm{A}$$

$$u_L = U_S e^{-t/\frac{L}{R}} = 20e^{-4t}\,\mathrm{V}$$

当 $t = 0$ 时，$i(0) = 0\mathrm{A}$，$u_L(0) = 20e^0\mathrm{V} = 20\mathrm{V}$

当 $t = \tau$ 时，$i(\tau) = (1 - e^{-1})\mathrm{A} = 0.632\mathrm{A}$，$u_L(\tau) = 20e^{-1}\mathrm{V} = 7.36\mathrm{V}$

当 $t = 5\tau$ 时，$i(5\tau) = (1 - e^{-5})\mathrm{A} = 0.993\mathrm{A}$，$u_L(5\tau) = 20e^{-5}\mathrm{V} = 0.14\mathrm{V}$

当 $t = \infty$ 时，$i(\infty) = (1 - e^{-\infty})\mathrm{A} = 1\mathrm{A}$，$u_L(\infty) = 20e^{-\infty}\mathrm{V} = 0\mathrm{V}$

由式（3-3）可知，电感储存的最大能量为

$$W_L = \frac{1}{2}Li_{Lmax}^2 = \frac{1}{2}Li_L^2(\infty) = 2.5\text{J}$$

3.5 一阶电路的全响应

3.5.1 全响应

由储能元件的初始储能和独立电源共同引起的响应称为全响应。RC 电路的全响应如图 3-23 所示。在电路中，电容已充电至 U_0，在 $t=0$ 时将开关 S 合上。

换路后电路的 KVL 方程为

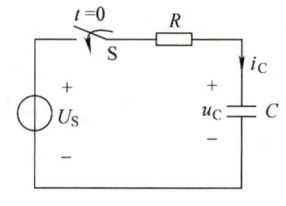

$$u_C + u_R = U_S$$

由 $u_R = Ri_C$ 和 $i_C = C\dfrac{du_C}{dt}$ 得到

$$RC\frac{du_C}{dt} + u_C = U_S$$

图 3-23 RC 电路的全响应

解微分方程，代入初始值和稳态值，得电容上的全响应为

$$u_C = U_0 e^{-\frac{t}{RC}} + U_S(1 - e^{-\frac{t}{RC}}) = U_0 e^{-\frac{t}{\tau}} + U_S(1 - e^{-\frac{t}{\tau}}) \tag{3-17}$$

$$i = \frac{U_S}{R} e^{-\frac{t}{\tau}} - \frac{U_0}{R} e^{-\frac{t}{\tau}}$$

式（3-17）中右边的第一项为初始状态单独作用引起的零输入响应，第二项为激励源单独作用引起的零状态响应。也就是说，电路的全响应等于零输入响应与零状态响应之和，即

全响应 = 零输入响应 + 零状态响应

可见，线性动态电路的响应也满足叠加关系，即电路中各处的响应等于储能元件初始储能引起的响应和外加激励源引起的响应的叠加。

式（3-17）还可以写成

$$u_C = U_S + (U_0 - U_S)e^{-\frac{t}{\tau}} = u'_C + u''_C \tag{3-18}$$

式（3-18）中右边的第一项 u'_C 由外加激励源决定，形式与外加激励源相同。当外加激励源为直流量时，u'_C 也是直流量；当外加激励源为周期量时，u'_C 也是同频率的周期量，并且 u'_C 长期存在，一般称它为强制分量。当电路进入新的稳态时，该分量就是新稳态的响应，所以也叫作稳态分量。式中的第二项 u''_C 只存在于过渡过程中，当电路进入新的稳态时，这一分量就衰减为零，它不受外加激励源约束，称为自由分量。一般过渡过程比较短暂，这一分量存在时间短暂，也叫作暂态分量。因此全响应可以表示为

全响应 = 强制分量 + 自由分量
全响应 = 稳态分量 + 暂态分量

图 3-24 所示为 u_C 的全响应曲线及稳态分量和暂态分量的响应曲线。在电容电路中，通过分析得到的电容电压的全响应，可以表示为零输入响应和零状态响应的叠加，或者表示为

稳态分量和暂态分量的叠加。同理，在电感电路中，电感电流的全响应也可以表示为零输入响应和零状态响应的叠加，或者表示为稳态分量和暂态分量的叠加。

对于图 3-21 所示的电路，如果开关闭合前电感已经储能，设电流初始值为 I_0，$t=0$ 时，开关闭合，那么电流的响应就是由电感初始储能和外加激励源共同作用的全响应，因此有

$$i_L = I_0 e^{-\frac{t}{\tau}} + \frac{U_S}{R}(1 - e^{-\frac{t}{\tau}}) \text{ 或者 } i_L = \frac{U_S}{R} + \left(I_0 - \frac{U_S}{R}\right)e^{-\frac{t}{\tau}} \qquad (3-19)$$

【例 3-8】 在图 3-25 所示电路中，已知 $U_S = 10\text{V}$，$R = 10\text{k}\Omega$，$C = 0.1\mu\text{F}$，$u_C(0_-) = -4\text{V}$，当 $t = 0$ 时开关 S 闭合，求 $t \geq 0$ 的电容电压 u_C。

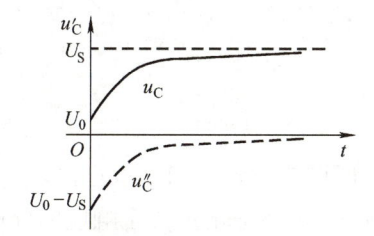

图 3-24 u_C 的全响应曲线及稳态分量和暂态分量的响应曲线

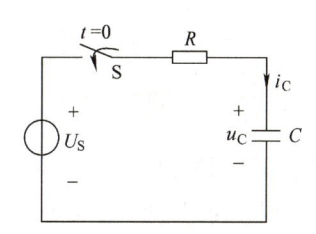

图 3-25 例 3-8 图

解法 1：全响应为零输入响应与零状态响应之和。
电路的时间常数为

$$\tau = RC = 10 \times 10^3 \times 0.1 \times 10^{-6}\text{s} = 10^{-3}\text{s}$$

由电容初始储能单独作用引起的零输入响应为

$$U_0 = u_C(0_+) = u_C(0_-) = -4\text{V}$$

$$u_{C1} = U_0 e^{-\frac{t}{\tau}} = -4e^{-1000t}\text{V}$$

由外加激励 U_S 单独作用引起的零状态响应为

$$u_{C2} = U_S(1 - e^{-\frac{t}{\tau}}) = 10(1 - e^{-1000t})\text{V}$$

根据式（3-17）可得全响应为

$$u_C = U_0 e^{-\frac{t}{\tau}} + U_S(1 - e^{-\frac{t}{\tau}}) = -4e^{-1000t}\text{V} + 10(1 - e^{-1000t})\text{V} = (10 - 14e^{-1000t})\text{V}$$

解法 2：全响应为稳态分量与暂态分量之和，根据式（3-18）可得

$$u_C = U_S + (U_0 - U_S)e^{-\frac{t}{\tau}} = (10 - 14e^{-1000t})\text{V}$$

【例 3-9】 在图 3-26 所示的电路中，$U_S = 100\text{V}$，$R_0 = 150\Omega$，$R = 50\Omega$，$L = 2\text{H}$，开关 S 闭合前电路已处于稳定状态。求开关闭合后通过电感的电流 i_L 及其两端的电压 u_L。

解：i_L 的初始值为

$$I_0 = i_L(0_+) = i_L(0_-) = \frac{U_S}{R_0 + R} = 0.5\text{A}$$

电路的时间常数为

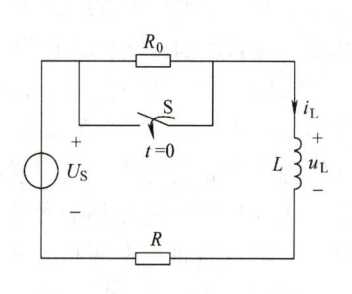

图 3-26 例 3-9 图

$$\tau = \frac{L}{R} = \frac{2}{50}\text{s} = 0.04\text{s}$$

根据式（3-19），电感电流的全响应表达式为

$$i_L = I_0 e^{-\frac{t}{\tau}} + \frac{U_S}{R}(1 - e^{-\frac{t}{\tau}})$$

$$= \left[0.5e^{-\frac{t}{0.04}} + \frac{100}{50}(1 - e^{-\frac{t}{0.04}})\right]\text{A}$$

$$= (2 - 1.5e^{-25t})\text{A}$$

电感电压响应为

$$u_L = L\frac{di_L}{dt} = 75e^{-25t}\text{V}$$

3.5.2　三要素法

三要素法是分析计算一阶动态电路的简便方法。所谓三要素，即是电压电流的初始值、稳态值和电路的时间常数。通过对一阶电路零输入响应、零状态响应、全响应的分析，将各种响应用一个公式来描述。如 RC 串联电路中电容电压的全响应表达式［式（3-17）］。式中，U_0 是电路在换路瞬间电容的初始值 $u_C(0_+)$；U_S 是电路在时间 $t \to \infty$ 时电容的稳态值，可记为 $u_C(\infty)$；τ 是电路的时间常数，于是有

$$u_C = U_S + (U_0 - U_S)e^{-\frac{t}{\tau}} = u_C(\infty) + [u_C(0_+) - u_C(\infty)]e^{-\frac{t}{\tau}} \quad (3\text{-}20)$$

同样地，RL 串联电路电感电流的全响应表达式［式（3-19）］可写成

$$i_L = I_S + (I_0 - I_S)e^{-\frac{t}{\tau}} = i_L(\infty) + [i_L(0_+) - i_L(\infty)]e^{-\frac{t}{\tau}} \quad (3\text{-}21)$$

若以 $f(t)$ 表示待求电路变量的全响应，$f(0_+)$ 表示待求电路变量的初始值，$f(\infty)$ 表示待求电路变量的稳态值，τ 为电路的时间常数，则式（3-20）和式（3-21）可写成

$$f(t) = f(\infty) + [f(0_+) - f(\infty)]e^{-\frac{t}{\tau}} \quad (3\text{-}22)$$

可见，一阶电路的全响应取决于 $f(0_+)$、$f(\infty)$ 和 τ 这 3 个要素，只要分别计算出这 3 个要素，就能够确定全响应，也就是说根据式（3-22）可以写出响应的表达式以及画出全响应曲线，而不必建立和求解微分方程。式（3-22）称为求解一阶电路动态响应的三要素公式。这种应用三要素公式计算一阶电路响应的方法称为三要素法。

三要素法适用于求解一阶电路所有元件的电压、电流响应，不仅仅限于电容电压和电感电流。只要求出各个电压和电流初始值、稳态值和电路的时间常数，就都可以按照式（3-22）直接写出响应表达式。在求解电路的零输入和零状态响应时，也可以应用三要素法，将它们看作全响应的新稳态值为零或者初始状态为零的特例。

在同一个一阶电路中，各处电压电流响应的时间常数 τ 都是相同的。在只有一个电容元件的电路中，$\tau = RC$；在只有一个电感元件的电路中，$\tau = L/R$。R 为换路后的电路中去掉独立电源、在储能元件（电容或电感）两端的等效电阻。

式（3-22）是在外加激励源为直流的情况下求得的，只适用于在直流激励下的一阶电路。激励源为非直流量的情况在这里不进行讨论。

【例 3-10】　在图 3-27 所示的电路中，电容原先未储能，已知 $U_S = 12\text{V}$，$R_1 = 1\text{k}\Omega$，

$R_2 = 2\text{k}\Omega$，$C = 10\mu\text{F}$，$t = 0$ 时开关 S 闭合，试用三要素法求开关合上后电容的电压 u_C、电流 i_C 以及 i_1 的变化规律。

解： 初始值为

$$u_C(0_+) = u_C(0_-) = 0$$

$$i_1(0_+) = i_C(0_+) = \frac{U_S}{R_1} = 12\text{mA}$$

稳态值为

$$u_C(\infty) = \frac{R_2}{R_1 + R_2}U_S = 8\text{V}$$

$$i_C(\infty) = 0\text{A}$$

$$i_1(\infty) = \frac{U_S}{R_1 + R_2} = 4\text{mA}$$

时间常数为

$$\tau = \frac{R_1 R_2}{R_1 + R_2}C = \frac{1}{150}\text{s}$$

根据式（3-22），写成响应表达式为

$$u_C = u_C(\infty) + [u_C(0_+) - u_C(\infty)]e^{-\frac{t}{\tau}} = 8(1 - e^{-150t})\text{V}$$

$$i_C = i_C(\infty) + [i_C(0_+) - i_C(\infty)]e^{-\frac{t}{\tau}} = 12e^{-150t}\text{mA}$$

$$i_1 = i_1(\infty) + [i_1(0_+) - i_1(\infty)]e^{-\frac{t}{\tau}} = (4 + 8e^{-150t})\text{mA}$$

【例 3-11】 在图 3-28 所示的电路中，开关 S 长时间处于"1"端，在 $t = 0$ 时将开关打向"2"端。用三要素法求 $t > 0$ 时的 u_C、u_R。

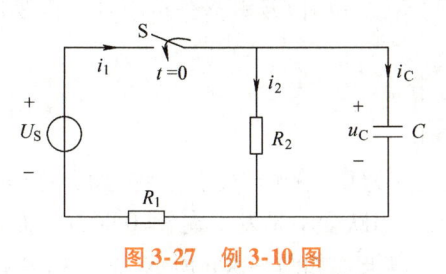

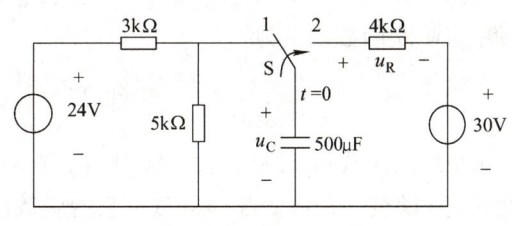

图 3-27　例 3-10 图　　　　　图 3-28　例 3-11 图

解： 初始值为

$$u_C(0_+) = u_C(0_-) = \frac{24}{3 + 5} \times 5\text{V} = 15\text{V}$$

$$u_R(0_+) = [u_C(0_+) - 30]\text{V} = -15\text{V}$$

稳态值为

$$u_C(\infty) = 30\text{V}$$

$$u_R(\infty) = 0\text{V}$$

时间常数为

$$\tau = RC = 4 \times 10^3 \times 500 \times 10^{-6}\text{s} = 2\text{s}$$

根据式（3-22），写成响应表达式为

$$u_C = u_C(\infty) + [u_C(0_+) - u_C(\infty)]e^{-\frac{t}{\tau}} = (30 - 15e^{-0.5t})\text{V}$$

$$u_R = u_R(\infty) + [u_R(0_+) - u_R(\infty)]e^{-\frac{t}{\tau}} = -15e^{-0.5t}\text{V}$$

【例3-12】 在图 3-29 所示的电路中，已知 $R_1 = R_3 = 10\Omega$，$R_2 = 40\Omega$，$L = 0.1\text{H}$，$U_S = 180\text{V}$。$t = 0$ 时开关 S 闭合，试用三要素法求开关合上后电感电流 i_L 的变化规律。

解：

$$i_L(0_+) = i_L(0_-) = \frac{U_S}{R_1 + R_2} = \frac{180\text{V}}{10\Omega + 40\Omega} = 3.6\text{A}$$

$$i_L(\infty) = \frac{U_S}{R_1 + R_2 /\!/ R_3} \cdot \frac{R_3}{R_2 + R_3} = 2\text{A}$$

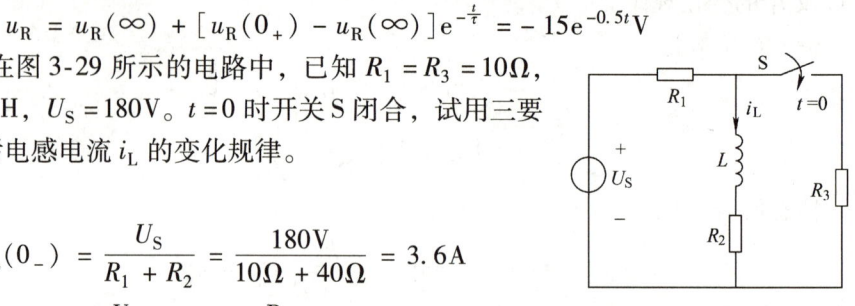

图 3-29 例 3-12 图

换路后去掉所有独立源，电容两端的等效电阻为

$$R = \frac{R_1 R_3}{R_1 + R_3} + R_2 = 45\Omega$$

$$\tau = \frac{L}{R} = \frac{1}{450}\text{s}$$

$$i_L = i_L(\infty) + [i_L(0_+) - i_L(\infty)]e^{-\frac{t}{\tau}} = (2 + 1.6e^{-450t})\text{A}$$

3.6 阶跃函数和阶跃响应

3.6.1 阶跃函数

阶跃函数是一种特殊的连续时间函数，它在信号与系统分析以及电路分析中具有重要作用。单位阶跃函数定义为

$$\varepsilon(t) = \begin{cases} 0 & t < 0 \\ 1 & t > 0 \end{cases}$$

单位阶跃函数的波形如图 3-30a 所示，在 $t = 0_-$ 及之前为 0，在 $t = 0_+$ 及之后为 1，在 $t = 0$ 时刻发生了跳变，在跳变点 $t = 0$ 处，它的函数值无定义。当跃变不是发生在 $t = 0$ 时刻，而是发生在 $t = t_0$ 时，可以用延迟阶跃函数 $\varepsilon(t - t_0)$ 来表示，其波形如图 3-30b 所示。$\varepsilon(t - t_0)$ 的函数表达式为

$$\varepsilon(t - t_0) = \begin{cases} 0 & t < t_0 \\ 1 & t > t_0 \end{cases}$$

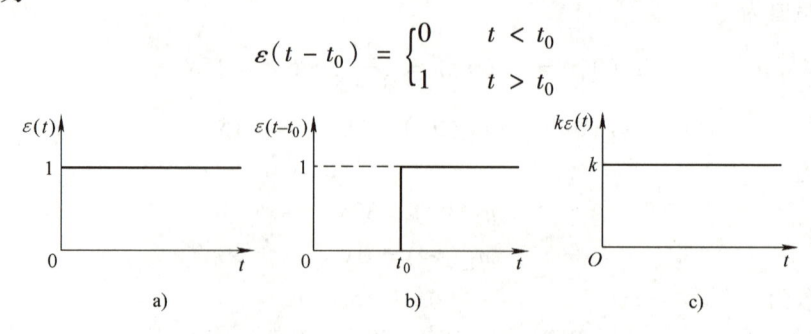

图 3-30 阶跃函数的波形

a) 单位阶跃函数的波形　b) 延迟阶跃函数的波形　c) 阶跃函数的波形

将单位阶跃函数乘以常数 k,可构成幅值为 k 的阶跃函数 $k\varepsilon(t)$,其波形如图 3-30c 所示。电源开关闭合电路的电压函数如图 3-31 所示。单位阶跃函数可用来描述开关的动作,实际电路如图 3-31a 所示,在 $t=0$ 时闭合电源开关,在 $t<0$ 时电路电压 $u=0$,$t>0$ 时 $u=U_S$。因此可以写成 $u(t)=U_S\varepsilon(t)$,等效电路如图 3-31b 所示。

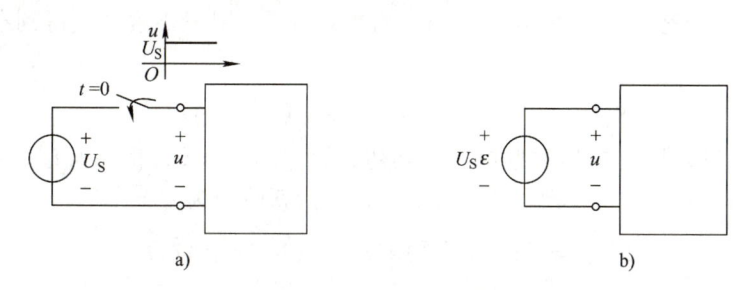

图 3-31 电源开关闭合电路的电压函数
a)实际电路 b)等效电路

单位阶跃函数还可以方便地表示分段函数,起到截取波形的作用,如图 3-32a 所示,从 $t=0$ 起始的波形可以用阶跃函数表示为

$$f(t)\varepsilon(t)=\begin{cases}f(t) & t>0\\ 0 & t<0\end{cases}$$

若只需取 $f(t)$ 的 $t>t_0$ 部分,则可得到如图 3-32b 所示的波形,该函数表达式为

$$f(t)\varepsilon(t-t_0)=\begin{cases}f(t) & t>t_0\\ 0 & t<t_0\end{cases}$$

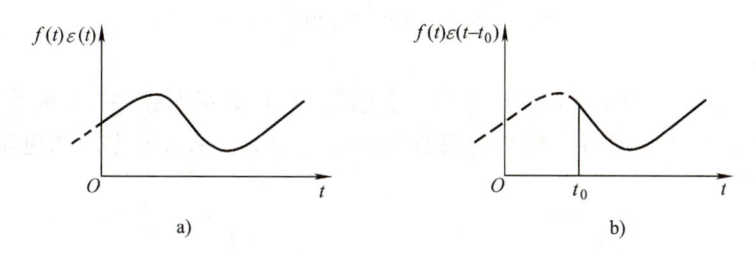

图 3-32 单位阶跃函数截取波形的作用
a)$f(t)\varepsilon(t)$ b)$f(t)\varepsilon(t-t_0)$

阶跃函数还可用来分解波形。如一个矩形脉冲,可表示为一个阶跃函数和一个延迟的阶跃函数的叠加。矩形脉冲的组成如图 3-33 所示,并有

$$f(t)=K[\varepsilon(t)-\varepsilon(t-t_0)]$$

图 3-33 矩形脉冲的组成

3.6.2 阶跃响应

电路在（单位）阶跃电压或电流激励下的零状态响应，称为（单位）阶跃响应，用符号 $S(t)$ 表示。它可以利用三要素法计算出来。对于图 3-34a 所示的 RC 串联电路，其初始值 $u_C(0_+) = 0V$，稳态值 $u_C(\infty) = 1V$，时间常数 $\tau = RC$。用三要素公式得到电容电压 $u_C(t)$ 的阶跃响应为

$$S(t) = (1 - e^{-\frac{t}{RC}})\varepsilon(t) = (1 - e^{-\frac{t}{\tau}})\varepsilon(t)$$

对于如图 3-34b 所示的 RL 并联电路，其初始值 $i_L(0_+) = 0$，稳态值 $i_L(\infty) = 1$，时间常数 $\tau = L/R$。利用三要素公式得到电感电流 $i_L(t)$ 的阶跃响应为

$$S(t) = (1 - e^{-t/\frac{L}{R}})\varepsilon(t) = (1 - e^{-\frac{t}{\tau}})\varepsilon(t)$$

图 3-34 RC 串联电路和 RL 并联电路的阶跃响应
a) RC 串联电路 b) RL 并联电路

如果阶跃激励不是在 $t = 0$ 而是在 $t = t_0$ 时施加的，那么就将电路阶跃响应中的 t 改为 $t - t_0$，即可得到电路延迟的阶跃响应。例如，上述 RC 电路和 RL 电路的延迟阶跃响应为

$$S(t) = (1 - e^{-\frac{t-t_0}{\tau}})\varepsilon(t - t_0)$$

式中，$\tau = RC$ 或 $\tau = L/R$。

【例 3-13】 在图 3-35a 所示的电路中，激励源 $u(t)$ 为矩形脉冲，其波形如图 3-35b 所示。已知 $R = 39\text{k}\Omega$，$C = 10\mu\text{F}$，脉冲的幅值为 2V，$t_0 = 2\text{s}$，求电容电压和电阻电压的响应，并画出响应波形。

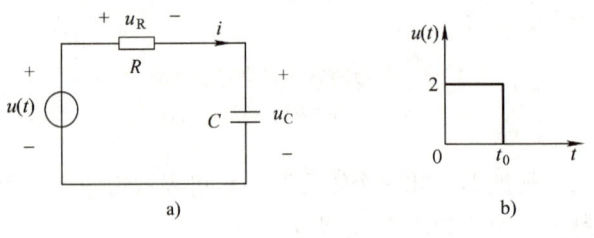

图 3-35 例 3-13 图
a) 电路 b) 激励源 $u(t)$ 波形

解：矩形脉冲表示为

$$u(t) = 2[\varepsilon(t) - \varepsilon(t - 2)]\text{V}$$

时间常数为

$$\tau = RC = 0.39\text{s}$$

阶跃响应为

$$S(t) = (1 - e^{-2.56t})\varepsilon(t)\,\text{V}$$

延迟的阶跃响应为

$$S(t) = [1 - e^{-2.56(t-2)}]\varepsilon(t-2)\,\text{V}$$

所以，矩形脉冲作用下的响应为

$$u_C(t) = 2\{(1 - e^{-2.56t})\varepsilon(t) - [1 - e^{-2.56(t-2)}]\varepsilon(t-2)\}\,\text{V}$$

电阻电压为

$$u_R(t) = u(t) - u_C(t) = 2[e^{-2.56t}\varepsilon(t) - e^{-2.56(t-2)}\varepsilon(t-2)]\,\text{V}$$

本例电容电压和电阻电压的响应曲线如图 3-36 所示。

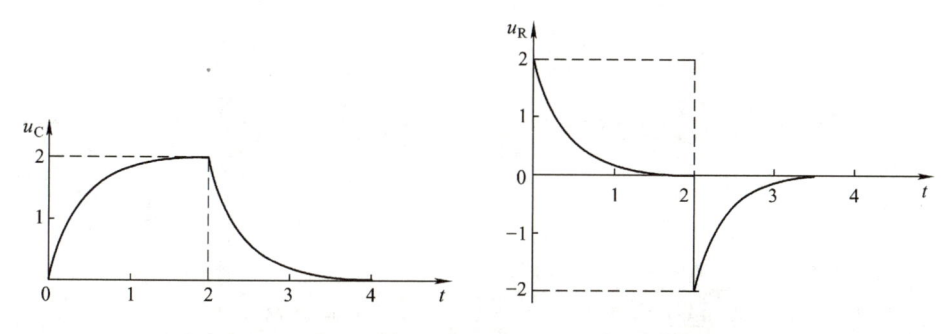

图 3-36　例 3-13 中电容电压和电阻电压的响应曲线

3.7　实践项目　一阶电路的响应测试

项目目的

通过本项目，学习用 Multisim 对动态电路进行仿真分析、按要求设计电路、搭建实际电路；学习使用示波器观察和分析电路响应、研究 RC 电路响应的规律和特点。

设备材料

1）计算机（装有 Multisim 14.0 仿真软件）1 台。
2）函数信号发生器 1 台。
3）双踪示波器 1 台。
4）一阶、二阶动态电路实验板 1 块。

3.7.1　任务 1　Multisim 仿真软件的使用

Multisim 14.0 的使用详见附录，在本项目里面主要用到基础元件库里面的电阻、电容和信号源库里面的方波信号。电阻电容可以根据需要，在库里面选择不同参数值，而信号源的参数要手动设置。比如方波信号，在信号源库里面选择 CLOCK_VOLTAGE，放置在主窗体内，然后双击该元件，弹出对话框，可进行频率、占空比、电压幅值的设置，如图 3-37 所示，修改参数后单击"确定"按钮完成设置。

本项目中，主要用到 Multisim 的瞬态分析（Transient Analysis）功能，该功能在菜单栏里面的"Simulate"→"Analyses"里，或者单击窗口上的快捷按钮 Interactive，打开分析和仿真（Analyses and Simulation）对话框，选择"瞬态分析"即可。

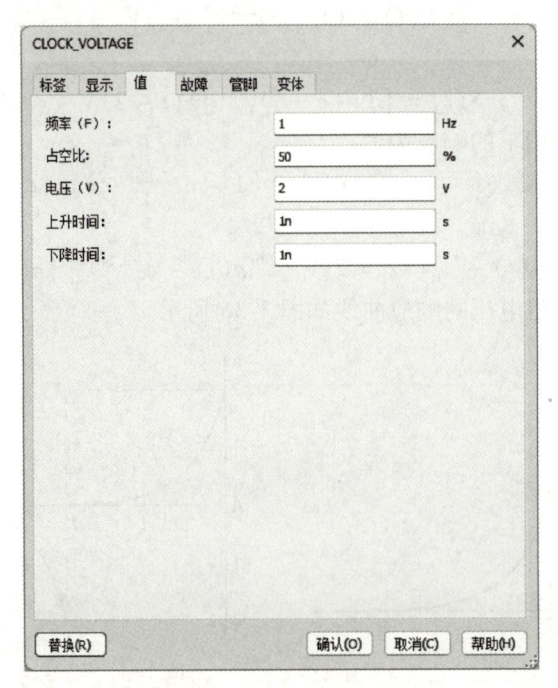

图 3-37　信号源参数设置

3.7.2　任务 2　观察电容的充电、放电过程

电容在充放电的过程中，电容电压按指数规律变化。本任务是通过对 RC 电路的充放电过程进行研究，了解电路充放电过程的现象及现象背后的原因，学习一阶电路的零输入响应。

操作步骤及方法

1）设计一个 RC 串联电路，在 Multisim 中进行仿真分析，记录波形。仿真电路如图 3-38 所示，其对应电路原理图如图 3-39 所示。图 3-38 中给出 3 组电路参数，信号源选用 CLOCK_ VOLTAGE，幅值为 2V，频率为 1Hz（周期 1s）。定义信号源正极为节点 1；C_1、C_2、C_3 上端分别定义为节点 2、节点 3、节点 4。

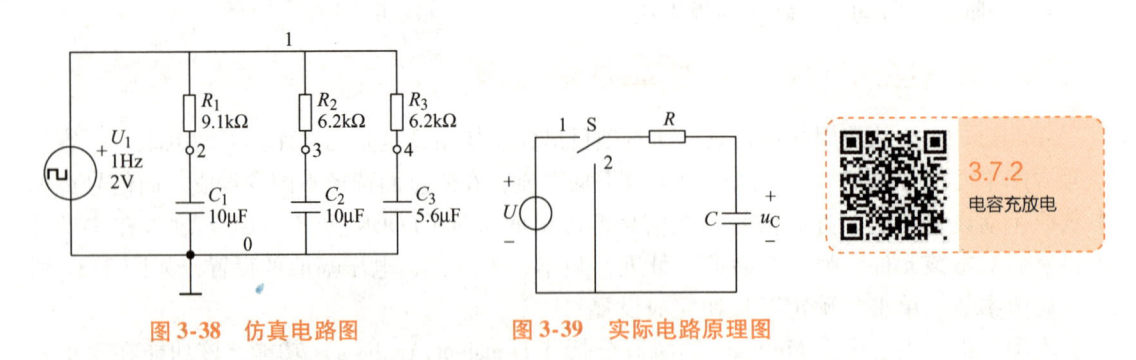

图 3-38　仿真电路图　　　图 3-39　实际电路原理图

3.7.2 电容充放电

2）在菜单栏上选择"仿真"命令，弹出"Analyses and Simulation"对话框，选择"瞬态分析"命令，如图 3-40 所示。

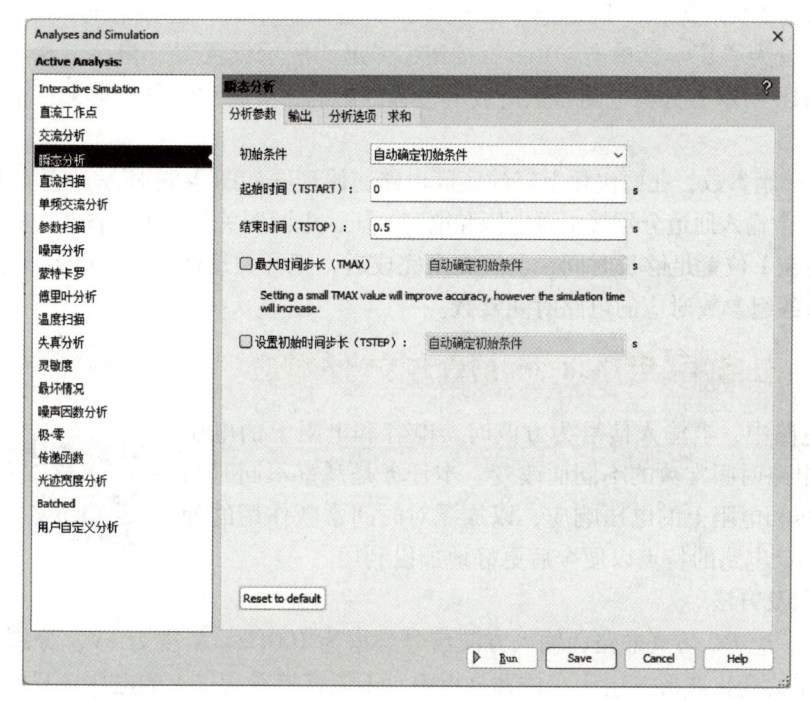

图 3-40 "瞬态分析"参数设置界面

将"瞬态分析"参数设置界面的"分析参数"选项卡中的"起始时间"设为"0"s，"结束时间"设为"0.5"s；在"输出"选项卡中，将 V（1）、V（2）、V（3）、V（4）添加为仿真变量；其他选项默认。单击"Run"按钮，弹出图示仪视图窗口。在图示仪视图窗口中，曲线背景默认是黑色的，为了更清楚地观察曲线，可单击工具栏中的"反色"按钮，去掉反色效果，背景就变成白色；还可以单击工具栏中的"网格"按钮，给曲线区域添加网格；单击"游标"按钮，添加两个游标，弹出一个数据窗口，显示 4 个节点对应游标所在时刻的电压大小等信息。观察电容充电过程，如图 3-41a 所示，分析电路参数对充电时间的影响，并将曲线复制下来，粘贴到项目报告中。

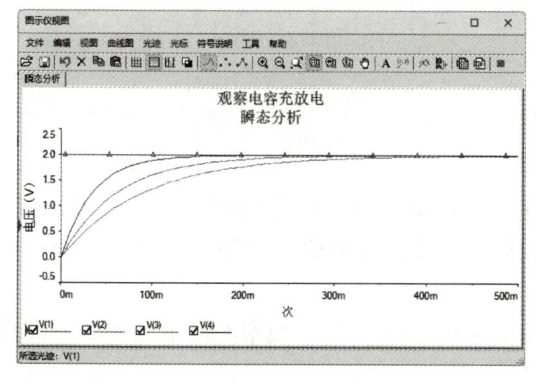

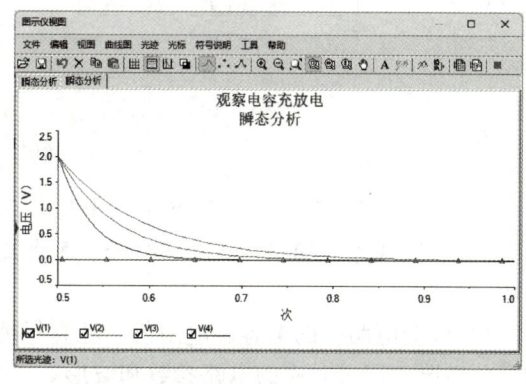

图 3-41 仿真曲线
a）电容充电仿真曲线 b）电容放电仿真曲线

3）按照步骤2）操作，只是把"分析参数"选项卡中的"起始时间"设为"0.5"s，"结束时间"设为"1"s，单击"Run"按钮，弹出"图示仪视图"窗口，观察电容放电过程，如图3-41b所示，分析电路参数对放电过程的影响，并将曲线复制下来，粘贴到项目报告中。

4）选择一组参数，在面包板上搭建实际电路，原理图如图3-39所示。直流电压2V，双踪示波器的两个输入通道分别接电源电压和电容电压，电源开关打到1位置，观察波形变化。

5）开关在1位置足够长时间，电容充电完成后，把开关迅速打到2位置观察波形变化。

6）计算各组参数对应的电路时间常数。

3.7.3 任务3 用Multisim仿真方波输入响应

在 RC 电路中，当输入信号为方波时，电容和电阻上的电压波形将随着电路时间常数的不同而改变。本任务是观察不同时间常数时，电容和电阻上的电压响应，以加深对时间常数作用的理解，并学习 RC 电路的特点以便今后更好地加以利用。

操作步骤及方法

1）设计一个 RC 仿真电路，输入方波信号频率为100Hz、幅度为1V，分别观察电容电压和电阻电压的变化波形。由于在仿真分析中，不能直接看元件上的电压，只能看到节点对参考点的电压，设计了仿真电路如图3-42a所示。图中 $R_1 = R_2$、$C_1 = C_2$，节点2的电位就等于 R_1、R_2 上的电压，相当于图3-42b中的 u_R；而节点3的电位就等于 C_1、C_2 上的电压，相当于图3-42b的 u_C。

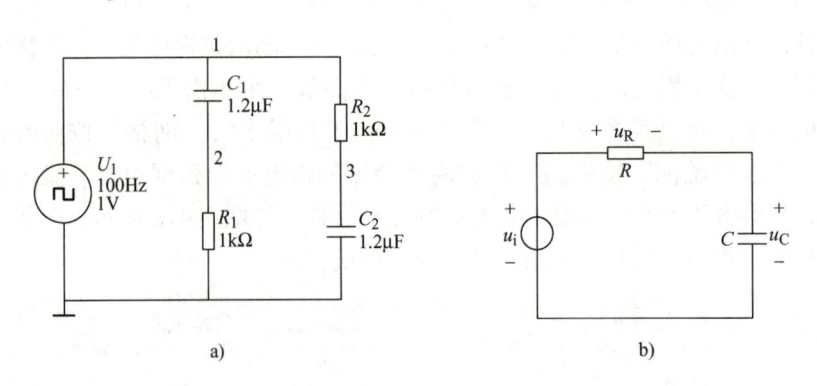

图3-42 方波响应电路图
a）仿真电路图 b）电路原理图

2）把节点1、节点2、节点3的电压作为仿真变量，进行瞬态分析（Transient Analysis），方法同任务1的步骤2），观察3~5个周期的波形，复制仿真电路，记录对应的电路参数和波形。

3）改变电路中的电容、电阻值，注意保持 $R_1 = R_2$、$C_1 = C_2$，观察不同电路参数时波形的变化情况，记录对应的电路参数和波形。

4）保持电路参数为图3-42a所示的数值，改变方波信号源的频率，观察波形变化，记录频率和波形；保持信号源频率在100Hz，改变方波信号源的占空比（Duty Cycle），观察波形变化，记录占空比和波形。

3.7.4 任务4 RC一阶电路响应测试

本任务是要用电阻和电容搭建一阶电路，并对电路的动态响应进行测量。一阶、二阶动态电路实验板如图 3-43 所示，利用该实验板上的电阻和电容来搭建一阶电路，用低频信号发生器产生输入信号，从电路板的激励输入端输入，用示波器观察响应端的波形。

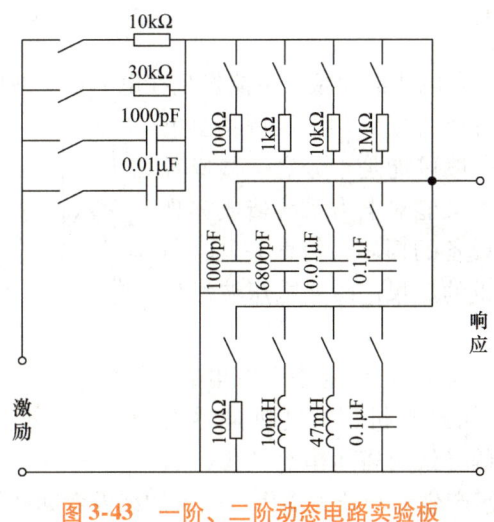

图 3-43 一阶、二阶动态电路实验板

1. 操作步骤及方法

1）从电路板上选 $R=10\text{k}\Omega$、$C=6800\text{pF}$ 组成如图 3-42b 所示的 RC 充放电电路，输出信号。u_i 为函数信号发生器输出的 $U_m=3\text{V}_{P-P}$、$f=1\text{kHz}$ 的方波电压信号，并通过两根同轴电缆线，将激励源 u_i 和响应 u_C 的信号分别连至示波器的两个输入口 Y_A 和 Y_B。这时可在示波器的屏幕上观察到激励与响应的变化规律，测算时间常数 τ。少量地改变电容值或电阻值，定性地观察对响应的影响，记录观察到的现象。

2）选择 $R=10\text{k}\Omega$，$C=0.1\mu\text{F}$，观察并描绘响应的波形，继续增大 C 的值，定性地观察对响应的影响。

3）选择 $C=0.01\mu\text{F}$，$R=100\Omega$，把图 3-42b 中的电阻和电容调换位置，电阻电压 u_R 作为输出响应信号。在同样的方波激励信号 u_i（$U_m=3\text{V}_{P-P}$、$f=1\text{kHz}$）作用下，观测并描绘激励与响应的波形。

2. 注意事项

1）当进行 RC 电路参数选择时，要注意时间常数的大小，避免充电过程太快，示波器难以观察到波形的变化。

2）输入信号的数值不能过大，以免损坏元件和设备。

3. 思考题

1）在任何电路中换路都能引起过渡过程吗？

2）电路的过渡过程持续时间与哪些量有关？

3）电动机带负载运行时能不能直接切断电源开关？为什么？

4）电路参数不变，改变方波信号的频率对输出信号有什么影响？

4. 项目报告

1）画出实验电路原理图，复制仿真电路和波形图，粘贴到项目报告中。
2）计算各个电路参数对应的时间常数。
3）记录通过仿真观察到的响应曲线，并记录响应曲线对应的时间常数和信号源幅值、频率、占空比等信息。

拓展阅读：瞬变电压

瞬变电压就是瞬间产生高电压的现象，可能发生在电力系统或电子电路中。比如在电力系统中，几百伏特的电压可能突变到几千伏特甚至更高，但是持续时间很短，一般可能是千分之一秒或者亿分之一秒级别。这种现象可能对电力系统造成灾难性损害，对用电设备造成设备的损坏、信息丢失、断电、信号中断或产生更严重的后果。瞬变电压波形如图 3-44 所示。

产生瞬变电压的原因，本质上是电路中有电容、电感这两种储能元件。比如发电机、电动机是感性的，再比如任意两条靠近的导线有寄生电容产生，通有交流电的导线有寄生电感产生。当开关动作、电机加载或者卸载等，就可能引起电压或者电流的瞬变。另外，雷击或静电放电时也可能产生电压、电流的瞬变现象。

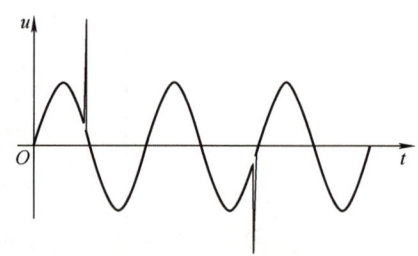

图 3-44 瞬变电压波形

由于瞬变现象在电力系统中的危害显而易见，为消除危害需要采用一些技术手段，有兴趣的读者可以查阅相关资料。另一方面，产品的小型化趋势使得产品对电气应力日益敏感。以微处理器为例，其结构和导电通路无法处理由静电放电的瞬变现象产生的强电流。因为这类产品的操作电压非常低，必须控制电压干扰以防设备断路、潜在隐患或灾难性事件的发生。目前，敏感微处理器广泛应用于工业控制设备、家用电器、玩具等，因此瞬变现象越来越多地受到关注，相关技术的研究和解决方案也层出不穷，有兴趣的读者可以自行研究探索。

3.8 习题

3.1 在图 3-45 所示电路中，已知 $U_S = 5\text{V}$，$R_1 = 10\Omega$，$R_2 = 5\Omega$，开关 S 在闭合前电容没储能。试求开关合瞬间电容的初始电压 $u_C(0_+)$ 和电流 $i_C(0_+)$。

3.2 在图 3-46 所示电路中，已知 $U_S = 12\text{V}$，$R_1 = 4\text{k}\Omega$，$R_2 = 8\text{k}\Omega$，$C = 1\mu\text{F}$，电路已经稳定。当 $t = 0$ 时，开关 S 被打开。试求初始值 $u_C(0_+)$、$i_C(0_+)$、$i_1(0_+)$ 和 $i_2(0_+)$。

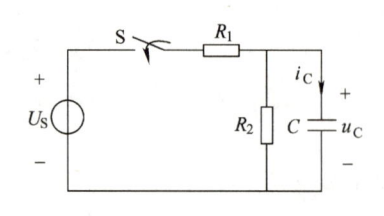

图 3-45 习题 3.1 图

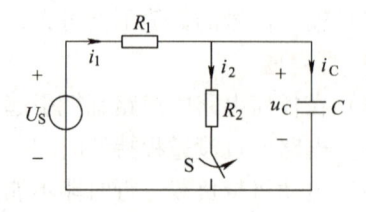

图 3-46 习题 3.2 图

3.3　在图 3-47 所示电路中，$U_S=12V$，$R_1=20\Omega$，$R_2=30\Omega$，开关 S 动作前电路已处于稳态，当 $t=0$ 时，闭合开关。试求开关闭合后电路的初始值 $i_C(0_+)$、$i_1(0_+)$ 和 $i(0_+)$。

3.4　在图 3-48 所示电路中，已知 $U_S=4V$，$R_1=R_2=10\Omega$，电感元件没储能。$t=0$ 时开关 S 被闭合。试求开关闭合后电路的初始值 $i(0_+)$、$i_1(0_+)$、$i_2(0_+)$ 和 $u_L(0_+)$。

3.5　在图 3-49 所示电路中，已知 $U_S=5V$，$R_1=4\Omega$，$R_2=6\Omega$，$L=5mH$，$t=0$ 时，开关 S 闭合，开关闭合前电路稳定。试求初始值 $i_L(0_+)$ 和 $u_L(0_+)$。

3.6　电路如图 3-50 所示，已知 $U_S=10V$，$R=4\Omega$，$R_1=5\Omega$，$R_2=6\Omega$，开关 S 打开前电路稳定。试求打开开关 S 后的初始值 $i(0_+)$、$i_1(0_+)$、$i_2(0_+)$ 和 $u_L(0_+)$。

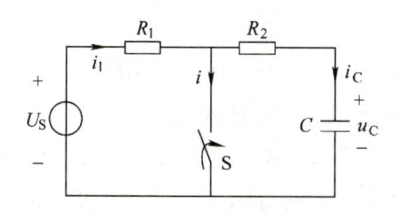

图 3-47　习题 3.3 图

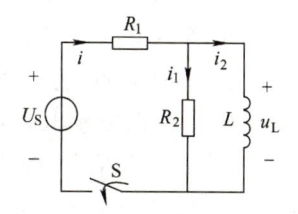

图 3-48　习题 3.4 图

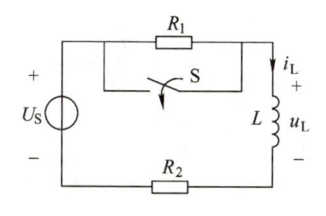

图 3-49　习题 3.5 图

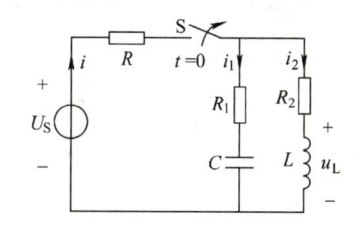

图 3-50　习题 3.6 图

3.7　电路如图 3-51 所示，已知 $U_S=12V$，$R_1=1k\Omega$，$R_2=2k\Omega$，$R_3=3k\Omega$，$C=10\mu F$。开关动作前电路已处于稳态，$t=0$ 时打开开关 S。试求换路后电容两端电压 u_C 及电流 i_C。

3.8　在图 3-52 所示电路中，已知 $C=100\mu F$，电容原先储存的电场能量为 $W_C=0.5J$，开关 S 被闭合后，$i(0_+)=0.1A$。试求电阻 R、时间常数 τ 及换路后的 u_C 和 $t=0.3s$ 时 u_C 的值。

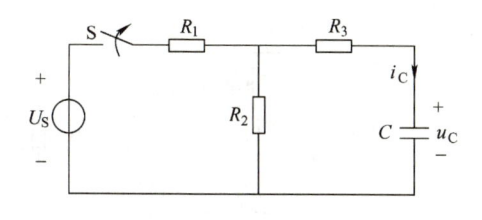

图 3-51　习题 3.7 图

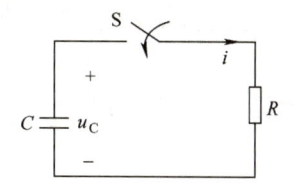

图 3-52　习题 3.8 图

3.9　在图 3-53 所示电路中，已知 $U_S=10V$，$R_1=20\Omega$，$R_2=40\Omega$，$L=20mH$，打开开关 S 前电路已处于稳态。$t=0$ 时开关被打开。试求开关打开后的 i_1、i_2 和 u_L。

3.10　在图 3-54 所示电路中，已知 $U=24V$，$R_1=2\Omega$，$R_2=10\Omega$，$L=100H$，换路前电路稳定。$t=0$ 时闭合开关。试求换路后的 u_L 和 i_L 以及当 i_L 减小到其初始值 50% 时所需的时间。

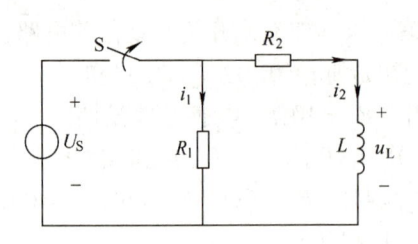

图 3-53 习题 3.9 图

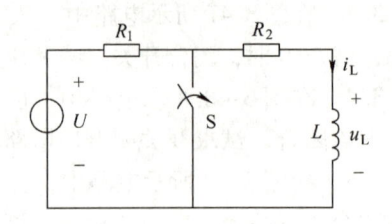

图 3-54 习题 3.10 图

3.11 已知 RC 串联电路中 $C=2\mu F$，$R=5k\Omega$，在 $t=0$ 时与一个 $U_S=100V$ 的直流电压源接通。试求当 $t\geq 0$ 时电容电压和电流的表达式。

3.12 已知 RL 串联电路，$R=50\Omega$，$L=0.2H$，在 $t=0$ 时与一个 $U_S=100V$ 的直流电压源接通。试求 $t\geq 0$ 时电感电流 i_L、电感电压 u_L 和电阻电压 u_R 的表达式。

3.13 在图 3-55 所示电路中，已知 $U_S=100V$，$R_1=R_3=10\Omega$，$R_2=20\Omega$，$C=50\mu F$，打开开关 S 前电路已处于稳态。在 $t=0$ 时开关被打开。试求当 $t\geq 0$ 时电容电压 u_C 及电流 i_C。

3.14 在图 3-56 所示电路中，开关原来置于 1 位置上，电路处于稳态，在 $t=0$ 时将开关 S 置于 2 位置上。试求当 $t\geq 0$ 时电感电流 i_L 和电感电压 u_L 的表达式。

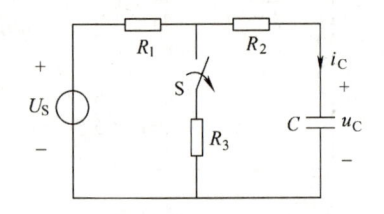

图 3-55 习题 3.13 图

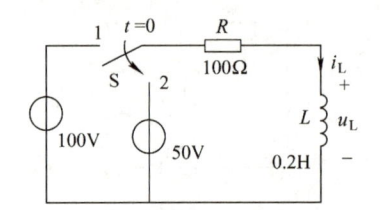

图 3-56 习题 3.14 图

3.15 电路如图 3-57 所示，已知 $U_S=10V$，$R_1=R_2=10\Omega$，$L=0.5H$，电路原已稳定。$t=0$ 时开关 S 被闭合。试用三要素法求开关闭合后的 i_L、i_1 和 u_L 的响应。

3.16 电路如图 3-58 所示，电路原已稳定，$t=0$ 时开关被闭合。试用三要素法求开关闭合后电流 i_1、i_2 的响应。

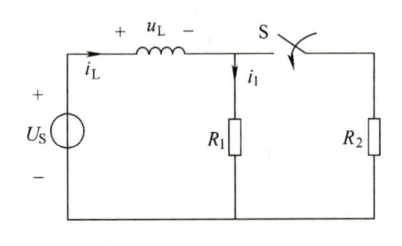

图 3-57 习题 3.15 图

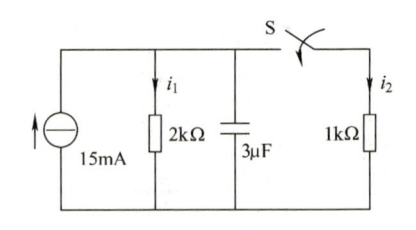

图 3-58 习题 3.16 图

3.17 电路如图 3-59 所示，开关 S 在被闭合前，电路原已稳定，$t=0$ 时开关 S 被闭合。试求当 $t\geq 0$ 时电流 i_1、i_L 的表达式。

3.18 在图 3-60 所示电路中，开关 S 被打开许久，$t=0$ 时开关 S 被闭合。试用三要素法求当 $t\geq 0$ 时电流 i_L 和电压 u_R 的表达式。

图 3-59　习题 3.17 图　　　　　　图 3-60　习题 3.18 图

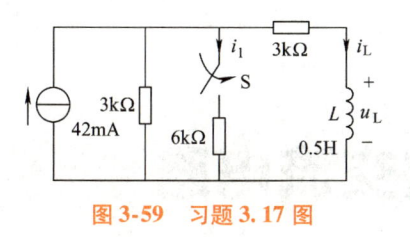

3.19　在图 3-61 所示电路中，已知 $u_S = 3\varepsilon(t)$，$R = 6.8\text{k}\Omega$，$L = 1.25\text{H}$。试求电感电压和电流的响应。

3.20　电路如图 3-62 所示，激励源 i_S 为一矩形脉冲，幅度为 2A，脉宽为 2s。试求电容电压的响应。

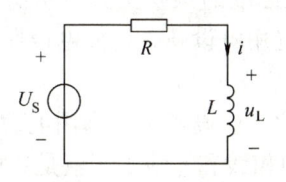

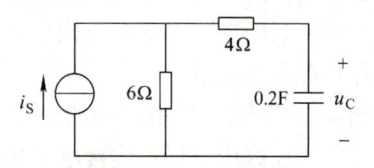

图 3-61　习题 3.19 图　　　　　　图 3-62　习题 3.20 图

第4章 正弦交流电路

引例：家庭用电设备电路

我国和大多数国家采用220V、50Hz标准的正弦交流电压供电（供电电压范围是220~240V）；美国、日本、加拿大等少数国家采用110V、60Hz标准的正弦交流电压供电（供电电压范围是90~120V）。因此在美国、日本等国购买的家庭用电设备，比如电饭煲、电吹风等，在我国不能直接使用。

由于我国工矿企业、家庭常用的交流电压是220V，因此工业设备和家庭用电设备的额定电压就是220V。家庭用电设备连接电路如图4-1所示，图中相线和零线之间就是220V、50Hz的正弦交流电压。电源线入户之前，先经过电表；入户之后，先接入电源箱。电源箱中左侧为总开关，一般采用漏电保护开关，右侧为断路器。每个断路器控制一路电路，接入一定的电器设备。一般情况下，根据房间以及家电的功率尽量均匀分布每一路负载。比如书房有照明灯具、计算机、电视机等用电器以及若干备用插座；厨房有电冰箱、电饭煲等家电以及若干备用插座。

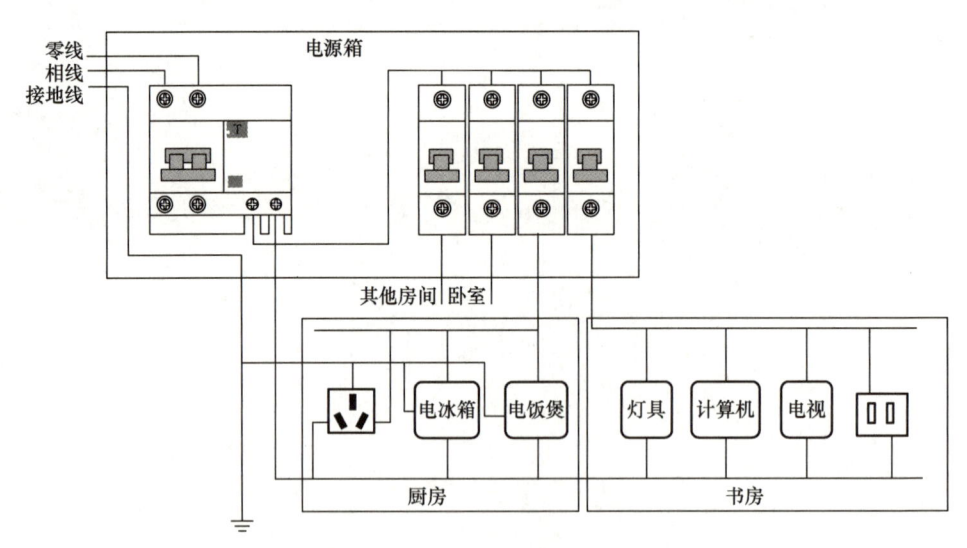

图4-1 家庭用电设备连接电路

观察自家电器就会发现，电冰箱、电饭煲、空调等设备的插座是三孔，而台灯、电视机等设备的插座是两孔。原因是当用电设备功率比较大时，就要连接接地线，也就是将用电设备的金属外壳与大地相连，以防止设备外壳带电，人体触碰后受到电击。

无论是家庭还是工农业生产，都会频繁地用到交流电路，对于交流电路的分析计算就非常重要。交流电路有哪些专有名词？与直流电路有什么差别？在直流电路部分学到的定律、定理以及分析计算方法是否适用于交流电路？还有哪些交流电路特有的分析计算方法？在下面的内容中一一介绍。

培养目标

1. 知识目标

1）熟练掌握正弦量的基本概念。
2）熟练掌握正弦量的相量表示法以及正弦交流电路中元件的伏安关系。
3）熟练掌握分析计算正弦交流电路、正弦交流功率的方法。
4）熟练掌握电路的谐振现象和电路的频率响应。
5）掌握功率因数的提高方法。

2. 能力目标

1）能够用相量表示正弦量，并能根据已知条件画相量图。
2）能够应用电路的基本定律、定理对交流电路进行分析计算。
3）能够应用电路的基本分析方法对交流电路进行分析计算。
4）能够按照要求搭建实验电路，会对电路进行测量、对测量数据进行分析处理，并形成报告。
5）会使用仿真软件对电路进行仿真。

3. 素养目标

1）具有良好的学习习惯，积极思考，及时总结。
2）具有自主学习的能力，通过多种方式获取知识。
3）具有良好的实验习惯，自觉遵守规章制度。

4.1 正弦量的基本概念

在发电厂，发电机产生的是大小和方向都随时间按正弦规律变化的交流电。正弦交流电广泛应用在人们日常的生产和生活中。大多数用电设备、家用电器等使用的都是正弦交流电；对于非正弦的周期性变化的电信号，也可以将其分解成不同频率的正弦量的叠加。正弦电路建立的概念和方法是解决各种电路问题的工具，因此，学习正弦交流电路非常重要。

正弦交流电应用广泛的原因是它便于产生、输送、分配和使用。比如，交流电动机与相同功率的直流电动机相比结构简单，成本低，使用维护方便；对于需要直流电的场合，还可以应用整流装置，将交流电变换成所需的直流电。

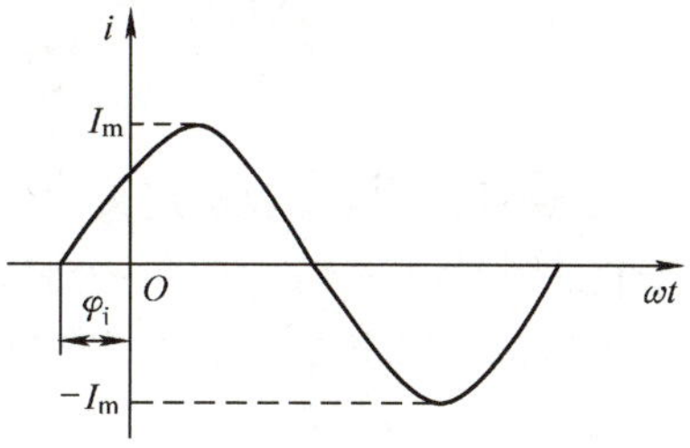

凡大小和方向随时间按正弦规律变化的电压、电流、电动势等统称为正弦量。以电流为例，正弦电流的波形图如图4-2所示。其数学表达式为

图 4-2 正弦电流的波形图

$$i = I_m \sin(\omega t + \varphi_i) \tag{4-1}$$

式中，I_m 为振幅，也叫作幅值、最大值；ω 为角频率；φ_i 为初相位，简称为初相。可见，电流 i 与时间 t 的关系由 I_m、ω、φ_i 决定，同时这 3 个量也是正弦量之间进行比较和区别的依

据，因此最大值、角频率（或者频率 f）、初相称为正弦量的三要素。

4.1.1 瞬时值、最大值、有效值

瞬时值是指交流量任意瞬间的数值大小，用小写字母来表示。如电流 i、电压 u、电动势 e。正弦电流 i 的瞬时值的表达式见式（4-1）。电压和电动势的瞬时值表达式分别为

$$u = U_m \sin(\omega t + \varphi_u)$$

$$e = E_m \sin(\omega t + \varphi_e)$$

在图 4-2 所示的正弦电流波形图中，电流大小和方向随时间周期性变化。当电流值达到最大时称为振幅，也叫作幅值、最大值，用大写字母加"m"下标表示，如用 I_m 表示电流的最大值，用 U_m、E_m 表示电压、电动势的最大值。

通常所讲的正弦电流或电压的大小，均是指有效值，而不是最大值。如交流电压 380V 或 220V 都是指电压的有效值，它们的最大值分别为 537V 和 311V。交流设备铭牌标注的电压、电流均为有效值；交流电压表和电流表的读数也是有效值。有效值用大写字母表示，如电流的有效值为 I，电压的有效值为 U，电动势的有效值为 E。

有效值是按能量等效的概念来定义的。以电流为例，设两个相同电阻 R 分别通入周期为 T 的交流电流 i 和直流电流 I。交流电流电阻电路和直流电流电阻电路如图 4-3 所示。交流电流 i 通过 R 在一个周期 T 内消耗的能量为

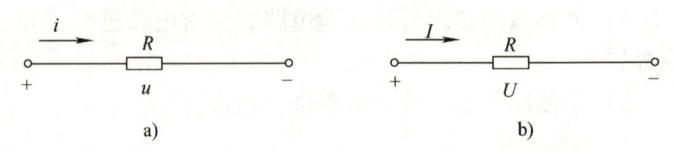

图 4-3 交流电流电阻电路和直流电流电阻电路
a) 交流电流电阻电路 b) 直流电流电阻电路

$$W = \int_0^T R i^2 \mathrm{d}t$$

直流电流 I 通过 R 在相同时间 T 内消耗的能量为

$$W' = R I^2 T$$

如果以上两种情况下的能量相等，即 $W = W'$，则有

$$R I^2 T = \int_0^T R i^2 \mathrm{d}t$$

因此有

$$I = \sqrt{\frac{1}{T} \int_0^T i^2 \mathrm{d}t} \tag{4-2}$$

式（4-2）中的 I 就被定义为交流电流的有效值。它表明，周期变化的交流电流的有效值等于它的瞬时值的二次方在一个周期内取平均值后再开二次方，因此有效值又称为方均根值。

类似地可以定义交流电压有效值为

$$U = \sqrt{\frac{1}{T} \int_0^T u^2 \mathrm{d}t}$$

若交流电流为正弦量，即 $i = I_m \sin \omega t$，则有

$$I = \sqrt{\frac{1}{T} \int_0^T i^2 \mathrm{d}t} = \sqrt{\frac{1}{T} \int_0^T I_m^2 \sin^2 \omega t \, \mathrm{d}t} = \sqrt{\frac{I_m^2}{T} \int_0^T \frac{1 - \cos 2\omega t}{2} \mathrm{d}t} = \frac{I_m}{\sqrt{2}}$$

即

$$I = \frac{I_m}{\sqrt{2}} \text{（或} I_m = \sqrt{2} I\text{）} \tag{4-3}$$

同理，对于正弦交流电压、电动势有

$$U = \frac{U_m}{\sqrt{2}} \text{（或} U_m = \sqrt{2} U\text{）} \quad \text{和} \quad E = \frac{E_m}{\sqrt{2}} \text{（或} E_m = \sqrt{2} E\text{）}$$

【例 4-1】 已知电源电压的瞬时值表达式为 $u = 220\sqrt{2}\sin(314t + 30°)\text{V}$。试写出电压有效值和最大值。有一耐压为 300V 的电容，能否接在该电源上？

解： 电压有效值 $U = 220\text{V}$，最大值 $U_m = \sqrt{2} U = 311\text{V} > 300\text{V}$，所以不能将这个电容接在该电源上。

4.1.2 周期、频率、角频率

正弦量完成一次变化所需要的时间称为周期，用 T 表示，单位为 s（秒）；正弦量每秒变化的次数称为正弦量的频率，用字母 f 表示，单位为 Hz（赫兹）。我国和其他大多数国家都采用 50Hz 作为电力工业标准频率，简称为工频；少数国家（如日本、美国等）采用 60Hz 作为电力工业标准频率。

由定义可知，频率和周期互为倒数，即

$$f = \frac{1}{T}$$

正弦量每秒变化的弧度数称为正弦量的角频率，用 ω 表示，单位为 rad/s（弧度每秒）。角频率同周期、频率的关系为

$$\omega = \frac{2\pi}{T} = 2\pi f$$

对于工频 50Hz 的正弦量，它的周期是 0.02s，角频率是 314rad/s。正弦量的周期、频率、角频率反映的是正弦量变化的快慢。

4.1.3 相位、初相、相位差

正弦电流的一般表达式为 $i = I_m\sin(\omega t + \varphi_i)$。式中的 $\omega t + \varphi_i$ 叫作相位，相位反映了正弦量随时间变化的进程。当 $t = 0$ 时，相位为 φ_i，称为初相。初相的范围规定为 $-180° \sim 180°$。

正弦量是随时间不断变化的，在研究正弦量时，计时起点选择不同，正弦量的初相也就不同。不同初相的电流波形图如图 4-4 所示。对图 4-4 中所示的同一正弦电流，图 4-4a 和图 4-4b 的计时起点不同。当波形如图 4-4a 所示时，$t = 0$ 时刻的电流值大于零，即 $i = I_m\sin\varphi_i > 0$，因此，φ_i 为正值，即初相大于零；当波形如图 4-4b 所示时，$t = 0$ 时刻的电流值小于零，即 $i = I_m\sin\varphi_i < 0$，φ_i 为负值，即初相小于零。

在线性电路中的同一正弦电源作用下，各处的电压和电流均为同频率的正弦量。对于两个同频率的正弦量，如电压 $u = U_m\sin(\omega t + \varphi_u)$ 和电流 $i = I_m\sin(\omega t + \varphi_i)$，它们的相位分别为 $(\omega t + \varphi_u)$ 和 $(\omega t + \varphi_i)$，电压和电流的相位差为

$$\varphi = (\omega t + \varphi_u) - (\omega t + \varphi_i) = \varphi_u - \varphi_i$$

此式表明，对同频率的正弦量，相位差等于初相之差。

正弦量的相位关系如图 4-5 所示。两个同频率的正弦量，当电压和电流相位之差 $\varphi > 0$ 时，电压 u 的相位超前电流 i 的相位一个角度 φ，简称为电压 u 超前电流 i，如图 4-5a 所示；反之，当 $\varphi < 0$ 时，电压 u 的相位滞后电流 i 的相位一个角度 φ；当 $\varphi = 0$ 时，电压 u 和电流 i 同相，如图 4-5b 所示；当 $\varphi = \pm \pi/2$ 时，称为正交，如图 4-5c 所示；当 $\varphi = \pi$ 时，称为反相，如图 4-5d 所示。

在比较两个正弦量的相位关系时，为了使计算简单，通常选择其中的一个正弦量作为参考正弦量，并设它的初相为零。

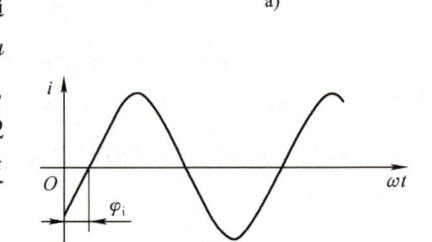

对于同频率的两个正弦量，相位差是一个定数，与计时起点的选择无关。不同计时起点的正弦量波形图如图 4-6 所示。在如图 4-6a 所示的波形中，电压超前电流 φ，将计时起点改变后，波形如图 4-6b 所示，相当于坐标向左或向右平移，而电压和电流波形的相位关系没发生任何改变，电压仍然超前电流 φ。

图 4-4 不同初相的电流波形图
a) 初相大于零 b) 初相小于零

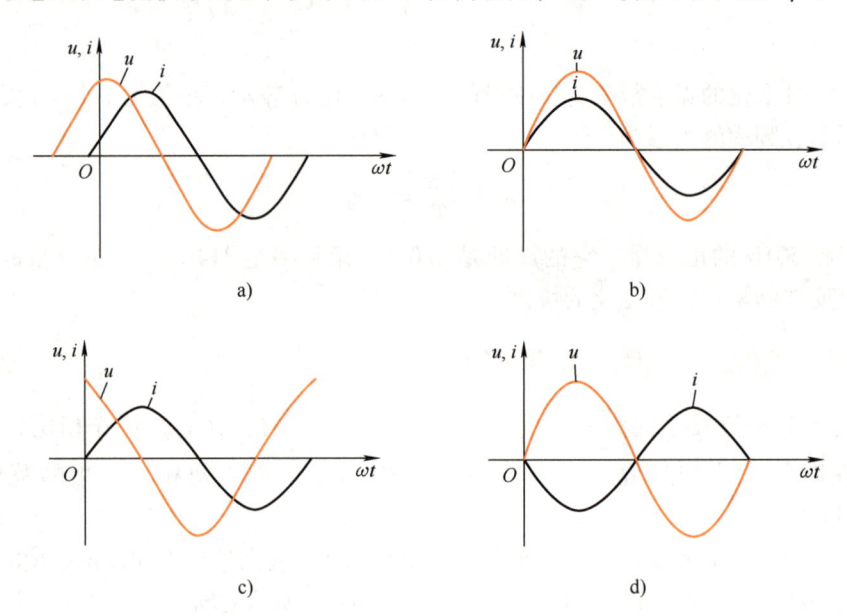

图 4-5 正弦量的相位关系
a) 电压超前电流 b) 电压和电流同相 c) 电压和电流正交 d) 电压和电流反相

对于不同频率的正弦量，它们的相位差不是常数，这里不进行讨论。

【例 4-2】 电流的波形如图 4-7 所示。试写出电流的周期、频率、角频率及瞬时值表达式，并求当 $t = 1.5 \text{ms}$ 时的电流值。

解：从波形图中看出电流最大值 $I_m = 3\text{A}$；周期 $T = 6\text{ms}$，频率、角频率、瞬时值表达式

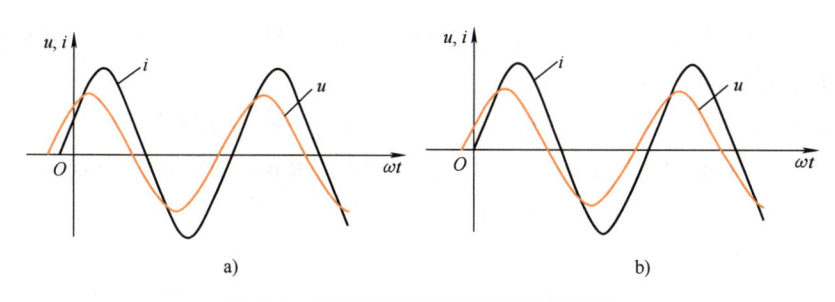

图 4-6 不同计时起点的正弦量波形图

a) 计时起点改变之前的波形　b) 计时起点改变之后的波形

分别为

$$f = \frac{1}{T} = 166.67\text{Hz}$$

$$\omega = \frac{2\pi}{T} = \frac{\pi}{3} \times 10^3 \text{rad/s} = 1047.2\text{rad/s}$$

$$\varphi_i = \omega t_{(1\text{ms})} = \frac{\pi}{3} \times 10^3 \times 1 \times 10^{-3} = \frac{\pi}{3} = 60°$$

$$i = I_m \sin(\omega t + \varphi_i) = 3\sin\left(\frac{\pi}{3} \times 10^3 t + \frac{\pi}{3}\right)\text{A} = 3\sin(1047.2t + 60°)\text{A}$$

当 $t = 1.5\text{ms}$ 时，有

$$i_{(1.5\text{ms})} = 3\sin\left(\frac{\pi}{3} \times 1.5 + \frac{\pi}{3}\right) = 1.5\text{A}$$

图 4-7 例 4-2 图

【例 4-3】 已知电压和电流的瞬时值表达式分别为 $u = 220\sqrt{2}\sin(314t + 60°)\text{V}$ 和 $i = 5\sqrt{2}\sin(314t + 90°)\text{A}$。试判断电压和电流的相位关系。若以电流为参考正弦量，则电压的初相是多少？

解：由表达式可知 $\varphi_u = 60°$，$\varphi_i = 90°$，$\varphi_u - \varphi_i = -30°$。因此电流超前电压 $30°$。如果以电流为参考正弦量，电流的初相就为零，电压和电流的相位差不变，故电压的初相位为 $-30°$。

4.2 正弦量的相量表示和相量图

由于一个正弦量由幅值、频率和初相三要素来确定，所以要完整描述一个正弦量只要把这三要素表示清楚就可以了。表示正弦量的形式有多种，可以用三角函数表达式表示，如式（4-1）所示；也可以用波形图来表示，如图 4-2 所示。在对电路进行定量分析计算时，波形图显然不方便，而用三角函数表达式表示正弦量时，要借助三角函数运算，烦琐复杂。为此，引入相量表示法，用复数来表示正弦量。把正弦量的计算问题，转化为复数的运算，从而大大简化运算。

4.2.1 复数及其运算

复数可以有多种表示形式，设复数为 A，则可以表示为

$$A = a + jb \tag{4-4}$$

该式称为代数式，式中的 $j = \sqrt{-1}$ 为虚数单位。

设一个复平面的横坐标为实轴,纵坐标为虚轴。可以把复数用一个相量在复平面上表示出来,复平面上的复数如图 4-8 所示。A 在实轴的投影 a 称为实部;虚轴的投影 b 称为虚部;与实轴的正半轴夹角 φ 称为该复数的辐角,该相量的长度 $|A|$ 称为复数 A 的模。

由图 4-8 所示可见,$a = |A|\cos\varphi$,$b = |A|\sin\varphi$。把 a、b 代入式 (4-4) 中,有

$$A = |A|(\cos\varphi + j\sin\varphi)$$

称该式为复数的三角函数式,并且有

$$|A| = \sqrt{a^2 + b^2},\ \tan\varphi = \frac{b}{a},\ \varphi = \arctan\frac{b}{a}$$

根据欧拉公式 $e^{j\varphi} = \cos\varphi + j\sin\varphi$,复数的三角函数式改写成

$$A = |A|e^{j\varphi}$$

称该式为复数的指数式。也可以简写成

$$A = |A|\angle\varphi$$

称为复数的极坐标式。

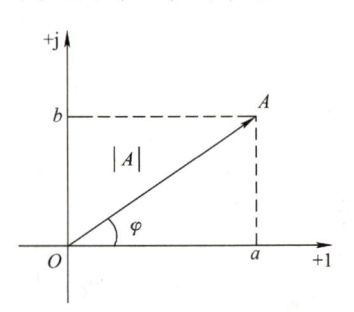

图 4-8 复平面上的复数

复数的代数式、三角函数式、指数式以及极坐标式之间可以互相转换。在一般情况下,复数的加减运算用代数式进行;复数的乘除运算用指数式或者极坐标式进行。

在进行复数相加减时,实部和实部相加(减)等于和(差)的实部,虚部和虚部相加(减)等于和(差)的虚部。

设有两个复数 $A = a_1 + jb_1$,$B = a_2 + jb_2$

则 $A \pm B = (a_1 \pm a_2) + j(b_1 \pm b_2)$

复数的加减运算也可在复平面上用平行四边形法则、三角形法则作图完成。图 4-9a 所示为复数加法运算,图 4-9b 所示为复数减法运算。

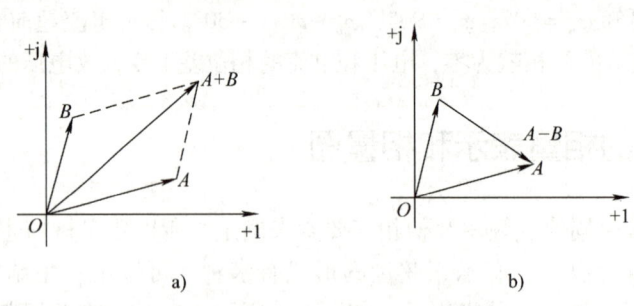

图 4-9 复数的加减运算
a) 复数加法运算   b) 复数减法运算

【例 4-4】 已知复数 $A = 32\angle-120°$,$B = 38\angle 45°$。试写出它们的代数式,并计算它们的和。

解: $A = 32\angle-120° = 32\cos(-120°) + j32\sin(-120°) = -16 - j27.7$

$B = 38\angle 45° = 38\cos 45° + j38\sin 45° = 26.87 + j26.87$

$A + B = -16 + 26.87 - j27.7 + j26.87 = 10.87 - j0.83 = 10.9\angle-4.37°$

在进行复数相乘时，模和模相乘等于积的模，辐角和辐角相加，等于积的辐角；在进行复数相除时，模和模相除等于商的模，辐角和辐角相减，等于商的辐角。

设有复数 $\quad A = |A|\angle\varphi_a, B = |B|\angle\varphi_b$

乘法 $\quad AB = |A|\angle\varphi_a \times |B|\angle\varphi_b = |A||B|\angle(\varphi_a + \varphi_b)$

除法 $\quad \dfrac{A}{B} = \dfrac{|A|\angle\varphi_a}{|B|\angle\varphi_b} = \dfrac{|A|}{|B|}\angle(\varphi_a - \varphi_b)$

把模等于"1"的复数（如 $e^{j\varphi}$、$e^{j\frac{\pi}{2}}$、$e^{j\pi}$ 等）称为旋转因子，如图 4-10 所示。例如，把任意复数 A 乘以 j（$j = e^{j\frac{\pi}{2}}$）就等于把复数 A 在复平面上逆时针旋转 90°，表示为 jA，故把 j 称为旋转 90°的旋转因子。

【例 4-5】 复数 $A = 8 + j10$，$B = 13 - j21$。写出它们的极坐标式，并求它们的乘积和商。

解： $A = 8 + j10 = 12.8\angle 51.3°$

$B = 13 - j21 = 24.7\angle -58.2°$

$AB = 12.8 \times 24.7\angle(51.3° - 58.2°) = 316.16\angle -6.9°$

$\dfrac{A}{B} = \dfrac{12.8\angle 51.3°}{24.7\angle -58.2°} = 0.52\angle 109.5°$

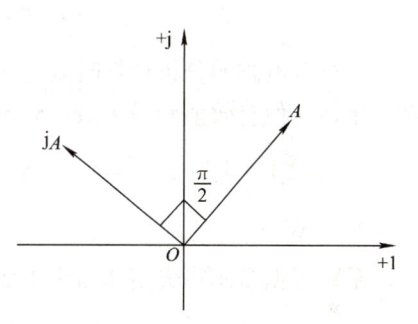

图 4-10 旋转因子

4.2.2 正弦量的相量表示

对于任意一个正弦量，都能找到一个与之相对应的复数，由于这个复数与一个正弦量相对应，所以把这个复数称为相量。以极坐标表示法为例，用复数的模表示正弦量的大小，用复数的辐角表示正弦量的初相，在大写字母上加一点用来表示正弦量的相量。如电流、电压和电动势，最大值相量符号分别为 $\dot{I}_m$、$\dot{U}_m$ 和 $\dot{E}_m$；有效值相量符号分别为 $\dot{I}$、$\dot{U}$ 和 $\dot{E}$。

对于正弦量 $i = I_m\sin(\omega t + \varphi_i)$，它的有效值相量式为

$$\dot{I} = I\angle\varphi_i$$

它包含了正弦量三要素中的两个要素——有效值（大小）和初相（计时起点），没有体现频率（变化快慢）这一要素。一个实际的线性正弦稳态电路，它的频率决定于激励源的频率，因此，在电路中各处的频率相等且保持不变，故用相量来表示正弦量并对正弦稳态电路进行分析计算是合理的。用相量可以表示正弦量，虽然它与正弦量有一一对应的关系，但相量不等于正弦量。如 $\dot{I}$ 表示正弦电流 i，但不能写成 $\dot{I} = i$。

【例 4-6】 已知两个正弦电流 $i_1 = 70.7\sin(314t - 30°)$ A，$i_2 = 60\sin(314t + 60°)$ A，求 $i = i_1 + i_2$。

解：
$$\dot{I}_{1m} = 70.7\underline{/-30°}\ \text{A}$$
$$\dot{I}_{2m} = 60\underline{/60°}\ \text{A}$$
$$\dot{I}_m = \dot{I}_{1m} + \dot{I}_{2m} = 92.7\underline{/10.3°}\ \text{A}$$

所以
$$i = 92.7\sin(314t + 10.3°)\ \text{A}$$

在多个同频率的正弦量运算时，同样可以转换成对应相量的代数运算，如基尔霍夫定律的相量表达形式为

$$\Sigma i = 0 \rightarrow \Sigma \dot{I} = 0,\ \Sigma u = 0 \rightarrow \Sigma \dot{U} = 0$$

在进行电路的分析计算时要注意，正弦交流量的瞬时值表达式和相量表达式都满足基尔霍夫定律，但有效值和最大值不满足这一定律。

【例4-7】 电路如图4-11所示，已知 $\dot{I}_1 = 5\underline{/53.1°}\ \text{A}$，$\dot{I}_2 = 4\underline{/-30°}\ \text{A}$，$\dot{U}_1 = 2\underline{/-30°}\ \text{V}$，$\dot{U}_2 = 4\underline{/60°}\ \text{V}$。求电流 $\dot{I}$ 和电压 $\dot{U}$。

解：根据基尔霍夫定律写出电流相量的关系，即

$$\dot{I}_1 = 5\underline{/53.1°}\ \text{A} = (3+j4)\ \text{A}$$
$$\dot{I}_2 = 4\underline{/-30°}\ \text{A} = (3.46-j2)\ \text{A}$$
$$\dot{I} = \dot{I}_1 + \dot{I}_2$$
$$= (6.46+j2)\ \text{A} = 6.76\underline{/17.2°}\ \text{A}$$

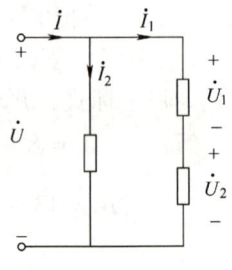

图4-11 例4-7图

写出电压相量的关系，即

$$\dot{U}_1 = 2\underline{/-30°}\ \text{V} = (1.732-j1)\ \text{V}$$
$$\dot{U}_2 = 4\underline{/60°}\ \text{V} = (2+j3.464)\ \text{V}$$
$$\dot{U} = \dot{U}_1 + \dot{U}_2$$
$$= (3.73+j2.46)\ \text{V} = 4.47\underline{/33.4°}\ \text{V}$$

4.2.3 相量图

将正弦量的相量画在复平面上就成为相量图。当几个正弦量为同频率时，可以画在同一个相量图中。例如：$\dot{I}_1 = 2\underline{/30°}\ \text{A}$，$\dot{I}_2 = 3\underline{/70°}\ \text{A}$，$\dot{U} = 2.5\underline{/-45°}\ \text{V}$。将它们画在同一个相量图中，正弦量的相量图如图4-12所示。图中的坐标可省略。也可以利用相量图进行正弦量的加减运算，方法与复数的运算相同。当几个正弦量的频率不相同时，它们的相位关系不定，不能表示在同一个相量图中。

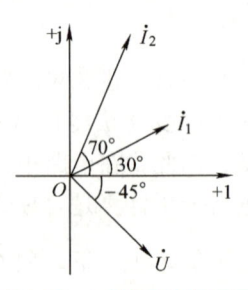

图4-12 正弦量的相量图

4.3 正弦交流电路中的元器件

4.3.1 正弦电路中的基本元器件

1. 正弦电路中的电阻元件

在图 4-13a 所示的电阻电路中，假设正弦交流电压 u 和电流 i 为相关联参考方向，设电阻中流过的正弦电流瞬时值表达式为 $i = \sqrt{2}I\sin(\omega t + \varphi_i)$，根据欧姆定律有

$$u = iR = \sqrt{2}RI\sin(\omega t + \varphi_i) = \sqrt{2}U\sin(\omega t + \varphi_u) \tag{4-5}$$

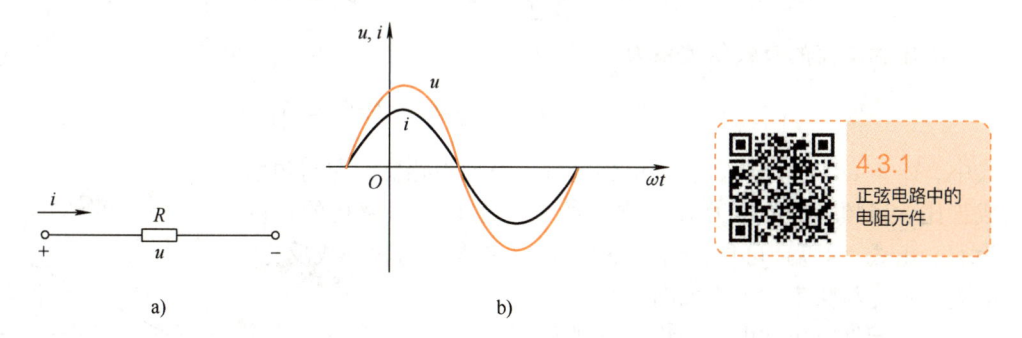

图 4-13　电阻电路图与其电压、电流波形图
a) 电阻电路图　b) 电阻电路的电压、电流波形图

从式（4-5）可看出，u、i 频率相同，相位相同，电压与电流的相位差 $\varphi = \varphi_u - \varphi_i = 0°$。电阻电路的电压、电流波形如图 4-13b 所示。

根据电流以及电压表达式，分别写出 i、u 的有效值相量为

$$\dot{I} = I\angle\varphi_i$$

$$\dot{U} = U\angle\varphi_u$$

由式（4-5）可知，$U = IR$，因此有

$$\frac{\dot{U}}{\dot{I}} = \frac{U}{I}\angle\varphi_u - \varphi_i = R \text{ 或 } \dot{U} = \dot{I}R$$

可见，电阻元件的相量模型与时域模型相同。图 4-14 所示为电阻元件电压和电流的相量图。

2. 正弦电路中的电感元件

在电感电路中，若正弦交流电压 u 和电流 i 为相关联参考方向，则设电感中流过的正弦电流为 $i = \sqrt{2}I\sin(\omega t + \varphi_i)$，根据电感元件约束关系式，有

$$u = L\frac{di}{dt} = \sqrt{2}\omega LI\sin\left(\omega t + \varphi_i + \frac{\pi}{2}\right) = \sqrt{2}U\sin(\omega t + \varphi_u) \tag{4-6}$$

可见，电压和电流是频率相同的正弦量，并且电感电压的相位超前电流 90°。电感元件电压和电流波形图如图 4-15 所示。

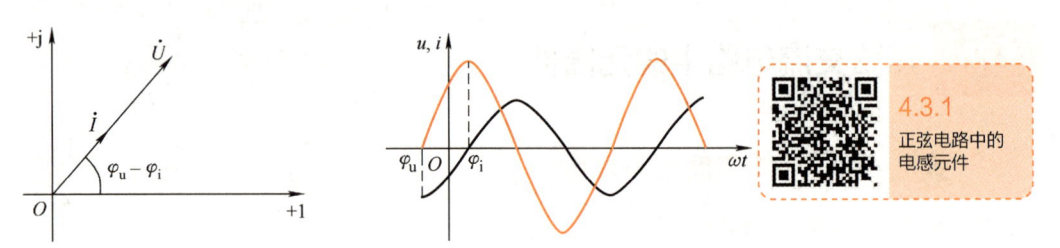

图 4-14 电阻元件电压和电流的相量图　图 4-15 电感元件电压和电流波形图

由式（4-6）可得到电压和电流的相位关系与大小关系。相位关系满足

$$\varphi_u = \varphi_i + \frac{\pi}{2} \text{ 或 } \varphi = \varphi_u - \varphi_i = 90°$$

电压和电流的有效值关系为

$$U = \omega L I \text{ 或 } \frac{U}{I} = \omega L = 2\pi f L = X_L \tag{4-7}$$

式中，$X_L = \omega L = 2\pi f L$，称为电感电抗，简称为感抗，它与频率成正比。当频率的单位为 Hz、电感的单位为 H 时，感抗的单位为 Ω。由式（4-7）可见，当 U 不变时，I 的大小与频率成反比。电流、感抗与频率的关系如图 4-16 所示。

电感元件电压和电流的相量分别为

$$\dot{I} = I\angle\varphi_i$$

$$\dot{U} = U\angle\varphi_u = \omega L I \angle\left(\varphi_i + \frac{\pi}{2}\right) = j\omega L \dot{I}$$

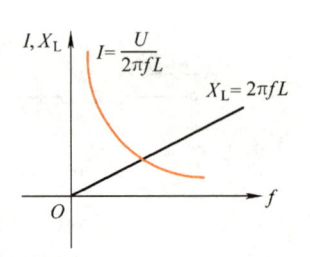

图 4-16 电流、感抗与频率的关系

电感元件电压和电流相量的比为

$$\frac{\dot{U}}{\dot{I}} = \omega L \angle\frac{\pi}{2} = j\omega L = jX_L \text{ 或 } \dot{U} = j\omega L \dot{I} = jX_L \dot{I}$$

可见，电感元件的相量模型为 $j\omega L$ 或 jX_L，如图 4-17a 所示。

由以上分析可知，电感元件电压的大小是其电流的 X_L 倍，电感元件电压的相位超前其电流 90°，相量图如图 4-17b 所示。

a)

b)

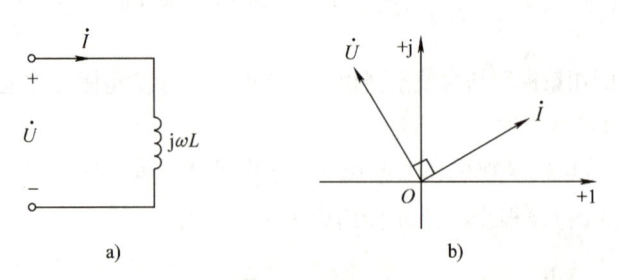

图 4-17 电感元件的相量模型和电压、电流相量图
a) 电感元件的相量模型　b) 电感元件的电压、电流相量图

【例 4-8】 将一线圈接到有效值为 12V、频率为 50Hz 的正弦交流电源上，已知线圈的

等效电感为 5mH，忽略等效电阻。试求线圈中的电流。若电流的初相为 37°，则画出电压和电流的相量图。

解：

$$X_L = 2\pi fL = 1.57\,\Omega$$

$$I = \frac{U}{X_L} = \left(\frac{12}{1.57}\right)A \approx 7.64\,A$$

$$\dot{I} = I\angle\varphi_i = 7.64\angle 37°\,A$$

$$\dot{U} = j\dot{I}X_L = 12\angle 127°\,V$$

电压和电流的相量图如图 4-18 所示。

3. 正弦电路中的电容元件

在电容电路中，当正弦交流电压 u 和电流 i 为相关联参考方向时，设电容两端电压为 $u = \sqrt{2}U\sin(\omega t + \varphi_u)$，根据电容元件的约束关系式，有

$$i = C\frac{du}{dt} = \sqrt{2}\omega CU\sin\left(\omega t + \varphi_u + \frac{\pi}{2}\right) = \sqrt{2}I\sin(\omega t + \varphi_i) \tag{4-8}$$

可见，电压和电流是频率相同的正弦量，并且电容电压的相位滞后电流 90°。电容元件电压和电流波形图如图 4-19 所示。

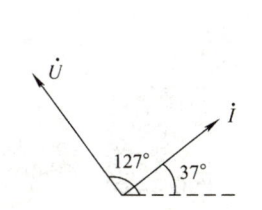

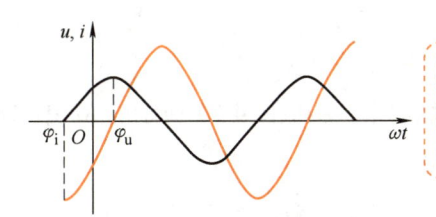

图 4-18 例 4-8 电压和电流的相量图 **图 4-19** 电容元件电压和电流波形图

由式（4-8）可得到电压和电流的相位关系与大小关系，相位关系满足

$$\varphi_u = \varphi_i - \frac{\pi}{2} \quad \text{或} \quad \varphi = \varphi_u - \varphi_i = -90°$$

电压和电流的有效值关系为

$$I = \omega CU \quad \text{或} \quad \frac{U}{I} = \frac{1}{\omega C} = \frac{1}{2\pi fC} = X_C \tag{4-9}$$

式中，X_C 称为电容电抗，简称为容抗。容抗与频率成反比，当频率的单位为 Hz、电容的单位为 F 时，容抗的单位为 Ω。由式（4-9）可知，当 U 不变时，I 的大小与频率成正比。电流、容抗与频率的关系如图 4-20 所示。

电容元件电压和电流的相量分别为

$$\dot{U} = U\angle\varphi_u$$

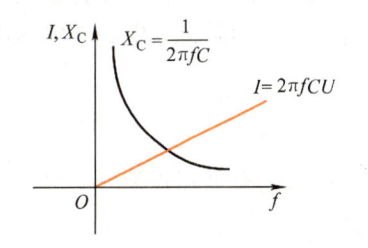

图 4-20 电流、容抗与频率的关系

$$\dot{I} = I\varphi_i = \omega CU \underline{/(\varphi_u + \frac{\pi}{2})} = \omega C \underline{/\frac{\pi}{2}} \, U\angle\varphi_u = j\omega C \dot{U}$$

电容元件电压和电流相量的比为

$$\frac{\dot{U}}{\dot{I}} = \frac{1}{j\omega C} = -jX_C \quad 或 \quad \dot{U} = \dot{I}\frac{1}{j\omega C} = -jX_C \dot{I}$$

可见，电容元件的相量模型为 $1/j\omega C$ 或 $-jX_C$，如图 4-21a 所示。

由以上分析可知，电容元件电压大小是其电流的 X_C 倍，电容元件电压的相位滞后其电流 90°，相量图如图 4-21b 所示。

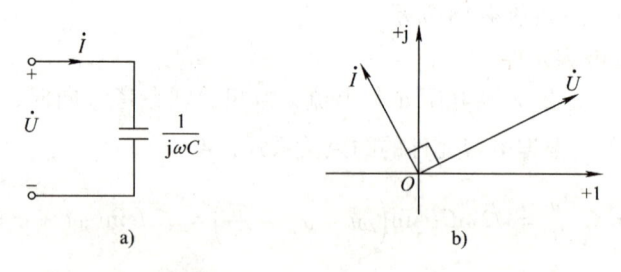

图 4-21 电容元件的相量模型和电压、电流相量图
a）电容元件的相量模型 b）电容元件的电压、电流相量图

4.3.2 阻抗

若把电阻、电感串联起来，构成图 4-22 所示的 RL 串联电路，则电压和电流关系为

$$\dot{U}_R = \dot{I}R$$

$$\dot{U}_L = j\dot{I}X_L$$

$$\dot{U} = \dot{U}_R + \dot{U}_L = \dot{I}R + j\dot{I}X_L = \dot{I}(R + jX_L)$$

$$\frac{\dot{U}}{\dot{I}} = R + jX_L$$

令 $Z = R + jX_L$，称为电路的等效复阻抗，简称为阻抗。阻抗的单位同电阻、感抗一样，也是 Ω（欧姆），它的实部为电阻，虚部为感抗。即阻抗为电路端电压的相量与电流的相量之比

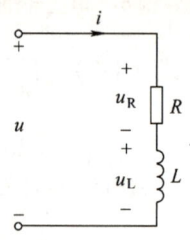

图 4-22 RL 串联电路

$$Z = \frac{\dot{U}}{\dot{I}} \tag{4-10}$$

阻抗的极坐标式为

$$Z = |Z|\angle\varphi$$

$|Z|$ 称为阻抗的模，大小为

$$|Z| = \sqrt{R^2 + X_L^2}$$

辐角 φ 称为阻抗角,大小为

$$\varphi = \arctan(X_L/R)$$

又因为

$$\frac{\dot{U}}{\dot{I}} = \frac{U}{I}\angle(\varphi_u - \varphi_i)$$

所以有 $U/I = |Z|$,$(\varphi_u - \varphi_i) = \varphi$,即阻抗角就是电压超前电流的角度。

显然有

$$R = |Z|\cos\varphi, X_L = |Z|\sin\varphi$$

如果设电流的初相为零,即 $\dot{I} = I\angle 0°$,那么有

$$\begin{cases} \dot{U}_R = \dot{I}R = IR\angle 0° = U_R\angle 0° \\ \dot{U}_L = j\dot{I}X_L = IX_L\angle 90° = U_L\angle 90° \end{cases}$$

RL 串联电路的相量图如图 4-23 所示。由 $\dot{U} = \dot{U}_R + \dot{U}_L$ 可绘出总电压 $\dot{U}$ 的相量图。由图可见,电阻电压、电感电压和总电压之间满足直角三角形关系,称为电压三角形;且电压总是超前电流 φ;阻抗角 φ 的范围为 $0° \sim 90°$。

由式 (4-10) 有 $\dot{U} = \dot{I}Z = I|Z|\angle\varphi = U\angle\varphi$,将电压三角形每边的大小同时除以电流 I,便得到一个新的与电压三角形相似的直角三角形,即阻抗、电压三角形,如图4-24所示。该三角形清楚地表示出 R、X_L、$|Z|$ 之间的关系,称为阻抗三角形。

以上从电阻、电感串联的电路中引出阻抗的概念,对于任意的无源二端(或称为单端口)网络(如图 4-25 所示),都有阻抗等于端电压和电流的相量之比。

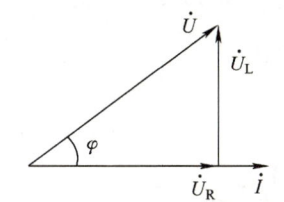

图 4-23 RL 串联电路的相量图 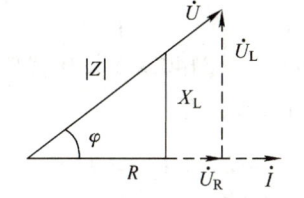　　图 4-24 阻抗、电压三角形 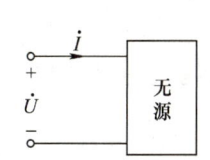　　图 4-25 无源二端网络

显然,对于一个电阻、一个电感和一个电容的电路复阻抗分别有

$$Z_R = \frac{\dot{U}}{\dot{I}} = R$$

$$Z_L = \frac{\dot{U}}{\dot{I}} = jX_L = j\omega L$$

$$Z_C = \frac{\dot{U}}{\dot{I}} = -jX_C = \frac{1}{j\omega C}$$

而 RC 串联电路和 RLC 串联电路的电路复阻抗分别为

$$Z_1 = \frac{\dot{U}}{\dot{I}} = R - jX_C = R + \frac{1}{j\omega C}$$

$$Z_2 = \frac{\dot{U}}{\dot{I}} = R + jX_L - jX_C = R + j(X_L - X_C) = R + jX$$

式中，Z_1 的实部为电阻，虚部为容抗；Z_2 的实部为电阻，虚部 X 为感抗和容抗之差，称为电抗。概括起来讲，阻抗的实部为"阻"，虚部为"抗"。

【例 4-9】 有一电阻为 40Ω、电感为 50mH 的线圈在与一个容量为 5μF 的电容串联后接到 220V、500Hz 的交流电源上，电路如图 4-26a 所示。

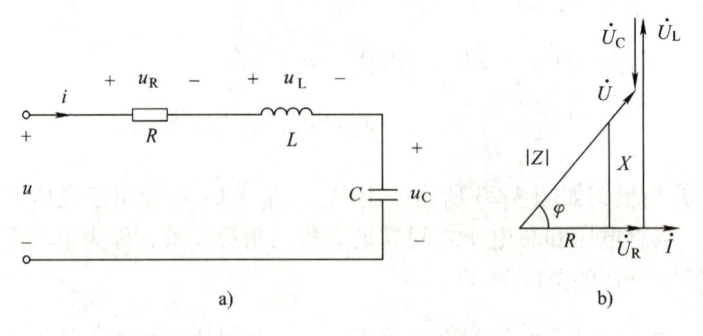

图 4-26 例 4-9 图
a) 电路图 b) 电压、电流的相量图和阻抗三角形

1) 求电路的阻抗、电流以及各元件上的电压。
2) 设电流的初相为零，画出电压、电流的相量图及阻抗三角形。

解： 1) $X_L = \omega L = 2\pi f L = (2 \times 3.14 \times 500 \times 50 \times 10^{-3})\Omega = 157\Omega$

$$X_C = \frac{1}{\omega C} = \left(\frac{1}{3140 \times 5 \times 10^{-6}}\right)\Omega = 63.7\Omega$$

根据基尔霍夫电压定律的相量式，有

$$\dot{U} = \dot{U}_R + \dot{U}_L + \dot{U}_C = \dot{I}(R + jX_L - jX_C)$$

等效阻抗为端电压和电流相量之比，即

$$Z = \frac{\dot{U}}{\dot{I}} = R + j(X_L - X_C) = R + jX$$

$$= (40 + j93.3)\Omega = 101.5\underline{/66.8°}\,\Omega$$

2) $I = \frac{U}{|Z|} = \left(\frac{220}{101.5}\right)A = 2.17A$

由电流 i 的初相为零，有

$$\dot{I} = 2.17\underline{/0°}\,A$$

$$\dot{U} = 220\underline{/66.8°}\,V$$

$$\dot{U}_R = \dot{I}R = 86.8\underline{/0°}\,V$$

$$\dot{U}_\mathrm{L} = \mathrm{j}\dot{I}X_\mathrm{L} = 340.7\underline{/90°}\ \mathrm{V}$$

$$\dot{U}_\mathrm{C} = -\mathrm{j}\dot{I}X_\mathrm{C} = 138.3\underline{/-90°}\ \mathrm{V}$$

电压、电流的相量图和阻抗三角形如图 4-26b 所示。

在 RLC 串联电路中，$Z = R + \mathrm{j}(X_\mathrm{L} - X_\mathrm{C}) = |Z|\underline{/\varphi}$。当 $X_\mathrm{L} > X_\mathrm{C}$ 时，$\varphi > 0$，电路呈感性，如例 4-9 所示的情况；当 $X_\mathrm{L} = X_\mathrm{C}$ 时，$\varphi = 0$，$Z = R$，电路呈阻性，负载呈阻性的相量图如图 4-27a 所示；当 $X_\mathrm{L} < X_\mathrm{C}$ 时，$\varphi < 0$，电路呈容性，负载呈容性的相量图如图 4-27b 所示。

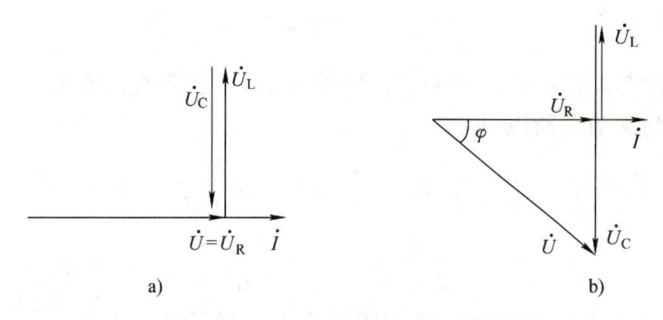

图 4-27 负载呈阻性和呈容性的相量图

a）负载呈阻性的相量图　b）负载呈容性的相量图

4.3.3 导纳

同阻抗类似，导纳为无源二端网络的电流相量与端电压相量之比，用字母 Y 表示，即

$$Y = \frac{\dot{I}}{\dot{U}} \tag{4-11}$$

由式（4-10）可知，对于同一网络，导纳与阻抗有互为倒数的关系，即

$$Y = \frac{1}{Z} \tag{4-12}$$

可见，导纳是具有电导的量纲，单位为 S（西［门子］）。

对于如图 4-28 所示的 RLC 并联电路，有

$$\dot{I} = \dot{I}_\mathrm{R} + \dot{I}_\mathrm{L} + \dot{I}_\mathrm{C}$$

$$= \dot{U}\left(\frac{1}{R} + \frac{1}{\mathrm{j}X_\mathrm{L}} - \frac{1}{\mathrm{j}X_\mathrm{C}}\right)$$

$$= \dot{U}\left[\frac{1}{R} + \mathrm{j}\left(-\frac{1}{X_\mathrm{L}} + \frac{1}{X_\mathrm{C}}\right)\right]$$

所以

$$\frac{\dot{I}}{\dot{U}} = \frac{1}{R} + \mathrm{j}\left(-\frac{1}{X_\mathrm{L}} + \frac{1}{X_\mathrm{C}}\right)$$

$$Y = \frac{1}{R} + \mathrm{j}\left(-\frac{1}{X_\mathrm{L}} + \frac{1}{X_\mathrm{C}}\right) = \frac{1}{R} + \left(\frac{1}{\mathrm{j}\omega L} + \mathrm{j}\omega C\right)$$

由于电阻的倒数是电导,所以 $1/R = G$;令 $1/X_L = B_L$,感抗的倒数称为感纳,单位与电导相同,为 S(西[门子]);令 $1/X_C = B_C$,容抗的倒数为容纳,单位也是 S(西[门子]),则 $B = -B_L + B_C$ 称为电纳,所以有

$$Y = G + j(-B_L + B_C) = G + jB = |Y|\angle\varphi'$$

式中,$|Y| = \sqrt{G^2 + B^2}$ 称为导纳的模,$\varphi' = \arctan B/G$ 称为导纳角。且有

$$G = |Y|\cos\varphi',\ B = |Y|\sin\varphi'$$

由式(4-12)显然有

$$Z = \frac{1}{Y} = \frac{1}{|Y|\angle\varphi'} = \frac{1}{|Y|}\angle-\varphi' = |Z|\angle\varphi$$

显然,导纳的模与阻抗的模互为倒数,导纳角 φ' 等于负的阻抗角 $-\varphi$,等于 $\varphi_i - \varphi_u$。由于阻抗与导纳互为倒数,所以有

$$Z = \frac{1}{Y} = \frac{1}{G + jB} = \frac{G}{G^2 + B^2} - j\frac{B}{G^2 + B^2} = R' + jX'$$

$$R' = \frac{G}{G^2 + B^2},\ X' = -\frac{B}{G^2 + B^2}$$

一般情况下,导纳实部的倒数不等于阻抗实部,导纳虚部的倒数也不等于阻抗虚部,即 $R' \neq 1/G$,$X' \neq 1/B$。

【例 4-10】 R、L、C 并联电路如图 4-28 所示,已知电源频率为 5000Hz,电阻为 5Ω,电感为 1.25mH,电容为 $10\mu F$。求电路的等效复导纳和等效复阻抗。

解:

$$G = \frac{1}{R} = 0.2S$$

$$B_L = \frac{1}{\omega L} = 0.025S$$

$$B_C = \omega C = 0.314S$$

$$Y = G + j(-B_L + B_C) = (0.2 + j0.289)S \approx 0.35\angle 55.3°\ S$$

$$Z = \frac{1}{Y} = 2.86\angle-55.3°\ \Omega$$

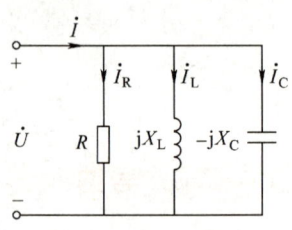

图 4-28 *RLC* 并联电路

4.3.4 阻抗与导纳的串、并联

与电阻的串、并联类似,在有 n 个阻抗串联时,阻抗串联电路如图 4-29 所示,等效阻抗 Z 等于 n 个串联的阻抗之和,即

$$Z = Z_1 + Z_2 + \cdots + Z_n$$

对于两个阻抗串联,与两个电阻串联类似。根据分压公式,每个阻抗上分得的电压分别为

$$\dot{U}_1 = \frac{Z_1}{Z_1 + Z_2}\dot{U}$$

图 4-29 阻抗串联电路

$$\dot{U}_2 = \frac{Z_2}{Z_1 + Z_2}\dot{U}$$

在有 n 个阻抗并联时，阻抗并联电路如图 4-30 所示。等效阻抗 Z 的倒数等于 n 个并联的阻抗倒数之和，即

$$\frac{1}{Z} = \frac{1}{Z_1} + \frac{1}{Z_2} + \cdots + \frac{1}{Z_n}$$

等效导纳等于 n 个并联导纳之和，即

$$Y = Y_1 + Y_2 + \cdots + Y_n$$

式中，$Y_1 = \frac{1}{Z_1}$，$Y_2 = \frac{1}{Z_2}$，$\cdots$，$Y_n = \frac{1}{Z_n}$。

在两个阻抗并联的情况下，等效阻抗为

$$Z = \frac{Z_1 Z_2}{Z_1 + Z_2}$$

根据分流公式有

$$\dot{I}_1 = \frac{Z_2}{Z_1 + Z_2}\dot{I}$$

$$\dot{I}_2 = \frac{Z_1}{Z_1 + Z_2}\dot{I}$$

图 4-30　阻抗并联电路

【例 4-11】　二端网络如图 4-31 所示，已知电阻为 15Ω，感抗为 35Ω，容抗为 25Ω。求端口的等效复阻抗。

解： 设电阻和电容并联部分的导纳为 Y_1，则

$$Y_1 = \frac{1}{R} + j\frac{1}{X_C} = \left(\frac{1}{15} + j\frac{1}{25}\right)S = 0.078\underline{/31°}\ S$$

$$Z_1 = \frac{1}{Y_1} = 12.8\underline{/-31°}\ \Omega = (10.97 - j6.25)\Omega$$

$$Z = Z_1 + jX_L = 30.5\underline{/68.9°}\ \Omega$$

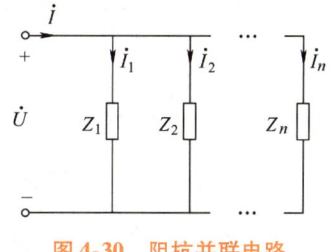

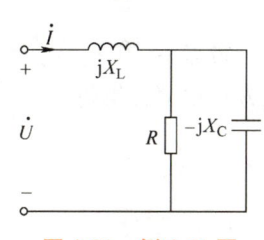

图 4-31　例 4-11 图

4.4　正弦交流电路的分析

在直流电路的部分，介绍了很多分析电路的方法（如支路电流法、节点法、网孔法等）和一些定理（如戴维南定理、叠加定理等），这些在交流电路中仍然适用。

4.4.1　正弦交流电路的相量分析法

在对电路进行分析时，如果不知道电压和电流的初相，就需要做一个假设。对于串联电路，一般假设电流的初相为零，这样运算比较简单。每个串联元件上流过的同一电流都是初相为零，电压的初相就等于该元件等效复阻抗的阻抗角。而对于并联电路，一般假设电压的初相为零，这样，每条并联支路上的电压初相为零，每条支路电流的初

4.4.1 正弦交流电路的相量分析法

相就等于该支路等效复导纳的导纳角。对于混联电路，需根据已知条件进行综合考虑。

【例 4-12】 电路如图 4-32a 所示。已知 $u_1 = 40\sqrt{2}\sin(400t)\text{V}$，$u_2 = 30\sqrt{2}\sin(400t + 90°)\text{V}$，$R = 10\Omega$，$L = 40\text{mH}$，$C = 500\mu\text{F}$。求各支路电流。

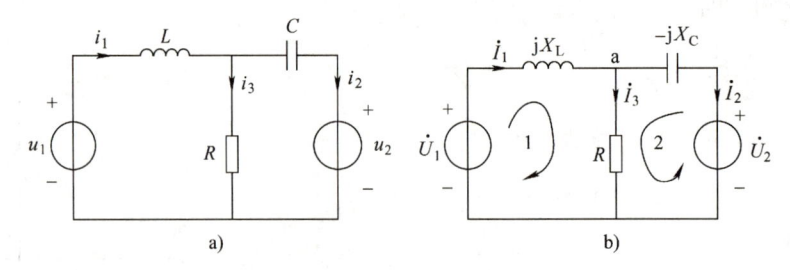

图 4-32 例 4-12 图
a) 电路图 b) 相量模型图

解：先画出电路的相量模型如图 4-32b 所示，然后用支路电流法进行分析计算。分别对节点 a、回路 1、回路 2 应用基尔霍夫定律列方程如下：

$$\begin{cases} -\dot{I}_1 + \dot{I}_2 + \dot{I}_3 = 0 \\ \dot{U}_1 = \dot{I}_1 jX_L + \dot{I}_3 R \\ \dot{U}_2 = -\dot{I}_2(-jX_C) + \dot{I}_3 R \end{cases}$$

将 $R = 10\Omega$，$X_L = \omega L = 16\Omega$，$X_C = 1/\omega C = 5\Omega$，$\dot{U}_1 = 40\underline{/0°}\text{ V}$，$\dot{U}_2 = 30\underline{/90°}\text{ V}$ 代入方程求解，解得

$$\dot{I}_1 = 4.47\underline{/-106°}\text{ A}$$

$$\dot{I}_2 = 6.51\underline{/-75.4°}\text{ A}$$

$$\dot{I}_3 = 3.50\underline{/145.2°}\text{ A}$$

【例 4-13】 电路如图 4-33a 所示。已知电源电压为 20V，频率为 500Hz，$R_1 = 40\Omega$，$R_2 = 30\Omega$，$C = 8\mu\text{F}$。求各支路中的电流和总电流，并画出相量图。

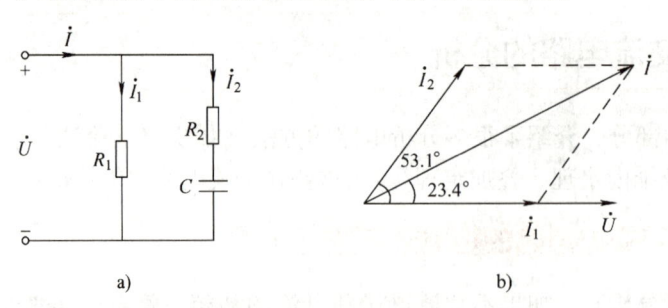

图 4-33 例 4-13 图
a) 电路图 b) 相量图

解：设电压的初相为零，则 $\dot{U} = 20\underline{/0°}\text{ V}$。

$$X_\text{C} = \frac{1}{2\pi f C} = \left(\frac{1}{3140\times 8\times 10^{-6}}\right)\Omega \approx 40\Omega$$

$$\dot{I}_1 = \frac{\dot{U}}{R_1} = \left(\frac{20\underline{/0°}}{40}\right)\text{A} \approx 0.5\underline{/0°}\ \text{A}$$

$$\dot{I}_2 = \frac{\dot{U}}{R_2 - \text{j}X_\text{C}} = \left(\frac{20\underline{/0°}}{30 - \text{j}40}\right)\text{A} \approx 0.4\underline{/53.1°}\ \text{A}$$

$$\dot{I}_3 = \dot{I}_1 + \dot{I}_2 = (0.5 + 0.4\underline{/53.1°})\text{A} \approx 0.8\underline{/23.4°}\ \text{A}$$

相量图如图 4-33b 所示。

【例 4-14】 电路如图 4-34 所示。已知 $u_\text{S} = 10\sqrt{2}\sin 10000t\,\text{V}$，$C = 400\mu\text{F}$，$L = 0.04\text{mH}$，$R_1 = R_2 = R_3 = 1\Omega$，求各个节点电压。

解： 由已知 $\dot{U}_\text{S} = 10\underline{/0°}\ \text{V}$，设各个节点的电压分别为 $\dot{U}_1$、$\dot{U}_2$、$\dot{U}_3$，用节点法列方程如下：

$$\begin{cases} \dot{U}_1 = \dot{U}_\text{S} = 10\underline{/0°}\ \text{V} \\ -\frac{1}{R_1}\dot{U}_1 + \left(\frac{1}{R_1} + \frac{1}{R_2} + \frac{1}{\text{j}\omega L}\right)\dot{U}_2 - \frac{1}{R_2}\dot{U}_3 = 0 \\ -\text{j}\omega C\,\dot{U}_1 - \frac{1}{R_2}\dot{U}_2 + \left(\frac{1}{R_2} + \frac{1}{R_3} + \text{j}\omega C\right)\dot{U}_3 = 0 \end{cases}$$

$$\omega C = (10000 \times 400 \times 10^{-6})\text{S} = 4\text{S}$$

$$\omega L = (10000 \times 0.04 \times 10^{-3})\Omega = 0.4\Omega$$

$$\frac{1}{\omega L} = 2.5\text{S}$$

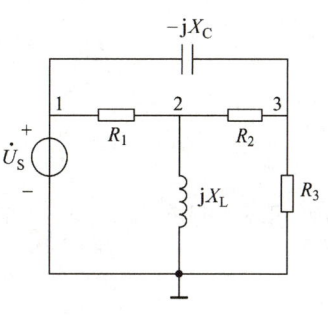

图 4-34 例 4-14 图

代入数据解得

$$\dot{U}_1 = 10\underline{/0°}\ \text{V}$$

$$\dot{U}_2 = (2.8 + \text{j}5.5)\text{V} = 6.18\underline{/63°}\ \text{V}$$

$$\dot{U}_3 = (9.4 + \text{j}4.0)\text{V} = 10.12\underline{/23°}\ \text{V}$$

写出表达式如下：

$$u_1 = 10\sqrt{2}\sin(10000t)\,\text{V}$$

$$u_2 = 6.18\sqrt{2}\sin(10000t + 63°)\,\text{V}$$

$$u_3 = 10.12\sqrt{2}\sin(10000t + 23°)\,\text{V}$$

【例 4-15】 电路如图 4-35 所示。已知 $\dot{U}_\text{S} = 80\underline{/0°}\ \text{V}$，$f = 50\text{Hz}$，当 Z_L 改变时，$\dot{I}_\text{L}$ 有效值不变，为 10A。试确定参数 L 和 C 的值。

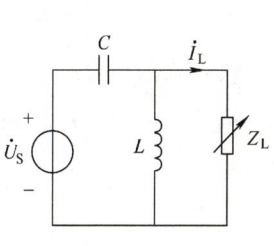

图 4-35 例 4-15 图

解：

$$Z_1 = jX_L \mathbin{/\!/} Z_L = \frac{jX_L Z_L}{Z_L + jX_L}$$

根据分压公式，Z_L 上的电压 $\dot{U}_Z$ 为

$$\dot{U}_Z = \frac{Z_1}{Z_1 - jX_C}\dot{U}_S = \frac{\dfrac{jX_L Z_L}{Z_L + jX_L}}{-jX_C + \dfrac{jX_L Z_L}{Z_L + jX_L}}\dot{U}_S$$

$$\dot{I}_L = \frac{\dot{U}_Z}{Z_L} = \frac{\dfrac{jX_L Z_L}{Z_L + jX_L}}{-jX_C + \dfrac{jX_L Z_L}{Z_L + jX_L}}\dot{U}_S \times \frac{1}{Z_L}$$

$$= \frac{jX_L}{X_L X_C + jZ_L(X_L - X_C)}\dot{U}_S$$

可见，只有当 $X_L = X_C$ 时，$\dot{I}_L$ 才与负载阻抗 Z_L 无关，此时有

$$\dot{I}_L = \frac{\dot{U}_S}{-jX_C}$$

$$X_C = \frac{U_S}{I_L} = \left(\frac{80}{10}\right)\Omega = 8\Omega = X_L$$

所以
$$C = \left(\frac{1}{8 \times 314}\right)F = 398.09\mu F$$

$$L = \left(\frac{8}{314}\right)H = 25.48mH$$

【例 4-16】 电路如图 4-36 所示。已知 $\dot{I}_S = 10\angle 0°$ A，求各支路电流及电流源端电压。

解法 1： 用支路电路法求解，分别对节点 1、回路 a、b 应用基尔霍夫定律列方程如下：

$$\begin{cases} \dot{I} + \dot{I}_S - \dot{I}_L = 0 \\ \dot{U} - 7\dot{I}_L - j5\dot{I} = 0 \\ -\dot{U} + (6 + j4)\dot{I}_L = 0 \end{cases}$$

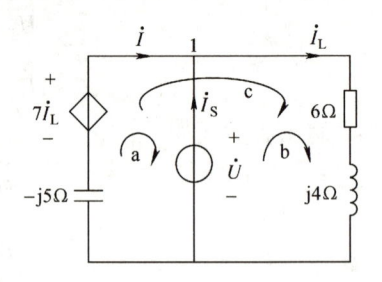

图 4-36　例 4-16 图

代入数据解得

$$\dot{I} = 29.15\angle 59° \text{ A}$$

$$\dot{I}_L = 35.35\angle 45° \text{ A}$$

$$\dot{U} = 254.55\angle 78.7° \text{ V}$$

解法2：分别选择回路 a 和大回路 c 作为 "网孔"，将回路 c、a 的电流分别设为 $\dot{I}_c$、$\dot{I}_a$，列方程如下：

$$-j5\dot{I}_a + (6 + j4 - j5)\dot{I}_c = 7\dot{I}_L$$

$$\dot{I}_a = -\dot{I}_S$$

$$\dot{I}_c = \dot{I}_L$$

解得

$$\dot{I}_L = 35.35\underline{/45°}\ \text{A}$$

$$\dot{U} = \dot{I}_L(6 + j4) = 254.55\underline{/78.7°}\ \text{V}$$

$$\dot{I} = \dot{I}_L - \dot{I}_S = 29.15\underline{/59°}\ \text{A}$$

4.4.2 正弦交流电路的相量图解法

在正弦交流稳态电路的分析中，相量图解法是一种形象直观又简单的方法，有时也是一种很有效的方法，但要非常熟练地掌握相量之间的关系和相量图。

用相量图分析电路的主要依据是：第一，电路中各个元件的电压和电流相量关系既有大小关系，又有相位关系，这些关系可以表示在相量图中；第二，在任一线性电路中，各处的电压和电流都是同频率的正弦量，它们可以相量图表示，画在同一个相量图中，并且可以用相量图进行运算；第三，基尔霍夫电压、电流定律的相量形式反映在相量图上，应为闭合多边形。

在应用相量图对电路进行求解时，参考相量的选择很重要。选择合适的参考相量会使求解过程变得简单。对于串联电路，应选择电流为参考相量；而对于并联电路，则应选择电压为参考相量；在混联电路中，可根据已知条件综合进行考虑；当电路为复杂混联电路时，应选择末端电压或电流为参考相量。

【例4-17】 已知在图4-37a所示的电路中，电压表 V_1 读数为15V，V_2 读数为80V，V_3 读数为100V。求电路端电压 U_S 的大小。

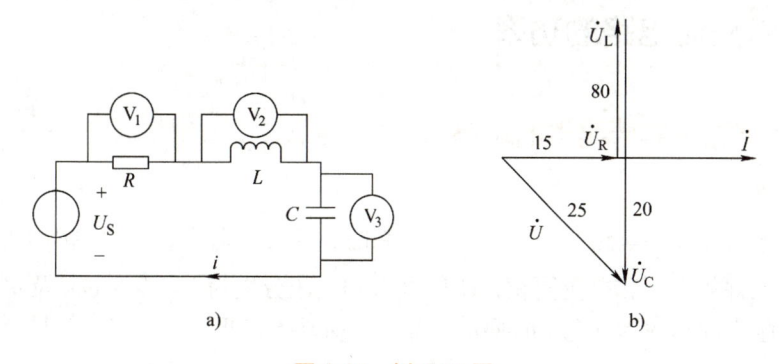

图4-37 例4-17图
a) 电路图 b) 相量图

解：设电流 $\dot{I}$ 为参考相量，$\dot{U}_R$ 与 $\dot{I}$ 同相，$\dot{U}_L$ 超前 $\dot{I}$ 90°，$\dot{U}_C$ 滞后 $\dot{I}$ 90°，相量图如图 4-37b 所示。由直角三角形勾股定理有

$$U_S = \sqrt{U_R^2 + (U_C - U_L)^2} = \sqrt{15^2 + 20^2}\,\text{V} = 25\,\text{V}$$

【例 4-18】 在图 4-38a 所示电路中，已知 $U_S = 5\,\text{V}$，$I_1 = I_2 = 5\,\text{A}$，总电流 I 与电源电压同相。求总电流 I 和电路参数 R、X_L、X_C。

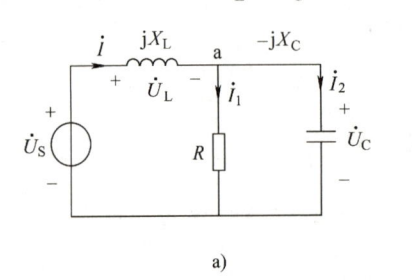

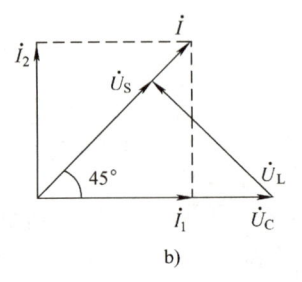

图 4-38 例 4-18 图
a) 电路图 b) 相量图

解：选择 $\dot{U}_C$ 作为参考相量，如图 4-38b 所示，电阻上的电流 $\dot{I}_1$ 与 $\dot{U}_C$ 同相，电容上的电流 $\dot{I}_2$ 超前 $\dot{U}_C$ 90°，它们合成为 $\dot{I}$。由图可知 $I = \sqrt{I_1^2 + I_2^2}\,\text{A} = 5\sqrt{2}\,\text{A}$，并且 $\dot{I}$ 的相位超前 $\dot{I}_1$ 45°。$\dot{U}_S$ 与 $\dot{I}$ 同相，$\dot{U}_L$ 超前 $\dot{I}$ 90°，与 $\dot{U}_C$、$\dot{U}_S$ 构成直角三角形，相量图如图 4-38b 所示。

由相量图可知

$$U_L = U_S = 5\,\text{V}$$

$$U_C = \sqrt{U_L^2 + U_S^2} = \sqrt{2}\,U_S = 5\sqrt{2}\,\text{V}$$

$$R = \frac{U_C}{I_1} = \frac{5\sqrt{2}}{5}\,\Omega = \sqrt{2}\,\Omega$$

$$X_L = \frac{U_L}{I} = \frac{5}{5\sqrt{2}}\,\Omega = \frac{\sqrt{2}}{2}\,\Omega$$

$$X_C = \frac{U_C}{I_2} = \frac{5\sqrt{2}}{5}\,\Omega = \sqrt{2}\,\Omega$$

4.5 正弦交流电路的功率

4.5.1 电路基本元器件的功率

1. 电阻元件的功率

对于单一电阻元件的电路，在分析功率关系时，为方便起见，可设电阻上的电流初相为零。因为电阻元件的电压和电流同相，所以电流和电压分别为 $i = \sqrt{2}\,I\sin\omega t$ 及 $u = \sqrt{2}\,U\sin\omega t$。则任意瞬间电阻上的功率为 u 与 i 的乘积，称为瞬时功率，即

$$p = ui = \sqrt{2}\,U\sin\omega t \times \sqrt{2}\,I\sin\omega t$$
$$= 2UI\sin^2\omega t = UI(1 - \cos 2\omega t)$$

第4章 正弦交流电路

从表达式可以看出，电阻上的瞬时功率是两倍于其电压（电流）的频率变化的正弦量，电阻功率波形图如图4-39所示。可见任意时刻电阻消耗的功率都不小于零，即 $P \geq 0$。因此，电阻元件是耗能元件。

由于电阻上的瞬时功率是随时间周期性变化的，所以电阻消耗电能的大小可用一个周期内的平均功率来衡量，也称为有功功率，简称为有功，用大写字母 P 表示，则

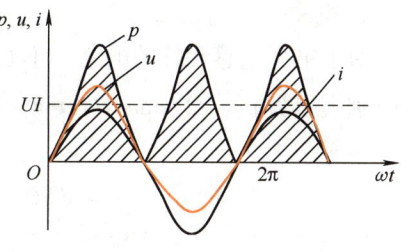

图4-39 电阻功率波形图

$$P = \frac{1}{T}\int_0^T p\,dt = \frac{1}{T}\int_0^T UI(1-\cos2\omega t)\,dt = UI$$

由于电阻元件的电压和电流的有效值满足 $U = IR$，所以

$$P = I^2 R = \frac{U^2}{R} \tag{4-13}$$

与直流电路功率一样，单位为 W（瓦［特］），常用单位还有 kW。值得注意的是，电气设备铭牌上标的额定功率，均是指它的有功功率。

【例4-19】 有两只白炽灯，灯泡上分别标有220V、60W（分别为额定电压和额定功率）和220V、100W，把它们接到电压为 $u = 220\sqrt{2}\sin314t\,\text{V}$ 的交流电源上。分别求两个灯泡的等效电阻、电源电流、每个灯泡上电流的瞬时值表达式和电源发出的总功率。

解： 当电气设备在工作时，为保证工作在额定电压下，通常都要对其进行并联连接，如日常的照明电路，各盏灯之间都是并联关系。两只灯泡并联后的电路如图4-40所示。

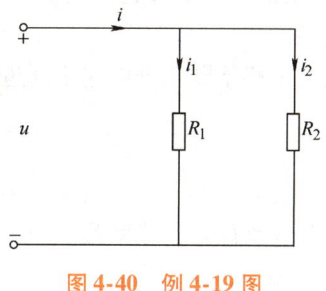

图4-40 例4-19图

由式(4-13)求得

$$R_1 = \frac{U^2}{P_1} = \left(\frac{220^2}{60}\right)\Omega \approx 806.67\Omega$$

$$R_2 = \frac{U^2}{P_2} = \left(\frac{220^2}{100}\right)\Omega = 484\Omega$$

电源发出总功率为

$$P = P_1 + P_2 = 160\text{W}$$

由 $P = UI$，求得总电流为

$$I = \frac{P}{U} = \left(\frac{160}{220}\right)\text{A} \approx 0.72\text{A}$$

又由于电流和电压同相位，所以总电流为

$$i = 0.72\sqrt{2}\sin314t\,\text{A}$$

由分流公式，可得 R_1 支路的电流为

$$i_1 = \frac{R_2}{R_1 + R_2}i \approx 0.27\sqrt{2}\sin314t\,\text{A}$$

$$i_2 = i - i_1 \approx 0.45\sqrt{2}\sin 314t \text{A}$$

2. 电感元件的功率

对于单一电感元件的电路，不妨设电感元件的电流初相为零，则电感元件的电流、电压可分别表示为 $i = \sqrt{2}I\sin\omega t$ 及 $u = \sqrt{2}U\sin(\omega t + 90°)$。

瞬时功率 p 为

$$p = ui = \sqrt{2}U\sin(\omega t + 90°) \times \sqrt{2}I\sin\omega t = UI\sin 2\omega t$$

由该式可知，电感的瞬时功率仍然是正弦量，它的频率是其对应电流（电压）频率的两倍，电感上功率的波形图如图 4-41 所示。从波形上看出，在电流（电压）变化的一个周期中，第 1 个 1/4 周期 $p>0$，电感吸收功率，电能转换成磁场能储存在电感中；第 2 个 1/4 周期 $p<0$，电感发出功率，将磁场能转换成电能；第 3 个 1/4 周期 $p>0$，电感吸收功率；第 4 个 1/4 周期 $p<0$，电感发出功率。因此，在一个周期内，电感与它以外的电路之间进行两次能量交换。

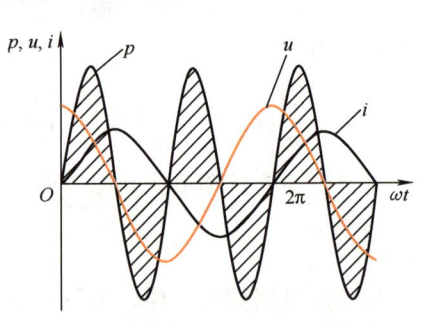

图 4-41 电感上功率的波形图

电感不断与外电路之间进行能量交换，但不消耗电能。其有功功率为

$$P = \frac{1}{T}\int_0^T p\,dt = \frac{1}{T}\int_0^T UI\sin 2\omega t\,dt = 0$$

尽管电感不消耗有功，但作为负载，与电源进行能量交换时，要占有电源的部分容量。衡量这种能量交换的最大速率，即瞬时功率的最大值定义为无功功率，简称为无功，用大写字母 Q 表示，即

$$Q_L = UI = I^2X = \frac{U^2}{X} \tag{4-14}$$

可见，无功功率的量纲与有功功率相同。为了区别于有功功率，把无功的单位称为 var（乏），常用单位还有 kvar（千乏）等。

3. 电容元件的功率

在单一电容元件的电路中，与电感电路一样，设电流初相为零，则电容元件的电压表达式为 $u = \sqrt{2}U\sin(\omega t - 90°)$，瞬时功率为

$$p = ui = \sqrt{2}U\sin(\omega t - 90°) \times \sqrt{2}I\sin\omega t = -UI\sin 2\omega t$$

可见，电容上的瞬时功率也是两倍于其电压或电流频率的正弦量，电容上功率的波形图如图 4-42 所示。设电流的初相为零时，电容瞬时功率的波形与电感瞬时功率的波形反相，即在电流变化的一个周期中，第 1 个 1/4 周期 $p<0$，电容发出功率；第 2 个 1/4 周期 $p>0$，电容吸收功率；第 3 个 1/4 周期 $p<0$，电容发出功率；第 4 个 1/4 周期 $p>0$，电容吸收功率。因此，在一个周期内，电容与它以外的电路之间也进行两次能量交换。

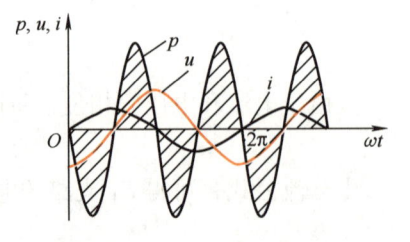

图 4-42 电容上功率的波形图

与电感一样，电容不断与外电路之间进行能量交换，也不消耗电能。其有功功率为

$$P = \frac{1}{T}\int_0^T p\mathrm{d}t = \frac{1}{T}\int_0^T [-UI\sin 2\omega t]\mathrm{d}t = 0$$

无功功率为

$$Q_C = -UI = -I^2 X = \frac{U^2}{X} \tag{4-15}$$

由于无功功率并不是实际消耗掉了能量，而只是表示无功交换的能力，所以式（4-15）中的负号无实际意义，只是为了与感性无功功率相区别。

4.5.2 无源线性二端网络的功率

1. 有功功率

图4-43a所示点画线框是无源线性二端网络，其端电压和电流参考方向如图。在阻抗一节介绍过，任何无源线性二端网络都可等效成一个复阻抗。设等效复阻抗为 $Z = R + jX = |Z|\angle\varphi$，且假设电路为感性，等效为图4-43a所示点画线框内部的电阻和电抗串联的形式。设电流初相为零，则电压为 $u = \sqrt{2}U(\sin\omega t + \varphi)$。各个电压和电流的相量关系满足图4-43b所示的相量图，即电压三角形，瞬时功率为

$$p = ui = \sqrt{2}U(\sin\omega t + \varphi) \times \sqrt{2}I\sin\omega t = IU[\cos\varphi - \cos(2\omega t + \varphi)]$$

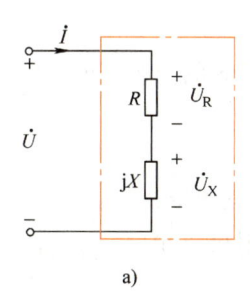

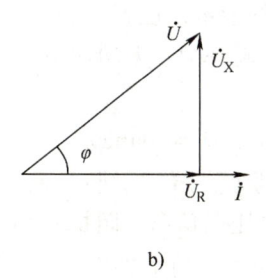

图4-43 无源线性二端网络的等效图和相量图
a) 等效图 b) 相量图

我们知道，电阻是耗能元件，与电源之间没有无功交换；而电感和电容是储能元件，不消耗有功功率，只与它以外的电路进行能量交换。因此，图4-43a中的等效电阻上只有有功功率，而在等效电抗上只有无功功率。所以有功功率为

$$P = U_R I$$

又由电压三角形可知，$U_R = U\cos\varphi$，所以

$$P = UI\cos\varphi$$

或者由瞬时功率求得

$$P = \frac{1}{T}\int_0^T p\mathrm{d}t = \frac{1}{T}\int_0^T IU[\cos\varphi - \cos(2\omega t + \varphi)]\mathrm{d}t = UI\cos\varphi$$

由该式可以看出，正弦交流电路的有功功率不但与电压、电流的有效值有关，而且与电压和电流相位差的余弦有关。

对电阻元件 R：$\varphi = 0$，$P_R = U_R I_R \cos\varphi = I_R^2 R \geq 0$

对电感元件 L：$\varphi = \dfrac{\pi}{2}$，$P_L = U_L I_L \cos\dfrac{\pi}{2} = 0$

对电容元件 C：$\varphi = -\dfrac{\pi}{2}$，$P_C = U_C I_C \cos\left(-\dfrac{\pi}{2}\right) = 0$

2. 无功功率

根据电压三角形可知，在图 4-43b 所示相量图中电抗的电压为 $U_X = U\sin\varphi$，可知图 4-43a 中的无功功率为

$$Q = U_X I = UI\sin\varphi$$

若电路是单个电感元件，则：$\varphi = \dfrac{\pi}{2}$，$Q_L = U_L I_L \sin\dfrac{\pi}{2} = U_L I_L > 0$

若电路是单个电容元件，则：$\varphi = -\dfrac{\pi}{2}$，$Q_C = U_C I_C \sin\varphi = -U_C I_C < 0$

即电容性无功功率取负值，而电感性无功功率取正值。

3. 视在功率和功率因数

在交流电路中，平均功率一般不等于电压与电流有效值的乘积，把两者的有效值相乘定义为视在功率 S，即 $S = UI = |Z|I^2$。单位是 V·A。

在一般情况下，规定当电气设备使用时的额定电压为 U_N，额定电流为 I_N，把 $S_N = U_N I_N$ 称为电气设备的容量，也就是额定视在功率。

根据上面对有功功率 P、无功功率 Q 和视在功率 S 的分析，可得到

$$S^2 = P^2 + Q^2$$

显然有 $P = S\cos\varphi$，$Q = S\sin\varphi$。

P、Q、S 之间满足直角三角形关系，称为功率三角形，可见功率三角形和电压三角形、阻抗三角形相似。阻抗三角形、电压三角形和功率三角形如图 4-44 所示。图中 φ 除了被称为阻抗角之外，还被叫作功率因数角，同时也是电压超前电流的角度。

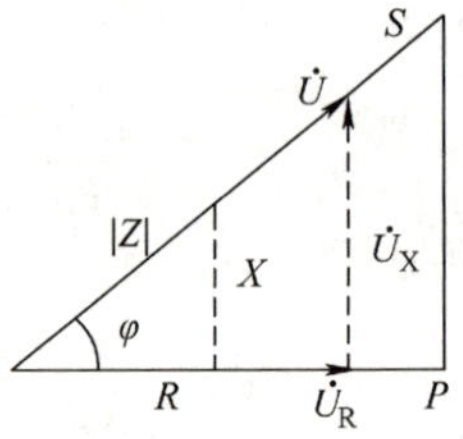

功率因数定义为 $\lambda = \cos\varphi$，它表明有功功率占视在功率的份额。由有功功率和视在功率的关系可知

图 4-44 阻抗三角形、电压三角形和功率三角形

$$\lambda = \cos\varphi = \dfrac{P}{S}$$

也可以用复功率表示各个功率之间的关系，复功率定义为

$$\tilde{S} = P + jQ$$

计算公式为

$$\tilde{S} = \dot{U}\dot{I}^*$$

式中，$\dot{I}^*$ 为 $\dot{I}$ 的共轭复数。

【例 4-20】 在 RLC 串联电路中，已知 $R = 30\,\Omega$，$L = 254\,\text{mH}$，$C = 80\,\mu\text{F}$，

$u = 220\sqrt{2}\sin(314t + 20°)$ V。求电路有功功率、无功功率、视在功率、功率因数。

解：
$$\dot{U} = 220\underline{/20°}\text{ V}$$

$$Z = R + j(X_L - X_C) = [30 + j(79.8 - 39.8)]\Omega$$
$$= (30 + j40)\Omega = 50\underline{/53.1°}\ \Omega$$

$$\dot{I} = \frac{\dot{U}}{Z} = \frac{220\underline{/20°}}{50\underline{/53°}}\text{A} = 4.4\underline{/-33.1°}\text{ A}$$

$$S = UI = 220\text{V} \times 4.4\text{A} = 968\text{W}$$

$$P = UI\cos\varphi = \{968 \times \cos[20° - (-33.1°)]\}\text{W} = 581.2\text{W}$$

$$Q = UI\sin\varphi = \{968 \times \sin[20° - (-33.1°)]\}\text{var} = 774.1\text{var}$$

$$\lambda = \cos\varphi = \cos[20° - (-33.1°)] = 0.6$$

【例4-20】RLC串联电路求功率

4.5.3　功率因数的提高

在电力系统中，大多数负载是感性负载，一般功率因数比较低。功率因数低的危害主要有两个方面：一方面，电源设备的容量不能被充分利用。在电源设备容量 $S_N = U_N I_N$ 一定的情况下，功率因数越低，有功分量 P 越小，设备越得不到充分利用。另一方面，功率因数低会增加输电线路的功率损耗。由于 $P = UI\cos\varphi$，在有功功率和端电压 U 一定的情况下，$\cos\varphi$ 越低，I 越大，所以线路损耗（$Q_{耗} = I^2 rt$，r 为线路等效电阻）就越大。为此，我国电力行政法规中对用户的功率因数有明确的规定（一般规定为 0.85 以上）。

在用户功率因数过低时，应采取措施提高功率因数，提高功率因数的方法之一是采用感性负载并联电容补偿的方法，并联电容以提高功率因数的电路如图 4-45 所示。电感支路电流为 I_1，它的有功分量为 I_{1a}，无功分量为 I_{1r}。在并联电容前后，电感支路的端电压没有改变，电流和功率都不受电容的影响。

图 4-45　并联电容以提高功率因数的电路

在并联电容之前，电路中的总电流 $I = I_1 = \sqrt{I_{1r}^2 + I_{1a}^2}$；在并联电容 C 之后，电容支路产生电容电流 I_C，抵消 I_1 的部分无功分量，这时的总电流比原来减小，即 $I = \sqrt{I_{1a}^2 + (I_{1r} - I_C)^2}$，电流随电容变化的相量图如图 4-46a 所示。由于 $I_C = \omega CU$，在电源不变的情况下，电容越大，I_C 越大，所以随着并联电容容量的增加，I_C 逐渐增大，总电流 I 逐渐减小，$\cos\varphi$ 逐渐增大；当 $I_C = I_L$ 时，总电流的无功分量为 0，总电流 $I = I_{1a}$，达到最小值，此时电路的功率因数为 1，电路为阻性；如果继续增大电容值，总电流的有功分量依然不变，但是无功分量开始增大，导致总电流 I 增大，电路的功率因数就会减小，此时电路变成容性，如图 4-46a 所示。

从图 4-46a 中看到，电容的改变不影响总电流的有功分量，而是通过改变无功分量来影响总电流的大小，从而改变电路的功率因数；还可以看到，当电容值过大时，电路会变成容

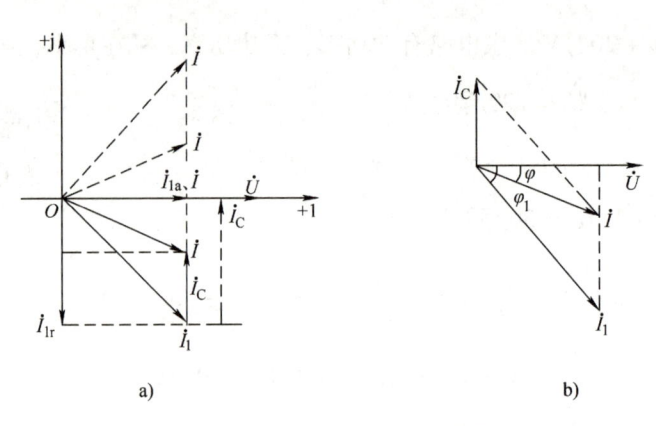

图 4-46 感性负载并联电容相量图
a) 电流随电容变化的相量图　b) 功率因数提高到 $\cos\varphi$ 的相量图

性，功率因数反而会变小。从以上分析可见，并联电容的容量值一定要合适，才能使功率因数达到期望值。

已知功率 P 及功率因数 $\cos\varphi_1$，若要求把电路功率因数提高到 $\cos\varphi$，则应并联电容 C 的容量计算方法如下：

设电压的初相为零，感性负载电流 $\dot{I}_1$ 滞后电压 $\dot{U}$ 的角度等于阻抗角，即功率因数角为 φ_1，电容电流 $\dot{I}_\text{C}$ 超前电压 $\dot{U}$ 90°，总电流 $\dot{I}$ 等于感性负载电流 $\dot{I}_1$ 和电容电流 $\dot{I}_\text{C}$ 的相量和，画出功率因数提高到 $\cos\varphi$ 的相量图如图 4-46b 所示。

在没有并联电容之前，有 $P = UI_1\cos\varphi_1$，即

$$I_1 = \frac{P}{U\cos\varphi_1}$$

在并联电容后，有功和电压不变，总电流变为 I，功率因数变为 $\cos\varphi$，因此 $P = UI\cos\varphi$，即

$$I = \frac{P}{U\cos\varphi}$$

由相量图可知

$$I_\text{C} = I_1\sin\varphi_1 - I\sin\varphi$$
$$= \frac{P}{U\cos\varphi_1}\sin\varphi_1 - \frac{P}{U\cos\varphi}\sin\varphi = \frac{P}{U}(\tan\varphi_1 - \tan\varphi)$$

又因为

$$I_\text{C} = \frac{U}{X_\text{C}} = \omega CU$$

所以

$$C = \frac{P}{\omega U^2}(\tan\varphi_1 - \tan\varphi)$$

【例 4-21】 一台额定功率 $P = 1.1\text{kW}$ 的感应电动机，接在 220V、$f = 50\text{Hz}$ 的电路中，电动机工作电流为 10A。求电动机的功率因数。若要把功率因数提高到 0.85，则应在电动机的两端并联一只多大的电容？

解： 在并联电容之前的功率因数为

$$\cos\varphi_1 = \frac{P}{UI} = \frac{1.1 \times 1000}{220 \times 10} = 0.5$$

则 $\varphi_1 = 60°$；所以当 $\cos\varphi = 0.85$ 时，$\varphi = 31.79°$，则

$$C = \frac{P}{\omega U^2}(\tan\varphi_1 - \tan\varphi) = \frac{1.1 \times 10^3}{314 \times 220^2}(\tan 60° - \tan 31.79°)\text{F}$$
$$= 80\mu\text{F}$$

4.6 正弦交流电路中的谐振现象

在含有电阻、电感和电容的交流电路中，一般情况下电路的端电压和电流是不同相的，电路呈感性或者容性；但是当端电压和电流同相时，电路呈阻性，这时称电路的工作状态为谐振。

谐振现象是正弦稳态电路的一种特定的工作状况，它在无线电和电工技术中得到广泛的应用。谐振具有两重性，一方面无线电设备用谐振电路来完成调谐、滤波等功能；另一方面，在电力系统中，发生谐振时有可能引起过电流、过电压，破坏系统的正常工作。因此，对谐振现象的研究有重要的实际意义。通常采用的谐振电路是由电阻、电容、电感组成的串联谐振电路和并联谐振电路。

4.6.1 串联谐振

1. 串联谐振的条件

在 RLC 串联电路中，当电路的端电压和电流同相时，称为串联谐振。对于如图 4-47a 所示的串联谐振电路，根据基尔霍夫电压定律的相量式有

$$\dot{U} = \dot{U}_R + \dot{U}_L + \dot{U}_C$$
$$= R\dot{I} + \text{j}\omega L\dot{I} + \frac{\dot{I}}{\text{j}\omega C}$$
$$= \dot{I}\left[R + \text{j}\left(\omega L - \frac{1}{\omega C}\right)\right] \tag{4-16}$$

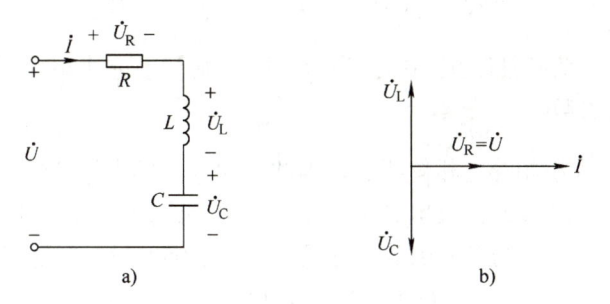

图 4-47 串联谐振电路及其相量图
a) 串联谐振电路 b) 相量图

由于当电路发生谐振时，总电压和总电流同相，所以应使式 (4-16) 中的虚部为零，即有

$$\omega L = \frac{1}{\omega c}$$

这就是使 RLC 电路发生串联谐振的条件。将发生谐振时的角频率记为 ω_0，称为谐振角频率。因此，该电路的谐振角频率为

$$\omega_0 = \frac{1}{\sqrt{LC}}$$

谐振频率为

$$f_0 = \frac{\omega_0}{2\pi} = \frac{1}{2\pi\sqrt{LC}} \tag{4-17}$$

由式（4-17）可知，串联电路的谐振频率与电阻无关。谐振频率反映了串联电路的一种固有性质，因此也常称 f_0 为固有频率。对于每一个 RLC 串联电路，总有一个对应的谐振频率。由式（4-17）可见，改变电源频率 f 或者改变电路参数（L 或 C）的数值，就可以使电路发生谐振或消除谐振现象。

串联谐振时的相量图如图 4-47b 所示，此时电感电压 U_L 和电容电压 U_C 大小相等，相位相反，合成为零；电路端电压都降在电阻上，$U_R = U$。

2. 串联谐振的一些特征

当电路发生串联谐振时，电抗 $X = X_L - X_C = 0$，所以阻抗是一个纯电阻，阻抗角为零，即 $Z_0 = R$，$\varphi = 0$。

这时阻抗的模为最小值，即

$$|Z_0| = \sqrt{R^2 + X^2} = R$$

由于谐振时阻抗的模为最小值，所以电流达到最大值，即

$$\dot{I}_0 = \frac{\dot{U}}{Z_0} = \frac{\dot{U}}{R}$$

谐振时，感抗和容抗相等，同时谐振角频率 $\omega_0 = 1/\sqrt{LC}$，则

$$\omega_0 L = \frac{1}{\omega_0 C} = \frac{1}{\sqrt{LC}}L = \sqrt{\frac{L}{C}} = \rho$$

令 $\sqrt{L/C} = \rho$，称为特性阻抗，单位为 Ω（欧［姆］）。它由电路的 L、C 参数决定，是衡量电路特性的重要参数。

谐振时，$\dot{U}_L$ 和 $\dot{U}_C$ 大小相等，相位相反，因此 L 和 C 上的电压合成为零。但 L、C 元件上的电压不为零，甚至可能很大，故串联谐振又称为电压谐振。工程上通常用 Q 来描述 U_L（或 U_C）与 U 的关系，Q 称为品质因数，它是一个无量纲的量。品质因数定义为

$$Q = \frac{U_L(U_C)}{U} = \frac{U_L(U_C)}{U_R} = \frac{\omega_0 LI}{RI} = \frac{\omega_0 L}{R} = \frac{\rho}{R} = \frac{\sqrt{L/C}}{R} \tag{4-18}$$

对于电力电路而言，Q 值很大是不利的，因为 Q 越大，则 L 或 C 上的电压越高，因此设计时，电容和电感的耐压值就需要很高，否则容易击穿。但在无线电工程中，当外来信号比较微弱时，可利用串联谐振在电容或电感上获得较高的信号电压，因此要求 Q 值高一些。

在串联谐振时，电路的无功功率为零，电源供给的能量全部消耗在电阻上。在 RLC 串联谐振电路中，感抗、容抗、电压、电流以及阻抗等都将随频率而变化，把这种变化称为频率特性，其中电压电流的频率特性曲线称为谐振曲线。在电源电压有效值不变的情况下，电流的谐振曲线如图 4-48 所示。

从谐振曲线可以看出，当 $\omega = \omega_0$ 时，电流最大；当偏离谐振频率时，电流下降，而且偏离越远，电流下降程度越大。这也就说明谐振电路具有把 ω_0 附近的信号选择出来的性能，称为选择性。因此，串联谐振电路可以用作选频电路。

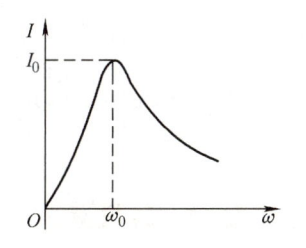

图 4-48 电流的谐振曲线

将图 4-48 所示的横坐标用 ω/ω_0 表示，就得到如图 4-49 所示的通用谐振曲线。图中画出了不同 Q 值的谐振曲线。从图中可以看出，选择性与品质因数 Q 有关，Q 越大，曲线越尖锐，选择性越好。因此，要从众多信号中选择出所需要的信号，就要选择 Q 值大的电路，同时可以有效地抑制其他信号。

实际的信号通常不是一个单一的频率，而是一个频率范围。在实际应用中，常将这个频率范围称为该电路的带宽，又称为通频带，用 B 表示，通频带如图 4-50 所示。通频带定义为将电流下降为最大值的 $1/\sqrt{2}$（约为 0.707）时对应的频率点 f_1、f_2 之间的宽度，即 $B = f_2 - f_1$，并可证明（证明从略）

图 4-49 通用谐振曲线

$$B = f_2 - f_1 = \frac{f_0}{Q} \qquad (4\text{-}19)$$

该式表明通频带 B 与品质因数 Q 成反比，即 Q 值越高，通频带越窄。

从以上分析可以看出，串联谐振回路的选择性和通频带均受 Q 值影响，但两者之间是矛盾的，因此实际电路应兼顾两方面的要求。

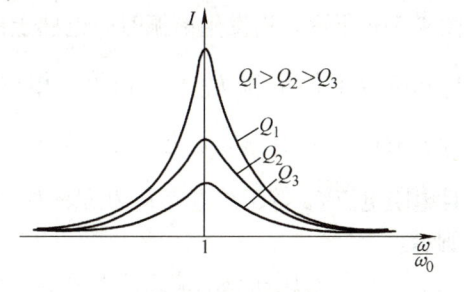

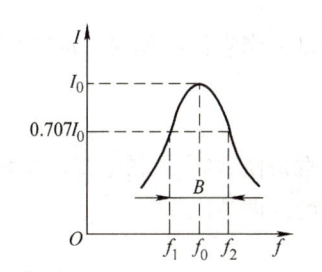

图 4-50 通频带

【例 4-22】 在某个 RLC 串联谐振电路中，$R = 100\Omega$，$C = 150\text{pF}$，$L = 250\mu\text{H}$。试求该电路发生谐振的频率。若电源频率刚好等于谐振频率，电源电压 $U = 50\text{V}$，则求电路中的电流、电容电压、电路的品质因数。

解：$\omega_0 = \dfrac{1}{\sqrt{LC}} = \dfrac{1}{\sqrt{150 \times 10^{-12} \times 250 \times 10^{-6}}} \text{rad/s} = 5.16 \times 10^6 \text{rad/s}$

$$f_0 = \frac{\omega_0}{2\pi} = \frac{5.16 \times 10^6}{2 \times 3.14}\text{Hz} = 8.2 \times 10^5 \text{Hz}$$

$$I_0 = \frac{U}{R} = \frac{50\text{V}}{100\Omega} = 0.5\text{A}$$

$$\frac{1}{\omega C} = \omega L = 5.16 \times 250\Omega = 1290\Omega$$

$$U_C = \frac{1}{\omega C} \times I_0 = 645\text{V}$$

$$Q = \frac{\omega L}{R} = 12.9$$

4.6.2 并联谐振

1. 并联谐振的条件

在 RLC 并联电路中，当电路的端电压和电流同相时，称为并联谐振。并联谐振电路如图 4-51a 所示。当发生谐振时，电感上的电流 $\dot{I}_L$ 和电容上的电流 $\dot{I}_C$ 大小相等，相位相反，合成的电流为零；总电流 $\dot{I}$ 与总电压 $\dot{U}$ 同相，且电阻电流 $\dot{I}_R$ 等于总电流 $\dot{I}$。相量图如图 4-51b 所示。

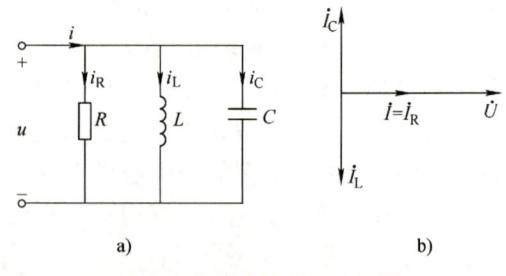

图 4-51 并联谐振电路及相量图
a) 电路图 b) 相量图

由于总电压和总电流之间关系为

$$\dot{I} = Y\dot{U} = \left(R + \frac{1}{j\omega L} + j\omega C\right)\dot{U}$$

所以，当它们同相时，应该使得

$$\frac{1}{\omega L} = \omega C$$

这就是使 RLC 并联电路发生谐振的条件。可见谐振角频率、谐振频率与串联谐振的表达式相同，即

$$\omega_0 = \frac{1}{\sqrt{LC}} \text{ 及 } f_0 = \frac{\omega_0}{2\pi} = \frac{1}{2\pi\sqrt{LC}}$$

在实际的电路中，一般没有纯电感元件，纯电感只是在特定条件下的等效。对于导线绕制的线圈，它同时包含阻性和感性。在图 4-52 所示的线圈和电容并联谐振电路中，用电阻 R 和电感 L 的串联来表示实际线圈，它与电容组成并联谐振电路。线圈和电容的复阻抗分别为

$$Z_L = R + j\omega L, Z_C = \frac{1}{j\omega C}$$

电路的复阻抗为

$$Z = \frac{(R + j\omega L)\frac{1}{j\omega C}}{R + j\omega L + \frac{1}{j\omega C}}$$

在一般情况下，线圈本身的电阻 R 很小，特别是在频率较高时，$\omega L \gg R$，因此，若忽略电阻 R 的影响，则有

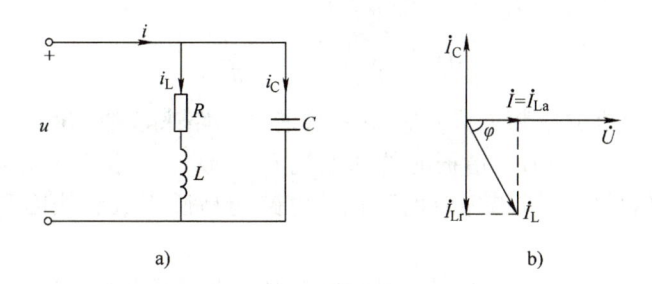

图 4-52　线圈和电容并联谐振电路
a) 电路图　b) 电压电流的相量图

$$Z \approx \frac{\dfrac{L}{C}}{R + j\omega L + \dfrac{1}{j\omega C}} = \frac{1}{\dfrac{RC}{L} + j\left(\omega C - \dfrac{1}{\omega L}\right)} \qquad (4\text{-}20)$$

谐振时，复阻抗的虚部为零，则并联谐振的条件为

$$\omega C - \frac{1}{\omega L} = 0$$

谐振角频率及谐振频率为

$$\omega_0 = \frac{1}{\sqrt{LC}}, \quad f_0 = \frac{1}{2\pi\sqrt{LC}}$$

2. 并联谐振的特征

由式（4-20）可得电路阻抗值为

$$|Z| = \frac{1}{\sqrt{\left(\dfrac{RC}{L}\right)^2 + \left(\omega C - \dfrac{1}{\omega L}\right)^2}}$$

当电路发生谐振时，$\omega C = \dfrac{1}{\omega L}$，阻抗达到最大值，即

$$|Z_0| = \frac{1}{\dfrac{RC}{L}} = \frac{(\omega_0 L)^2}{R}$$

对于如图 4-52a 所示的电路，选择电压 $\dot{U}$ 作为参考相量，则电感电流 $\dot{I}_L$ 滞后电压 φ，φ 为线圈支路的阻抗角；电容电流 $\dot{I}_C$ 超前电压 90°。电压电流的相量图如图 4-52b 所示。当电路发生谐振时，总电压和总电流同相，电流 $\dot{I}_L$ 在虚轴上的分量 $\dot{I}_{Lr}$（即无功分量）与 $\dot{I}_C$ 等值反向，合成为零；在实轴上的分量 $\dot{I}_{La}$（即有功分量）等于总电流 $\dot{I}$。由于谐振时阻抗最大，所以总电流最小，电路发生谐振时线圈支路的电流无功分量与电容上的合成电流为零。

尽管当电路发生并联谐振时，总电流达到最小值，但分电流 I_L、I_C 的数值却很大，比总电流大很多倍，因此并联谐振又称为电流谐振，其特征可用品质因数 Q 描述，定义为

$$Q = \frac{I_L}{I} = \frac{I_C}{I} = \frac{\omega_0 L}{R}$$

【例 4-23】 收音机的中频放大器常用并联谐振电路来选择 465kHz 的信号。假设线圈的电阻 $R = 5\Omega$，$L = 150\text{pH}$，谐振时的总电流 $I = 1\text{mA}$。试求应该配多大的电容电路才能选择 465kHz 的信号？并求谐振时的阻抗、电路的品质因数、线圈和电容中的电流和端电压。

解：要想能选择到 465kHz 的信号，必须使电路的固有频率 $f_0 = 465\text{kHz}$，即谐振时的感抗为

$$\omega_0 L = 2\pi f_0 L = 2\pi \times 465 \times 10^3 \times 150 \times 10^{-6} \Omega = 438\Omega$$

而电阻 $R = 5\Omega$，符合 $\omega_0 L \gg R$，可以近似认为 $\omega_0 L = \frac{1}{\omega_0 C}$，即

$$C = \frac{1}{\omega_0^2 L} = \frac{1}{(2\pi f_0)^2 L} = \frac{1}{(2\pi \times 465 \times 10^3)^2 \times 150 \times 10^{-6}}\text{F} = 780\text{pF}$$

$$|Z_0| = \frac{(\omega_0 L)^2}{R} = 38.4\text{k}\Omega$$

$$Q = \frac{I_L}{I} = \frac{I_C}{I} = \frac{\omega_0 L}{R} = \frac{438}{5} = 88$$

$$I_L \approx I_C = QI_0 = 88 \times 1\text{mA} = 88\text{mA}$$

$$U_L = U_C = I_0 |Z_0| = 1 \times 10^{-3} \times 38.4 \times 10^3 \text{V} = 38.4\text{V}$$

4.7　实践项目　交流电路的测量

项目目的

通过本项目进一步巩固正弦交流电路中电压、电流的基本概念，正弦量的相量表示法、相量图；正弦交流电路中的元件；正弦交流电路的电压与电流的关系等。通过本项目要学会按要求搭建电路，会用交流电压表、电流表测量电路，会对测量结果进行分析计算等。

设备材料

1）交流电压表（量程 0~500V）1 只。

2）交流电流表（量程 1~5A）1 只。

3）单项调压器 1 台。

4）荧光灯装置（荧光灯管、电感镇流器和辉光启动器）1 套。

5）电容板（1μF、2.2μF、4.7μF，耐压 500V）1 块。

6）电阻 120Ω、200Ω、510Ω（功率 10W）各 1 只。

4.7.1　任务 1　感性电路的测量

无论是在工农业生产还是在日常生活中，都离不开正弦交流电。对正弦交流电路中电压、电流的测量是必不可少的。实际的电气设备有感性、容性及阻性，不同的电气设备的电压与电流的关系不同，功率关系也不同。在实际生产和生活中，最常见的负载是感性负载，如工农业生产中使用的电动机、生活中用到的洗衣机、电冰箱以及荧光灯装置等。为此，感

性负载电路的电压、电流以及功率的测量与研究都很重要。在任务 1 中,要学习如何测量感性电路,以及测量时应注意的问题等。

在本任务中,感性电路采用荧光灯装置电路,如图 4-53a 所示。电路包括荧光灯管、电感镇流器、辉光启动器 3 部分。当荧光灯管正常发光时,灯管可以等效为一个电阻,电感镇流器可以等效成一个电感和一个电阻的串联。当电源电压保持不变时,等效电感值不变,用一个电感元件表示,电路原理图如图 4-53b 所示。

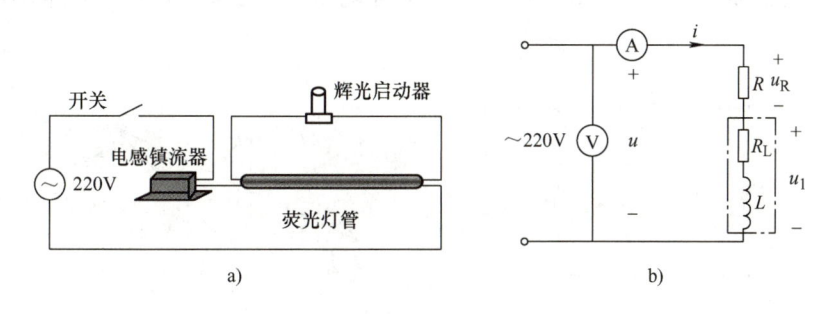

图 4-53 荧光灯装置
a) 电路接线图 b) 电路原理图

电路中可以直接测量出电路的总电压 U、电阻 R 上的电压 U_R、线圈上的电压 U_1 和电流 I。线圈的等效电阻、等效电感和等效的阻抗角可以通过计算得到。各个电压和电流之间的相量关系如图 4-54 所示。根据相量图,可知

$$U^2 = (U_R + U_{RL})^2 + U_L^2 = (U_R + U_1\cos\varphi)^2 + (U_1\sin\varphi)^2$$

由此可以求出功率因数为

$$\cos\varphi = \frac{U^2 - U_1^2 - U_R^2}{2U_1 U_R}$$

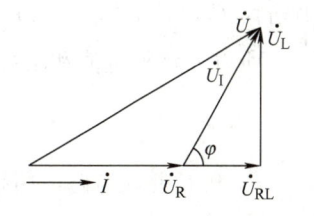

图 4-54 相量图

操作步骤及方法如下:

1)按照荧光灯装置接线图连线,接到 220V 工频交流电源上。

2)用交流电压表、电流表分别测量电阻 R 上的电压 U_R、线圈上的电压 U_1 和电流 I,填入表 4-1 中。

表 4-1 电阻与电感线圈串联电路数据表

测量值				计算值					
U/V	U_R/V	U_1/V	I/A	U_L/V	U_{RL}/V	$\lvert Z\rvert$/Ω	φ/(°)	R_L/Ω	L/H

3)根据测量的电压与电流计算线圈等效电感电压 U_L、等效电阻电压 U_{RL} 以及等效阻抗 $\lvert Z\rvert$、阻抗角 φ,等效电阻 R_L、等效电感 L,并填入表 4-1 中。

4)绘制各个电压、电流相量图。

4.7.2 任务2 容性电路的测量

在实际的应用中,电容也是常用元器件之一,当电路中有电容时,电路就是容性电路。这里以电阻和电容串、并联的情况为例,进行容性电路的分析和测量。学习电容电压与电流的测量,研究容性电路电压和电流关系。

电阻和电容混联电路如图4-55a所示。以电容电压 $\dot{U}_C$ 为参考相量,相量图如图4-55b所示。

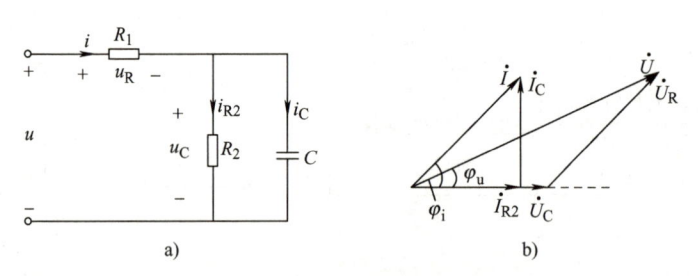

图 4-55 容性电路图和相量图

a) 电路图 b) 相量图

电阻 R_2 的电流 $\dot{I}_{R2}$ 与 $\dot{U}_C$ 同相,且 $I_{R2} = U_C/R_2$;电容电流 $\dot{I}_C$ 超前 $\dot{U}_C$ 90°,且 $I_C = U_C/X_C = \omega C U_C$;总电流 $I = \sqrt{I_{R2}^2 + I_C^2}$,初相为 φ_i。电阻 R_1 的电压 $\dot{U}_R$ 与总电流 $\dot{I}$ 同相,总电压 $U = \sqrt{(U_R\cos\varphi_i + U_C)^2 + (U_R\sin\varphi_i)^2}$,初相为 φ_u。

所以电路阻抗值和阻抗角分别为

$$|Z| = \frac{U}{I}, \quad \varphi = \varphi_u - \varphi_i$$

R_2 和 C 并联电路的阻抗和阻抗角分别为

$$|Z_C| = \frac{U_C}{I}$$

$$\varphi_C = -\varphi_i = \arccos\frac{I_{R2}}{I} = \arcsin\frac{I_C}{I}$$

或者

$$Z_C = R_2 // \frac{1}{j\omega C} = \frac{R}{1 + j\omega RC} = |Z_C|\angle\varphi_C$$

1. 操作步骤及方法

1)调压器输出电压 U 保持50V,把电容箱与510Ω、10W 的电阻 R_2 并联,然后与120Ω、10W 的电阻 R_1 串联后接到调压器的输出端,如图4-55所示。

2)按照表4-2所列的电容值,依次接通不同容量的电容,用交流电压表、电流表分别测量电阻 R_1 上的电压 U_R、U_C 和电流 I,填入表4-2中。

3)根据测量的数据分别计算电阻 R_2 支路和电容 C 支路上的电流,以及 RC 并联后的等效阻抗、阻抗角,填入表4-2中。

4）绘制电容 $C=1\mu F$ 时的各个电压、电流相量图。

5）RC 并联电路的阻抗可以根据电压、电流测量值计算得到，也可以根据给定的电阻 R、电容 C 计算得到。比较这两种方法计算的结果，分析误差原因。

表 4-2 容性电路数据表

电容 $C/\mu F$	测 量 值				计 算 值					用 RC 计算
	U/V	I/A	U_R/V	U_C/V	I_{R2}/A	I_C/A	$|Z|/\Omega$	$|Z_C|/\Omega$	$\varphi_C/(°)$	$|Z_C|/\Omega$
0										
1.0										
2.2										
4.7										

2. 注意事项

1）未经指导教师同意，不得通电。
2）在测量感性负载电压时，一定要先把电压表断开后再断开电源开关，避免损坏电压表。
3）测量的过程，注意一直保持电感线圈的端电压不变。
4）操作时，同组人员互相合作，避免有人在进行接线等操作的同时合上电源造成触电。
5）使用时注意仪表的量程。

3. 思考题

1）并联电路，如果已知各支路的复阻抗，如何求电路的等效复导纳？
2）电路中电压相位超前电流相位，电路是阻性、感性还是容性？
3）电容的容量对哪些量有影响？为什么？
4）电路的总电压一定大于分电压吗？为什么？
5）说明交流电压表和电流表测量的数据的意义。

4. 项目报告

1）根据测量数据，进行数据处理，完成表 4-1 和表 4-2，要有计算过程。
2）操作步骤及方法的要求，分别绘制感性电路和容性电路的相量图。
3）根据电压和电流的测量值计算求得 RC 并联电路的阻抗，再根据给定的电阻 R、电容 C 计算求得 RC 并联电路的阻抗。比较这两种方法计算的结果，分析误差原因。

4.8 实践项目 并联电容提高功率因数

项目目的

会按要求搭建电路；会用交流电压表、电流表、功率表测量电路中的电压、电流和功率；会用并联电容的方法提高电路的功率因数。

设备材料

1）交流电压表（量程 0~500V）1 只。

2）交流电流表（量程1~5A）1只。

3）荧光灯装置1套。

4）交流功率表1只。

5）电容板（1μF、2.2μF、4.7μF，耐压500V）1块。

4.8.1　任务1　功率因数与并联电容的关系

实际应用中，感性负载很多，如电动机、变压器和日常照明用的荧光灯等，其功率因数和传输效率都较低，发电设备的容量也得不到充分利用，所以应该设法提高功率因数。通常是在感性负载的两端并联一个电容，以流过电容的容性电流补偿感性负载的感性电流。此时负载消耗的有功功率不变，但由于功率因数的提高，输电线路上的总电流减小，线路压降减小，线路损耗也随之降低。本任务就是研究并联不同容量的电容，电路功率因数的变化情况，并联电容的荧光灯电路原理图如图4-56所示。

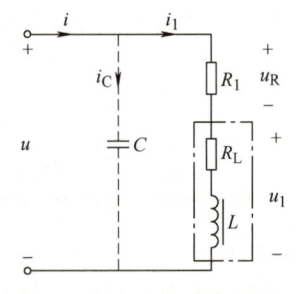

图4-56　并联电容的荧光灯电路原理图

操作步骤及方法如下：

1）把荧光灯电路和电容并联连接，按照图4-56所示设计走线，画好接线图。接线后，经教师检查正确方可进行下一步操作。

2）测量电源电压 U（$U=220\text{V}$），电容箱开关全部断开，合上电源开关后观察荧光灯的启动过程。

3）荧光灯正常发光后，测出镇流器的电压 U_1、灯管电压 U_R 以及电流 I，填入表4-3中。

4）测出镇流器的功率 P_L、灯管功率 P_R、电路的总功率 P，填入表4-3中。

5）计算灯管的等效电阻和镇流器的等效电阻、电感，电路的功率因数填入表4-3中。

表4-3　荧光灯电路测量数据及电路参数

测量值							
U/V	U_R/V	U_1/V	I/A	P/W	P_R/W	P_L/W

计算值					
U_{RL}/V	U_L/V	R/Ω	R_L/Ω	L/H	$\cos\varphi$

6）闭合电容箱上的对应开关，接入电容 C，并联电容按表4-4中的顺序从小到大增加，记下各情况下的功率、电流和电压值，并计算对应的功率因数。

7）绘出总电流随接入电容变化关系的曲线。

表 4-4　功率测量数据

电容/μF	测量值					计算值
	U/V	I/A	I_L/A	I_C/A	P/W	$\cos\varphi$
0						
1						
2.2						
4.7						

4.8.2　任务 2　功率因数提高到特定值

通过上一个任务的学习可以知道，感性负载两端并联一个电容，可改变电路的功率因数。在实际使用中，通常要把电路的功率因数提高到一个特定数值，本项任务就是研究把功率因数提高到特定数值应如何选择电容的容量。

1. 操作步骤及方法

1）按照图 4-56 接线，经教师检查正确方可进行下一步操作。

2）根据任务 1 的测量数据计算将电路的功率因数分别提高到 0.85、0.9 所需要并联电容的容量，计算方法见式（4-16）。

3）把功率因数提高到 0.85 时对应的电容并联到电路中，测量电路的电流、电压及功率，填入表 4-5 中。

4）把功率因数提高到 0.9 时对应的电容并联到电路中，测量电路的电流、电压及功率，填入表 4-5 中。

5）根据测量数据计算并联电容后的实际功率因数，与计算值比较并分析误差原因。

表 4-5　功率因数提高到特定值

$\cos\varphi$	电容/μF	测量值					计算值
		U/V	I/A	I_L/A	I_C/A	P/W	$\cos\varphi$
0.85							
0.9							

2. 注意事项

1）未经指导教师同意，不得通电。

2）操作时，同组人员互相合作，避免有人在进行接线等操作的同时合上电源造成触电。

3）使用功率表应注意各个接线柱的连接。

4）注意各个仪表的量程。

3. 思考题

1）荧光灯管是什么性质的元器件？镇流器是什么性质的元器件？

2）测量得到的灯管电压和镇流器电压相加等于电源电压吗？

3）试比较并联电容前、后电路的总功率有无变化。

4）荧光灯负载并联电容后有何好处？电容量大小对功率因数影响如何？

5）并联电容的容量对荧光灯的电流和功率有何影响？

6）并联电容提高功率因数时，是否电容的容量越大越好？

7）根据表4-5的数据，分析、说明实际使用中为什么不把功率因数提高到"1"。

8）根据测量的电压、电流和功率的数据，计算功率因数，看看能否达到要求。

4. 项目报告

1）根据测量数据，进行数据处理，完成表4-3~表4-5，要有计算过程。

2）根据表4-4的数据，绘制总电流随接入电容变化关系的曲线。

3）把表4-5给定的功率因数值和通过测量计算的功率因数值进行比较，分析误差原因。

4.9 实践项目　RLC串联电路谐振参数测量

项目目的

通过本项目，巩固电路谐振的相关知识；学会用仿真方法，测量RLC串联电路的谐振参数；学会按要求连接电路，并测量电路的谐振参数、绘制曲线。

设备材料

1）计算机（装有Multisim电路仿真软件）1台。

2）交流毫伏表。

3）函数信号发生器。

4）双踪示波器。

5）RLC串联谐振电路实验板。

4.9.1 任务1　仿真方法测量谐振参数

该任务的内容是根据给定的电路参数，观察电路频率响应曲线，测量谐振频率以及谐振时电压、电流参数，计算品质因数。

操作步骤及方法如下：

1）设计一个RLC串联谐振仿真电路，串联谐振仿真电路如图4-57所示，设置信号源u_i电压值为1V，频率为1kHz。

2）选择电阻100Ω、电容0.056μF、电感20mH，计算电路的谐振频率。

3）在菜单栏上选择"仿真→Analyse and Simulate"，弹出 Analyse and Simulate 窗口。在弹出窗口左侧选择"交流分析"，在交流分析窗口"频率参数"选项中设置仿真的起始频率、停止频率、扫描类型、每十倍频程点数和垂直刻度。因为 $f_0 = \dfrac{1}{2\pi\sqrt{LC}} \approx 4.75\text{kHz}$，可设置起始频率为4kHz、停止频率为5.5kHz，根据计算的谐振频率适当选择仿真频率范围可以很好地观察谐振点。扫描类型选择"线性"、每十倍频程点数设为"100"、垂直刻度选择"线性"。在交流分析窗口的"输出"选项中，把节点3的点位 V（3）添加为仿真变量，该电压就是电阻上的电压。其他选项默认，无须修改。

第4章 正弦交流电路

a)

b)

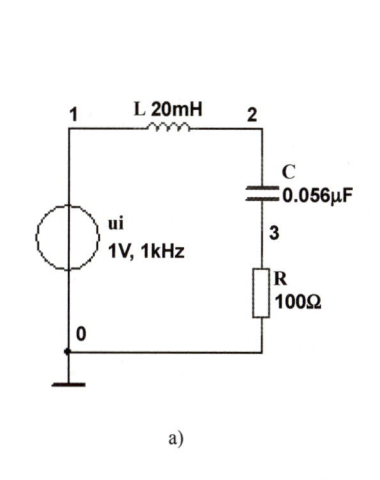

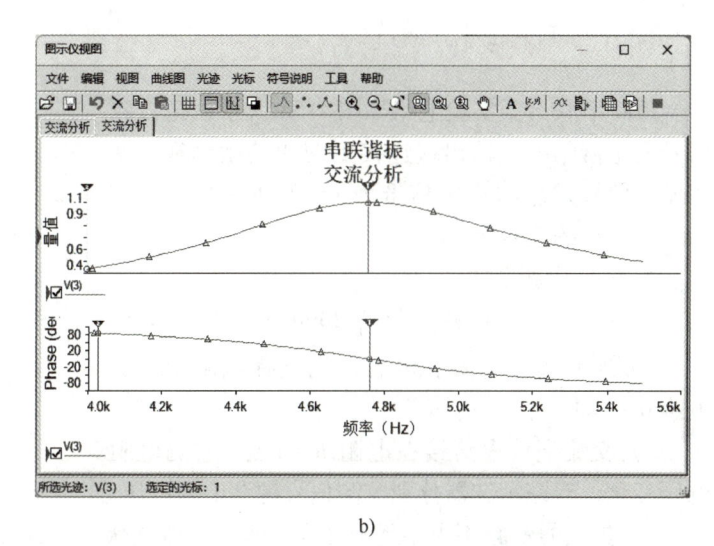

图 4-57 串联谐振仿真

a）串联谐振仿真电路　b）频率响应曲线

4）单击"Run"按钮，进行仿真，弹出"图示仪视图"窗口，如图4-57b所示，观察频率响应曲线。

5）单击工具栏中游标工具，放置游标，读出幅频曲线的最大值对应的频率，即谐振频率，填入表4-6中（为了读数精确，可适当修改起、止频率，缩小扫频范围）。

6）保持信号源幅值1V不变，频率修改为谐振频率，用万用表测量此时电感、电容和电阻上的电压，并适当调整信号源频率，使得电感和电容上电压相等，电阻电压尽量接近信号源电压1V。把以上数据填入表4-6中，将仿真电路复制到项目报告中。根据测量值计算谐振电流、电路的品质因数，并将这些数据填入表4-6中。

7）按照表4-6提供的数据来改变 R、C 的值，计算谐振频率，并按照步骤3）、4）观察曲线变化，并记录数据。

表 4-6 串联谐振数据

	R/Ω	$C/\mu F$	f_0/kHz	U_{R0}/V	U_{L0}/V	U_{C0}/V	I_0/mA	Q
仿真数据	100	0.01						
	100	0.056						
	510	0.01						
	510	0.056						
测量数据	100	0.01						
	100	0.056						
	510	0.01						
	510	0.056						

4.9.2 任务 2 实验方法测量谐振参数

RLC 串联谐振实验电路如图 4-58 所示，把低频信号发生器的电压输出端连接到图中的激励端，调整低频信号发生器输出信号为 1V 的正弦信号，作为谐振电路的信号源。

1. 操作步骤及方法

1）图 4-58 中电感量保持 20mH，通过开关 S_1 和 S_2 切换来选择电阻和电容，先选择电阻 100Ω、电容 0.01μF。

2）交流毫伏表跨接在电阻 R 两端，监测电阻电压变化，双踪示波器分别监测信号源和电阻电压。

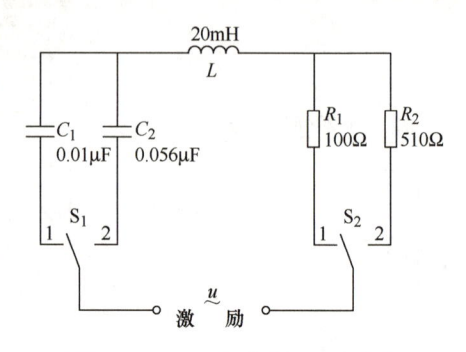

图 4-58 RLC 串联谐振实验电路

3）把信号源频率由小逐渐变大，观察交流毫伏表的读数和示波器的波形变化。当电压达到最大值 U_0 时，信号源的波形与电阻电压波形同相且近似相等，读出此时频率计上的频率值即为谐振频率 f_0，并用交流毫伏表分别测量 U_0、U_{L0}、U_{C0}，填入表 4-6 中。在测量时，注意改变交流毫伏表的量程。

4）按照表 4-6 中的参数，拨动开关 S_1 和 S_2，重复步骤 3）。

2. 注意事项

1）在变换频率测试前，应调整信号输出幅度（用示波器监视输出幅度），使其维持在 1V 输出。

2）在测量 U_C 和 U_L 时，应及时更换毫伏表的量程。

3. 思考题

1）在任何电路中换路都能引起过渡过程吗？
2）电路的过渡过程持续时间与哪些量有关？
3）电动机带负载运行时能不能直接切断电源开关？为什么？
4）电路参数不变，改变方波信号的频率对输出信号有什么影响？

4. 项目报告

1）画出实验电路原理图，复制仿真电路和波形图粘贴到项目报告中。
2）对测量的数据进行计算、处理。
3）比较谐振频率的计算结果和测量结果，分析误差原因。
4）计算出通频带与 Q 值，说明不同 R 值对电路通频带与品质因数的影响。

4.10 实践项目 选频电路的设计实现

项目目的

会按要求设计电路、绘出电路图、正确选择参数；会对设计电路进行仿真分析；会测量电路的谐振参数、绘制曲线。

设备材料

计算机（装有 Multisim 14.0 电路仿真软件）1 台。

4.10.1 任务1 *LC* 选频电路的设计实现

LC 选频电路广泛地用于收音机等无线电接收设备的输入调谐电路之中。该任务就是设计一个 *LC* 选频电路，选择合适的电路参数，使电路在给定的频率下发生串联谐振。对设计电路进行仿真分析，适当调整参数，然后用实际电路元器件构成实际电路；并对电路进行测试，研究谐振电路的特点。

收音机的输入调谐选频电路原理图如图 4-59a 所示，图 4-59b 为等效图。其中 R_L 表示线圈 L 的损耗电阻。该等效图即是一个 *RLC* 串联电路，信号源 u_{S1}、u_{S2}、…是接收到的不同频率的电信号。当需要某一特定频率的信号时，比如频率为 f_1 的信号 u_{S1}，只需要调节可变电容 C，使电路的谐振频率 f_0 等于信号源 u_{S1} 的频率 f_1。此时回路的阻抗最小且 $Z_0 = R_L$。当信号电压一定时，回路的电流最大、电感或电容两端的电压最大且是信号源的 Q 倍，即输出信号 u_o 为信号源 u_{S1} 的 Q 倍。可见品质因数 Q 较大时，电路选择性较好，通频带较窄可有效地抑制其他的频率信号。

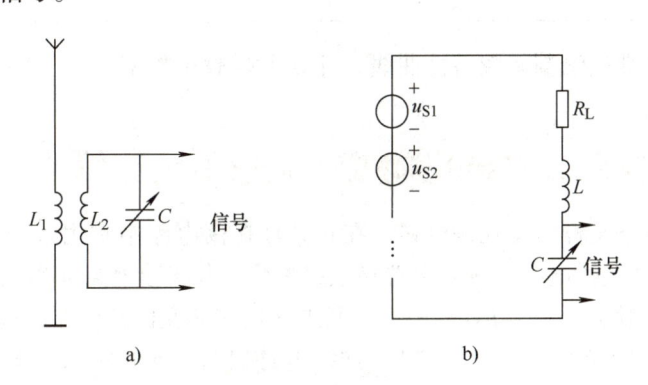

图 4-59 *LC* 选频电路
a) 原理图 b) 等效图

操作步骤及方法如下：

1）设计一个 *LC* 选频电路并画出电路图。

2）适当选取电容和电感的参数值，使选频电路的工作频率为 5kHz，并串联 100Ω 电阻 R（可选 $C = 0.051\mu F$，$L = 20mH$）。

3）用 Multisim 对设计的电路进行仿真分析（Multisim 的使用参见附录），找到谐振点 f_0，输入信号电压为 1V，测量谐振时的电容电压 U_{C0}、电感电压 U_{L0} 和取样电阻电压 U_{R0}。适当修改参数，使电路满足要求，填入表 4-7。

表 4-7 电路谐振参数

	C	L	R	f_0	U_{L0}	U_{C0}	U_{R0}	I_0
仿真								

4）改变 R 的阻值，用仿真方法观测取样电阻上的电压信号的频率特性，并计算品质因数 Q、上限截止频率 f_H、下限截止频率 f_L 和通频带 B，填入表 4-8。

表 4-8　电阻影响品质因数数据

R	f_0	Q	f_H	f_L	B
100Ω					
200Ω					
500Ω					

5）在仿真环境下，用虚拟信号发生器产生 1V 正弦信号，接到电路输入端，改变信号频率，观察不同频率下取样电阻 R 的电压信号 U_R 的波形，测量信号的大小，填入表 4-9。

表 4-9　电路频率特性数据

f								
U_R								
I								
I/I_0								

6）根据表 4-9 数据绘制幅频特性曲线，计算上限截止频率 f_H、下限截止频率 f_L 和通频带 B。

4.10.2　任务 2　文氏桥选频电路的设计实现

RC 桥式选频网络又称为文式桥电路，在正弦波振荡电路中常用来构成选频网络。这里的任务是设计一个文式桥电路，按要求选择电路参数，并搭建电路，实现选频功能。

RC 选频网络一般是由一个 RC 的串、并联电路构成的文氏桥电路，或者双"T"选频网络。文氏桥电路如图 4-60a 所示，双"T"网络电路如图 4-60b 所示。本项目只要求设计文氏桥电路。文氏桥电路的结构简单，被广泛地用于低频振荡电路中作为选频环节，可以获得很高纯度的正弦波电压。

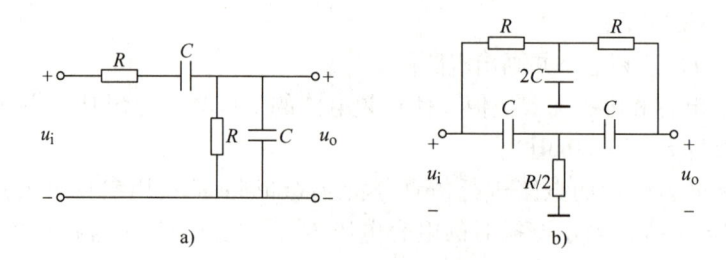

图 4-60　RC 选频网络
a）文氏桥电路图　b）双"T"网络电路图

当输入端加正弦信号 u_i 时，输入端电流 i 与 u_i 之间相量关系以及与输出电压 u_o 之间的关系为

$$\dot{U}_i = \dot{I}\left(R + \frac{1}{j\omega C} + R // \frac{1}{j\omega C}\right)$$

$$\dot{I} = \frac{\dot{U}_i}{\left(R + \dfrac{1}{j\omega C} + R \mathbin{/\mkern-6mu/} \dfrac{1}{j\omega C}\right)}$$

$$\dot{U}_o = \dot{I}\left(R \mathbin{/\mkern-6mu/} \frac{1}{j\omega C}\right) = \frac{R \mathbin{/\mkern-6mu/} \dfrac{1}{j\omega C}}{R + \dfrac{1}{j\omega C} + R \mathbin{/\mkern-6mu/} \dfrac{1}{j\omega C}} \dot{U}_i$$

可见，文氏桥电路输出电压的大小与输入电压的大小和频率有关。当保持输入电压的大小不变而只改变输入电压的频率时，输出电压的大小随之改变。由于输出电压和输入电压之比 F 为

$$F = \frac{\dot{U}_o}{\dot{U}_i} = \frac{R \mathbin{/\mkern-6mu/} \dfrac{1}{j\omega C}}{R + \dfrac{1}{j\omega C} + R \mathbin{/\mkern-6mu/} \dfrac{1}{j\omega C}}$$

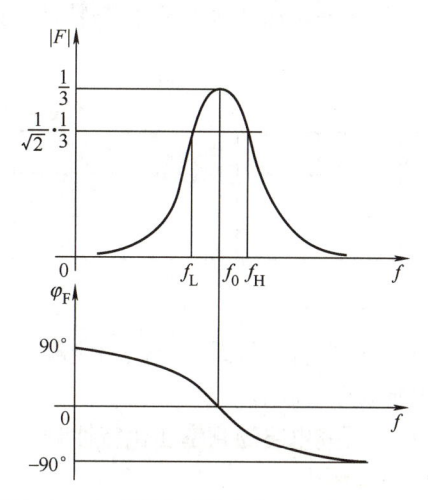

图 4-61 文氏桥电路的幅频和相频特性曲线

整理得

$$F = \frac{1}{3 + j\left(\omega RC - \dfrac{1}{\omega RC}\right)}$$

可见当 $\omega RC = 1/\omega RC$ 时，F 取得最大值，即当信号源的角频率 $\omega_0 = 1/RC$ 时，$|F| = U_o/U_i = 1/3$，输出电压 u_o 达到最大值并且与输入电压 u_i 同相，幅频和相频特性曲线如图 4-61 所示。当频率偏离了 f_0 时，$|F|$ 的数值明显下降。当下降到最大值的 0.707 时对应的频率分别是上限截止频率 f_H 和下限截止频率 f_L，它们之差为通频带 B，即 $B = f_H - f_L$。

1. 操作步骤及方法

1）设计文氏桥电路，画出电路图。

2）适当选取电阻和电容的参数值，使选频电路的工作频率为 2.56kHz。可按照如图 4-62 所示选择参数。

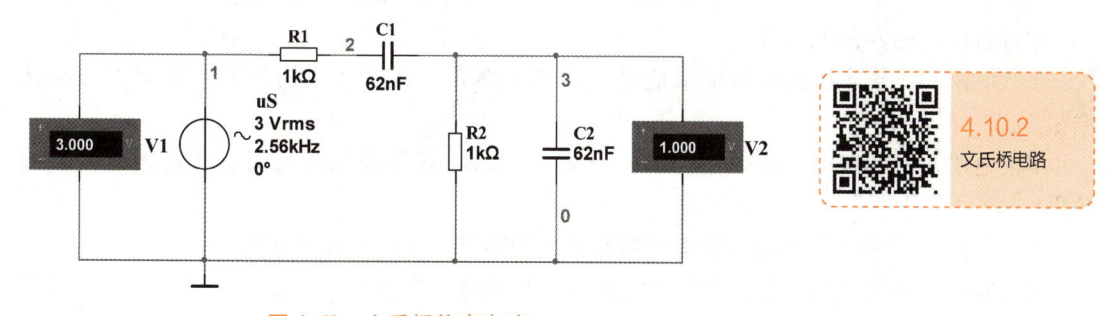

图 4-62 文氏桥仿真电路

3）用 Multisim 对设计的电路进行仿真分析，找到谐振点 f_0，测量谐振时的输出电压 U_o、输入电压 U_i。适当修改参数，使电路满足要求。

4）输入端输入仿真信号发生器产生的 3V 信号，改变信号频率，测量不同频率输入的电压信号和输出电压信号的大小，填入表 4-10。

5）根据表4-10数据绘制幅频特性曲线，计算上限截止频率f_H、下限截止频率f_L和通频带B。

表4-10　幅频特性数据

f										
U_o										
U_o/U_i										

2. 注意事项

1）进行仿真分析时，电路一定要有参考点。并且要注意电阻电感和电容的位置关系，以便方便地查看波形。

2）在研究电路随频率变化特性时，谐振点附近适当多取些数据。

3. 思考题

1）选频特性的好坏与哪些参数有关？

2）信号源的内阻对电路有什么影响？

3）电容的容抗和电感的感抗与哪些因素有关？

4）在实验中如何判断电路已经处于谐振？

5）串联谐振时电路有哪些特点？

4. 项目报告

1）绘制电路原理图，复制仿真电路图和仿真曲线，粘贴到项目报告中。

2）按照要求完成表4-7～表4-10。

3）对测量的数据进行分析计算。

4）按照要求，根据测量数据绘制曲线。

拓展阅读：中国电网系统

中国电力在全球范围内具有显著的地位和影响力，经过几十年的发展，形成多个子电网系统。主要有：

华北电网——华北电网覆盖华北地区，包括北京市、天津市、河北省、山西省、山东省和内蒙古自治区的西部地区等。

华东电网——华东电网覆盖华东地区，包括上海市、江苏省、浙江省、安徽省和福建省等。

华南电网——华南电网覆盖中国的广东省、广西壮族自治区、海南省、贵州省和云南省等。

华中电网——华中电网覆盖中国的湖北省、湖南省、河南省和江西省等。

西北电网——西北电网覆盖中国的陕西省、甘肃省、青海省、宁夏回族自治区和新疆维吾尔自治区等。

西南电网——西南电网覆盖中国的四川省、重庆市和西藏自治区等。

东北电网——东北电网覆盖黑龙江省、吉林省、辽宁省和内蒙古自治区东部地区等。

台湾电网——台湾电网覆盖台湾省。

港澳电网——港澳电网覆盖香港特别行政区和澳门特别行政区。

我国的发电量长期占据世界总发电量30%以上，是世界第一。在我国，国家电网承担了全国各地的电力供应任务，覆盖总面积达到了我国国土的88%，同时，还服务于意大利、波兰、希腊、澳大利亚、巴西和菲律宾等十多个国家和地区的用电。中国电力网不但实现了电力的覆盖面积大，供电的可靠性也非常高，在我国，即使在农村，供电可靠率也达到99.8%以上。

我国电力企业不断进行技术创新，掌握了三代核电技术，并成功建成了全球首座"华龙一号"核电机组；在液流电池、新型压缩空气储能等领域处于世界领先地位；主导了世界电力行业54项国际标准；特别是在特高压输电和柔性直流输电领域，在全球处于领先地位。

目前，我国电力企业致力于绿色低碳转型，电源结构持续优化，非化石能源装机容量占总发电装机容量的比重不断上升；燃煤电厂基本都实现了除尘、脱硫、脱硝，煤电污染物排放控制、二氧化碳排放控制达到世界先进水平。

4.11 习题

4.1 已知电流的波形图如图 4-63 所示，电流的频率为 50Hz。写出这两个电流的瞬时值表达式，并说明它们的相位关系。

4.2 写出正弦电压 $u = 128\sqrt{2}\sin(314t + 40°)$ V、电流 $i = 7.9\sqrt{2}(\sin 314t - 15°)$ mA 对应的相量，并化成代数式，画出相量图。

4.3 已知正弦电流 $i_1 = 70.7\sin(314t - 30°)$ A，$i_2 = 60\sin(314t + 60°)$ A，求 i_1 与 i_2 的和。

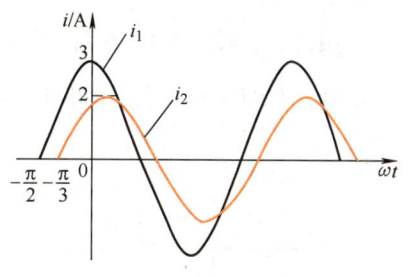

图 4-63 习题 4.1 图

4.4 已知正弦电压源 $u = 20\sqrt{2}\sin(5000t + 30°)$ V，若将该电压源分别加在电阻为 50Ω、电感为 200mH、电容为 40μF 上，则求各元件上的电流相量，并画出相量图。

4.5 已知一线性无源二端网络，当它的电压和电流为相关联参考方向时，电流为 $i = 2\sqrt{2}\sin(\omega t + 30°)$ A，端电压为 $u = 220\sqrt{2}\sin(\omega t + 60°)$ V，试写出对应的相量 $\dot{I}$、$\dot{U}$，画出相量图，并求等效复阻抗。

4.6 有一并联电路如图 4-64 所示。电流表 A_1 的读数为 3A，A_2 的读数为 4A，求 A 的读数。

4.7 在图 4-65 所示电路中，已知 $G = 0.32$S，$j\omega C = j0.24$S，$\dot{U}_S = 50\underline{/0°}$V，求 $\dot{I}$。

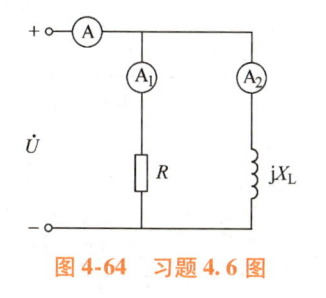

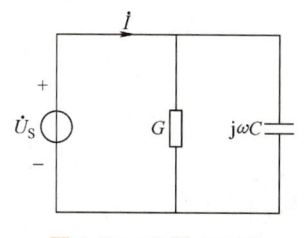

图 4-64 习题 4.6 图

图 4-65 习题 4.7 图

4.8 对 RL 串联电路做如下两次测量：首先在端口加直流电压 90V，输入电流为 3A；

然后在端口加 $f=50$Hz 的正弦电压 90V，输入电流为 1.8A。求 R 和 L 的值。

4.9 电阻 R 和电感 L 串联，接到电压源上，已知电压源 $u_S = 100\sin1000t$V，电感 $L = 0.025$H，测得电感电压的有效值为 50V。求 R 值和电流的表达式。

4.10 已知在图 4-66 所示电路中，$I_1 = I_2 = 10$A，设电源电压的初相为零，求 $\dot{U}_S$ 和 $\dot{I}$。

4.11 RC 串联电路如图 4-67 所示，已知：$R = 10$kΩ，$C = 5100$pF，电压 $u = 10\sqrt{2}\sin\omega t$V，$f = 1$kHz。试求电路的等效复阻抗和各电压、电流相量。

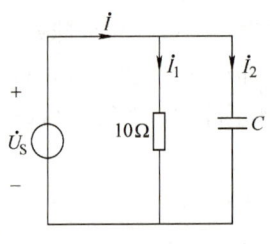

图 4-66 习题 4.10 图

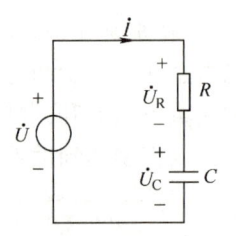

图 4-67 习题 4.11 图

4.12 在图 4-68 所示电路中，已知 $\dot{U} = 111.3\angle 60°$V，$\dfrac{1}{j\omega C} = -j58.8$Ω，$R_1 = 34$Ω，$j\omega L = j40$Ω，$R_2 = 23.5$Ω。求各支路电流。

4.13 在图 4-69 所示电路中，$\omega = 1200$rad/s，$\dot{I}_L = 4\angle 0°$A，$\dot{I}_C = 1.2\angle 53°$A。求 $\dot{I}_S$ 和 $\dot{U}_S$。

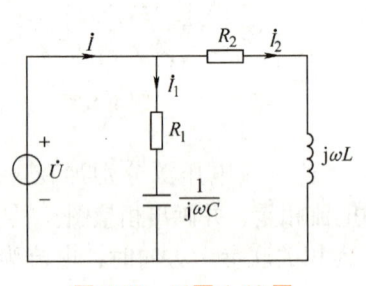

图 4-68 习题 4.12 图

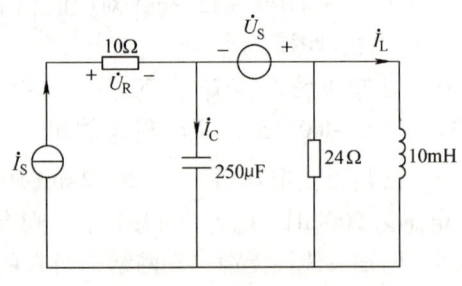

图 4-69 习题 4.13 图

4.14 在图 4-70 所示电路中，已知 $\dot{U}_{S1} = 140\angle 90°$V，$\dot{U}_{S2} = 150\angle 37°$V，$Z_1 = j20$Ω，$Z_2 = j10$Ω，$Z_3 = 5$Ω。求各支路电流。

4.15 在图 4-71 所示电路中，已知 $\omega = 1000$rad/s。求各支路电流。

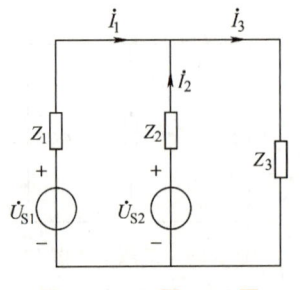

图 4-70 习题 4.14 图

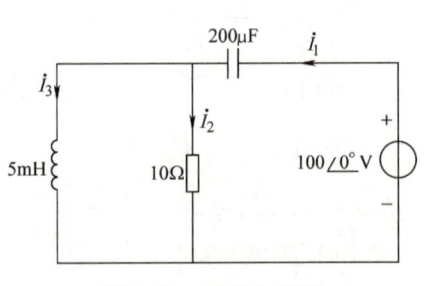

图 4-71 习题 4.15 图

4.16 在图 4-72 所示电路中，已知 $U=10\text{V}$。画相量图，并求出各支路电流的相量。

4.17 在图 4-73 所示电路中，已知 $I_C=2\text{A}$。画相量图，并求出 U_S、U_1、U_2、U_3。

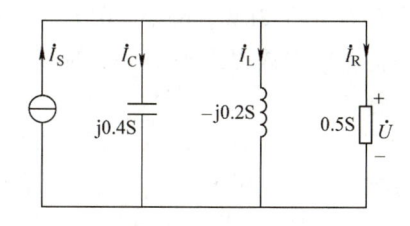

图 4-72 习题 4.16 图

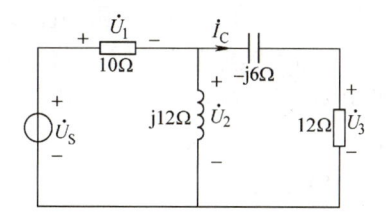

图 4-73 习题 4.17 图

4.18 在图 4-74 所示电路中，已知 $Z_1=(2+\text{j}4)\Omega$，$Z_2=-\text{j}5\Omega$，$Z_3=(4+\text{j}5)\Omega$，Z_3 上电压有效值 $U_3=220\text{V}$。求各支路电流。

4.19 在图 4-75 所示电路中，已知 $\dot{U}=100\angle 50°\text{V}$，$R=8\Omega$，$X_L=6\Omega$，$X_C=3\Omega$。求各支路的电流以及电路的有功功率、无功功率、视在功率和功率因数。

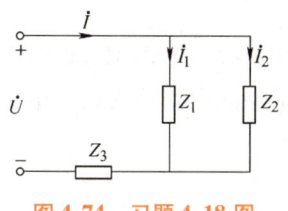

图 4-74 习题 4.18 图

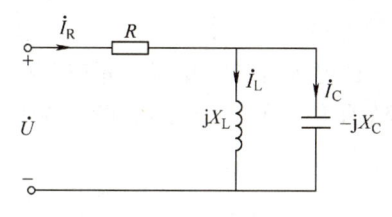

图 4-75 习题 4.19 图

4.20 在 RL 串联电路中，已知电源电压 $u=220\sqrt{2}\sin 314t\text{V}$，$R=5.4\Omega$，$L=12.7\text{mH}$。试求电路的阻抗 Z、电流 I、功率 P。

4.21 将 $R=5.1\text{k}\Omega$ 的电阻和 $C=100\text{pF}$ 的电容串联，接在电压为 25V、频率为 10^6Hz 的电源上。求电路的等效复阻抗、电流和各元件上的电压，并求有功功率、无功功率、视在功率，画出阻抗三角形、电压三角形和功率三角形。

4.22 如图 4-76 所示电路是利用功率表、电流表、电压表测量交流电路参数的方法，现测出功率表读数为 940W，电压表读数为 220V，电流表读数为 5A，电源频率为 50Hz。试求线圈的电感和电阻。

4.23 电路如图 4-77 所示，感性负载 Z_L 的功率是 85kW，功率因数是 0.85，已知负载两端的电压 U_L 为 1000V，线路的等效参数为 $r=0.5\Omega$、$X_1=1.2\Omega$。求负载电流、负载的阻抗以及电源的端电压。

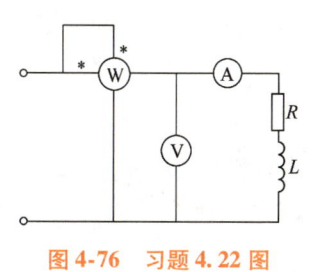

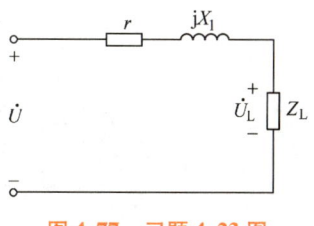

图 4-76 习题 4.22 图

图 4-77 习题 4.23 图

4.24　将一个感性负载接在220V的工频交流电源上，电路中的电流为10A，消耗功率为1kW。求负载的等效参数 R、L 和功率因数。

4.25　有一台电动机的额定电压为220V，额定功率 $P=13.2\text{kW}$，$\cos\varphi=0.75$，接在电压为220V的工频电源上。求电路的阻抗和电流。如果将功率因数提高到0.85，那么应并联多大的电容？

4.26　在 RLC 串联电路中，已知电路参数为 $R=50\Omega$，$L=0.2\text{H}$，$C=0.2\mu\text{F}$。将电路接在电压为5V的交流电源上，求谐振频率 f_0、谐振时的电流 I_0、电感电压 U_L 及品质因数 Q。

4.27　在 RLC 串联电路中，可通过改变电路参数 L、C 使电路谐振频率等于电源频率，从而使电路谐振；或者改变电源频率，使电源频率等于电路的谐振频率，从而使电路谐振。当 $R=4\Omega$、$L=44\text{mH}$ 时，若使电路的谐振频率范围为 $6\sim15\text{kHz}$，则求可变电容 C 的调节范围。

4.28　在阻值为 10Ω、感抗为 200Ω 的电感与可变电容组成的串联电路中，当加上50Hz、100V电压使其谐振时，求流过的电流 I 及可变电容的端电压 U_C。

4.29　已知在 RLC 并联谐振电路中 $L=10\text{mH}$，$C=1\mu\text{F}$，$Q=60$。求电路的谐振角频率、电阻 R 以及电路的通频带。

4.30　在电容与线圈并联电路中，已知线圈的 $R=100\Omega$，$L=1.2\text{mH}$，$C=50\text{pF}$，电源电压的有效值 $U=1\text{V}$。求电路的谐振频率、品质因数以及谐振时电路各支路的电流。

第5章　三相交流电路

引例：三相交流电

家庭水电施工时，人们经常能听到三相电的说法。三相交流电比单相交流电在发电、输配电等方面都有明显的优越性。在输送同样功率的情况下，三相输电线较单相输电线可节省有色金属25%，而且电能损耗较单相输电时少。在相同的功率条件下，三相电的导线截面要小于单相电的导线截面，可以节约导线材料，提高传输效率。在同样的电压下，三相电的功率是单相电的1.73倍，意味着三相电在传输和使用过程中损耗更少、更加节能。由于三相交流电有上述优点，所以获得了广泛的应用。家庭中常用的灯具、电风扇等小功率电器一般使用单相电，但一些用于工业生产的大功率设备，如三相交流电动机、电炉等就必须使用到三相电了。

发电机组种类有火力发电机、水利发电机、风力发电机等。三相交流发电机结构如图 5-1a 所示。图中的内部有一个定子和一个转子，定子内有 3 组线圈，当转子在定子内旋转时，会在定子的线圈中感应出电流。在中间转子铁心上固定一组通电绕组，定子铁心上固定着 3 个相同的线圈，称为定子绕组，绕组的始端是 A、B、C，末端是 X、Y、Z。3 个线圈的平面互成 120°。转动铁心使 3 个线圈在定子的 N 和 S 磁场中匀速转动。由于 3 个线圈是相同的，发出的 3 个电动势最大值和频率也都相同，其波形如图 5-1b 所示，三相绕组的三相电动势幅值相等，频率相同，彼此之间相位相差 120°。

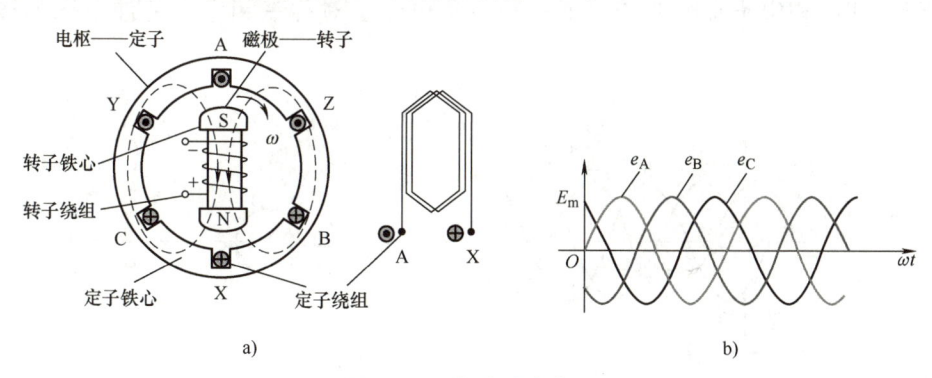

图 5-1　三相交流发电机
a）三相交流发电机结构　b）三相电动势波形

培养目标

1. 知识目标

1）了解三相电路的连接方式、对称性和线相关系。

2）掌握三相电路中的相电压与线电压、相电流与线电流的概念及关系。

2. 能力目标

1）熟练掌握对称三相电路的分析和计算方法。
2）掌握不对称三相电路的计算方法。

3. 素养目标

1）具有爱岗敬业、诚实守信精神，遵纪守法。
2）具有良好的合作交流能力及团队协作精神、创新精神。
3）具有良好的职场安全与健康意识。

5.1 三相交流电源

5.1.1 对称三相电压

目前，在动力方面应用的交流电，绝大多数是三相制。这是因为三相交流电比单相交流电在电能的产生、输送以及应用上具有显著的优点，所以三相交流电在国民经济中已获得广泛应用。

三相交流电路（简称为三相电路）是由三相电源和三相负载所组成的电路整体的总称。所谓三相电源是指能同时产生3个频率相同、最大值相同及相位互差120°的正弦电动势（或电压）的交流电源总体，这样的三相电源也称为三相对称电源。

三相交流发电机就是一种应用最普遍的三相电源，它主要由定子和转子两大部分组成。定子内圆表面的槽内嵌有3个结构完全相同、彼此在空间相隔120°的绕组。运行时转子绕组通以直流电，产生磁场，当原动机驱动转子匀速转动时，定子的三相绕组依次切割磁力线，就会产生三相对称感应电动势。三相感应电动势的幅值相等，频率相同，相位彼此相差120°。当发电机没有带负载时，定子各相绕组的电压就等于各相的电动势，即三相定子绕组上产生了三相对称电压。对称三相电源的波形图如图5-2a所示。

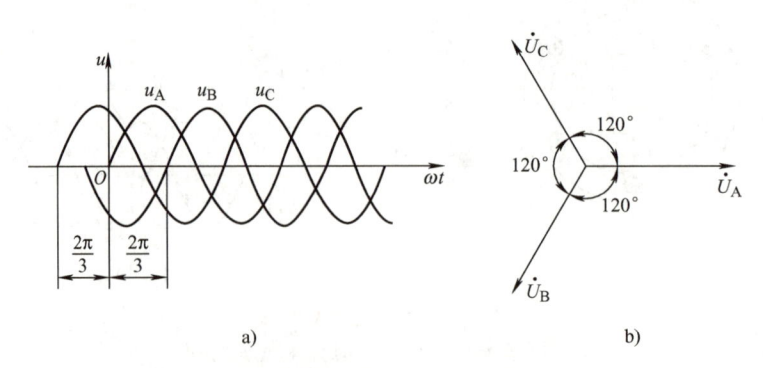

图5-2 对称三相电源的波形图和相量图
a）波形图 b）相量图

设转子以角速度 ω 旋转，则 A、B、C 三相电压的解析式为

$$\begin{cases} u_A = \sqrt{2}\,U\sin\omega t \\ u_B = \sqrt{2}\,U\sin(\omega t - 120°) \\ u_C = \sqrt{2}\,U\sin(\omega t + 120°) \end{cases} \tag{5-1}$$

式中，$\sqrt{2}\,U$ 为相电压的振幅，U 为相电压的有效值。式（5-1）中的三相电压具有相同的振幅 $\sqrt{2}\,U$、相同的角频率 ω、相位依次相差 120°，因此它为对称三相电压。

如果用相量表示，那么上述对称三相电压的相量式就可表示为

$$\begin{cases} \dot{U}_A = U\angle 0° \\ \dot{U}_B = U\angle -120° \\ \dot{U}_C = U\angle -240° = U\angle 120° \end{cases} \tag{5-2}$$

对应的相量图如图 5-2b 所示。对称三相电压的特点是在任一时刻，对称三相电压之和恒等于零，即

$$u_A + u_B + u_C = \sqrt{2}\,U\sin\omega t + \sqrt{2}\,U\sin(\omega t - 120°) + \sqrt{2}\,U\sin(\omega t + 120°) = 0$$

利用三角函数公式不难得出上述结论，请读者自行证明。同样，可以得出对称三相电压相量之和为零的结论，即

$$\dot{U}_A + \dot{U}_B + \dot{U}_C = 0$$

在图 5-2b 中，任意两个电压的相量和一定与第三个电压相量大小相等，方向相反。因而得证。

5.1.2 三相电源的星形和三角形联结

在三相电路中，对称三相电源有星形（Y）和三角形（△）两种联结方式，以组成一定的供电体系向负载供电。

1. 三相电源的星形联结

三相电源的星形联结如图 5-3 所示。如将三相电源的三个末端（负极性端）X、Y 和 Z 联结起来形成一个公共点 O，O 点就被称为三相电源的中性点。从这一点引出的线称为中性线。从三相电源的三个首端（正极性端）A、B 和 C 引出的供电线称为端线，也称为相线，这样就构成了三相电源的星形联结。

相线与中性线之间的电压称为相电压，如图 5-3 中的相电压用相量表示为 $\dot{U}_A$、$\dot{U}_B$、$\dot{U}_C$，用有效值表示为 U_A、U_B、U_C。相电压的参考方向是相线指向中性线。相线与相线之间的电压称为线电压，如图 5-3 中的线电压用相量表示为 $\dot{U}_{AB}$、$\dot{U}_{BC}$、$\dot{U}_{CA}$，用有效值表示为 U_{AB}、U_{BC}、U_{CA}。线电压 $\dot{U}_{AB}$ 的参考方向是从相线 A 指向相线 B；线电压 $\dot{U}_{BC}$ 的参考方向是从相线 B 指向相线 C；线电压 $\dot{U}_{CA}$ 的参考方向是从相线 C 指向相线 A。

根据基尔霍夫电压定律，可得线电压与相电压的关系为

$$\begin{cases} \dot{U}_{AB} = \dot{U}_A - \dot{U}_B \\ \dot{U}_{BC} = \dot{U}_B - \dot{U}_C \\ \dot{U}_{CA} = \dot{U}_C - \dot{U}_A \end{cases} \quad (5\text{-}3)$$

根据式（5-2）与式（5-3）可画出三相电源星形联结的相量图，如图5-4所示，由相量图可得

$$\begin{cases} \dot{U}_{AB} = \dot{U}_A - \dot{U}_B = U\angle 0° - U\angle -120° = \sqrt{3}\,U\angle 30° \\ \dot{U}_{BC} = \dot{U}_B - \dot{U}_C = U\angle -120° - U\angle 120° = \sqrt{3}\,U\angle -90° \\ \dot{U}_{CA} = \dot{U}_C - \dot{U}_A = U\angle 120° - U\angle 0° = \sqrt{3}\,U\angle 150° \end{cases} \quad (5\text{-}4)$$

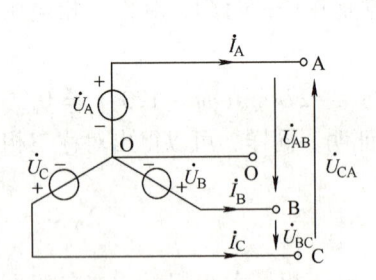

图 5-3　三相电源的星形联结

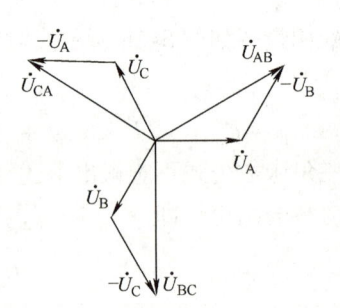

图 5-4　三相电源星形联结的相量图

式（5-4）也可表示为

$$\begin{cases} \dot{U}_{AB} = \sqrt{3}\,U\angle 30° = \sqrt{3}\,\dot{U}_A\angle 30° \\ \dot{U}_{BC} = \sqrt{3}\,U\angle -90° = \sqrt{3}\,\dot{U}_B\angle 30° \\ \dot{U}_{CA} = \sqrt{3}\,U\angle 150° = \sqrt{3}\,\dot{U}_C\angle 30° \end{cases} \quad (5\text{-}5)$$

由式（5-5）可得出将三相电源进行星形联结时的结论：若相电压是对称的，则线电压也是对称的，并且线电压有效值（幅值）是相电压有效值（幅值）的$\sqrt{3}$倍；在相位关系上线电压超前于对应相电压30°。如 $U_{AB} = \sqrt{3}\,U_A$，$\dot{U}_{AB}$ 超前 $\dot{U}_A$ 30°。

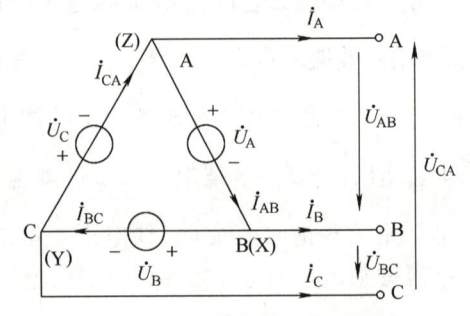

2. 三相电源的三角形联结

三相电源的三角形联结如图5-5所示。如将三相电源的首端（正极性端）和末端（负极性端）顺次相接构成一个回路，从联结点 A（Z）、B（X）和 C（Y）引出供电线，就构成了三相电源的三角形联结。

在三相电源作为三角形联结时，由于每两根相线之间接的就是三相电源的每相绕组，所以线电压

图 5-5　三相电源的三角形联结

等于对应的相电压。用相量可以表示为：$\dot{U}_{AB} = \dot{U}_A$、$\dot{U}_{BC} = \dot{U}_B$、$\dot{U}_{CA} = \dot{U}_C$。

必须注意，当将三相电源进行三角形联结时，各相电源的极性要正确联结，使电源在组成的闭合回路中，$\dot{U}_A + \dot{U}_B + \dot{U}_C = 0$，这样不会产生环流。如果接错，$\dot{U}_A + \dot{U}_B + \dot{U}_C \neq 0$，而三相电源的内阻抗很小，在闭合回路中就会产生很大的环流，以致烧毁三相电源设备。

在之后的叙述中，不管三相电源是星形联结还是三角形联结，都被认为是对称的。如无特殊说明，所谓三相电源的电压一般指的就是线电压的有效值。

5.1.3 三相电压的相序

把对称三相电压出现同一值（一般指最大值）的先后顺序称为相序，即三相电压从超前到滞后的排列次序。通常把上述 $\dot{U}_A$ 较 $\dot{U}_B$ 超前 120°、$\dot{U}_B$ 较 $\dot{U}_C$ 超前 120°的相序称为顺相序，简称为顺序。若用联结点处的字母标记来表示次序，则 ABC（或 BCA 或 CAB）为顺序。若 $\dot{U}_A$ 较 $\dot{U}_B$ 滞后 120°，$\dot{U}_B$ 较 $\dot{U}_C$ 滞后 120°，则称为逆相序，简称为逆序。若用联结点处的字母标记来表示次序，则 ACB（或 CBA 或 BAC）为逆序。如果没有特殊说明，通常采用的就为顺序。

了解电源的相序对于生产技术的应用具有很大的指导意义。例如，若要改变三相异步电动机的旋转方向，则只需改变接在电动机绕组上的三相电源的相序即可。再如，两台交流发电机并联供电，相序必须相同，否则将损坏发电机。

【例 5-1】 已知三相电源的相序为 CBA，$\dot{U}_A = 220\angle 0°$ V。求 $\dot{U}_B$ 和 $\dot{U}_C$。

解：此相序为 CBA，也即 ACB，是逆序。从逆序可知 $\dot{U}_C$ 应滞后 $\dot{U}_A$ 120°，$\dot{U}_B$ 应滞后 $\dot{U}_C$ 120°，因此 $\dot{U}_C$ 的辐角应为 0° − 120° = −120°，$\dot{U}_C = 220\angle -120°$ V；$\dot{U}_B$ 的辐角应为 −120° − 120° = −240°，$\dot{U}_B = 220\angle -240°$ V。

5.2 对称三相电路的计算

5.2.1 概述

在低压配电网中，输电线路一般采用三相四线制。其中有 3 根是相线，1 根是中性线。与三相电源类似，三相负载的联结也有星形联结和三角形联结两种方式。星形联结的负载如图 5-6a 所示。3 个负载的一端分别接到电源的 3 根相线上，另一端连在一起接到电源的中性线上。当负载对称时，也可以不联结中性线。三角形联结的负载如图 5-6b 所示。3 个负载首尾相接，连接点引出导线分别联结到电源的 3 根相线上。在不联结中性线的情况下，只需要联结 3 根导线，此时称为三相三线制。

由于三相电源和三相负载均有星形联结和三角形联结两种联结方式，因此三相电源和三相负载通过供电线联结构成三相电路时，为了简化问题，可忽略供电线的阻抗，这样可组成图 5-7 所示的 4 种联结方式的三相电路。

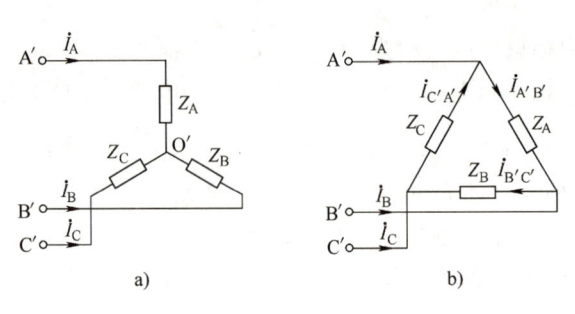

图 5-6 三相负载的两种联结方式

a) 三相负载的星形联结方式 b) 三相负载的三角形联结方式

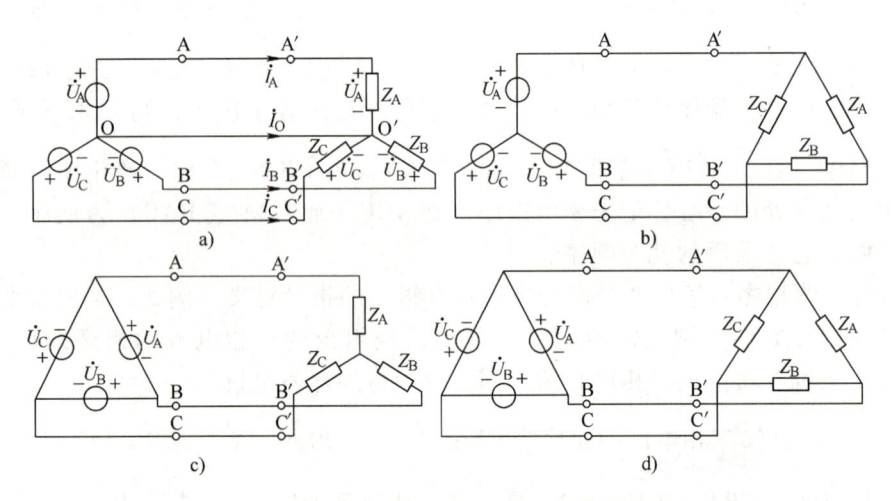

图 5-7 4 种联结方式的三相电路

a) Y-Y 三相电路 b) Y-△ 三相电路 c) △-Y 三相电路 d) △-△ 三相电路

在三相电路中，若三相负载的每相电阻、电抗及各相的性质完全相同，则称三相负载为对称负载，如三相异步电动机、大功率电路等。

通常一个电源对外供电需用两根导线，3 个电源需用 6 根导线，但在三相电路中，如图 5-7 所示只需 3 根（图 5-7b 的 Y-△ 三相电路、图 5-7c 的 △-Y 三相电路、图 5-7d 的 △-△ 三相电路）或 4 根（图 5-7a 的 Y-Y 三相电路）导线即可。因此采用三相制供电方式可节省大量架线器材，这是三相制的一大优点。

对于三相电路的计算，根据负载状况有对称三相电路的计算和不对称三相电路的计算两种形式。首先，介绍对称三相电路的计算，不对称三相电路的计算将在 5.3 节叙述。

若对称三相电路的计算根据负载状况划分，则主要是负载为对称星形联结的三相电路的计算和负载为对称三角形联结的三相电路的计算。

5.2.2 对称负载星形联结的三相电路

先分析负载为对称星形联结的三相四线制电路，如图 5-7a 所示。在图 5-7a 中，由于忽略了中性线的阻抗，电源的公共点 O 与负载的公共点 O′是同电位点，所以负载上的相电压就等于电源的相电压，而电路中的线电流和相电流是同一个电流。如相电压用相量表示，则

可表示为 $\dot{U}_A$、$\dot{U}_B$、$\dot{U}_C$，其有效值为 U_A、U_B、U_C；若线电流（也是相电流）用相量表示，则可表示为 $\dot{I}_A$、$\dot{I}_B$、$\dot{I}_C$，其有效值为 I_A、I_B、I_C；中性线电流的相量可表示为 $\dot{I}_O$。

在图 5-7a 中各个相电流的大小分别为 $I_A = U_A / |Z_A|$，$I_B = U_B / |Z_B|$，$I_C = U_C / |Z_C|$。若三相负载对称，则

$$|Z_A| = |Z_B| = |Z_C| = |Z| = \sqrt{R^2 + X^2}$$

由于 $U_A = U_B = U_C = U_P$，所以

$$I_A = I_B = I_C = I_P = \frac{U_P}{|Z|}$$

各相负载的电压与电流的相位差等于各相负载的阻抗角，即

$$\varphi_A = \varphi_B = \varphi_C = \varphi = \arctan \frac{X}{R}$$

若用相量法表示，则各相电流应为

$$\dot{I}_A = \frac{\dot{U}_A}{Z} = \frac{U_A}{\sqrt{R^2 + X^2}} \angle -\varphi_A$$

$$\dot{I}_B = \frac{\dot{U}_B}{Z} = \frac{U_B}{\sqrt{R^2 + X^2}} \angle (-120° - \varphi_B)$$

$$\dot{I}_C = \frac{\dot{U}_C}{Z} = \frac{U_C}{\sqrt{R^2 + X^2}} \angle (120° - \varphi_C)$$

中性线电流为

$$\dot{I}_O = \dot{I}_A + \dot{I}_B + \dot{I}_C$$

当三相电路负载对称时，则有

$$\dot{I}_A = \frac{\dot{U}_A}{Z} = \frac{U_P}{\sqrt{R^2 + X^2}} \angle -\varphi$$

$$\dot{I}_B = \frac{\dot{U}_B}{Z} = \frac{U_P}{\sqrt{R^2 + X^2}} \angle (-120° - \varphi)$$

$$\dot{I}_C = \frac{\dot{U}_C}{Z} = \frac{U_P}{\sqrt{R^2 + X^2}} \angle (120° - \varphi)$$

$$\dot{I}_O = 0$$

由以上分析可知，如果负载是对称星形联结的三相电路，就只需求出一相的电流，再根据相序推知出其他两相即可，而不必根据原电路一相一相计算。

【例 5-2】 一星形联结的三相对称负载电路，每相的电阻 $R = 6\Omega$，感抗 $X_L = 8\Omega$，电源电压对称，设 $u_{AB} = 380\sqrt{2}\sin(\omega t + 30°)$V。试求电流。

解：因负载对称，故只计算一相电路即可。由题意，相电压有效值 $U_A = 220$V，其相位比线电压滞后 30°，即

$$u_A = 220\sqrt{2}\sin\omega t \text{ V}$$

A 相电流为

$$I_A = \frac{U_A}{|Z_A|} = \frac{220}{\sqrt{6^2+8^2}}\text{A} = 22 \text{ A}$$

在 A 相，电流 i_A 比电压 u_A 滞后 φ，则

$$\varphi = \arctan\frac{X_L}{R} = \arctan\frac{8}{6} = 53°$$

所以，得

$$i_A = 22\sqrt{2}\sin(\omega t - 53°) \text{ A}$$

根据对称关系，其他两相电流为

$$i_B = 22\sqrt{2}\sin(\omega t - 53° - 120°)\text{A} = 22\sqrt{2}\sin(\omega t - 173°)\text{A}$$
$$i_C = 22\sqrt{2}\sin(\omega t - 53° + 120°)\text{A} = 22\sqrt{2}\sin(\omega t + 67°)\text{A}$$

相电压与相电流用相量可分别表示为

$$\begin{cases}\dot{U}_A = 220\angle 0° \text{ V}\\ \dot{U}_B = 220\angle -120° \text{ V}\\ \dot{U}_C = 220\angle 120° \text{ V}\end{cases} \quad \begin{cases}\dot{I}_A = 22\angle -53° \text{ A}\\ \dot{I}_B = 22\angle -173° \text{ A}\\ \dot{I}_C = 22\angle 67° \text{ A}\end{cases}$$

故中性线电流为零，即

$$\dot{I}_O = \dot{I}_A + \dot{I}_B + \dot{I}_C = 0$$

如考虑供电线路上的阻抗，就得用节点法，列出 $\dot{U}_{O'O}$ 的节点方程，再求出各相电压和电流，请读者自行论证。

5.2.3 对称负载三角形联结的三相电路

负载为对称三角形联结的三相电路，如图 5-6b 所示。在图 5-6b 中可知：每相负载的相电压等于对应的线电压，当忽略供电线路上的阻抗时，负载线电压就等于电源的线电压。设负载的相电流分别用 $\dot{I}_{A'B'}$、$\dot{I}_{B'C'}$、$\dot{I}_{C'A'}$ 表示，线电流分别用 $\dot{I}_A$、$\dot{I}_B$、$\dot{I}_C$ 表示。在图 5-6b 所示的参考方向下，根据基尔霍夫电流定律，有

$$\dot{I}_A = \dot{I}_{A'B'} - \dot{I}_{C'A'}$$
$$\dot{I}_B = \dot{I}_{B'C'} - \dot{I}_{A'B'}$$
$$\dot{I}_C = \dot{I}_{C'A'} - \dot{I}_{B'C'}$$

设三相对称负载相电流为 $\dot{I}_{A'B'} = I_{A'B'}\angle 0°$，$\dot{I}_{B'C'} = I_{B'C'}\angle -120°$，$\dot{I}_{C'A'} = I_{C'A'}\angle -240°$，代入上式可得

$$\dot{I}_A = \sqrt{3}\dot{I}_{A'B'}\angle -30°$$
$$\dot{I}_B = \sqrt{3}\dot{I}_{B'C'}\angle -30°$$

$$\dot{I}_\text{C} = \sqrt{3}\, \dot{I}_{\text{C'A'}} \angle -30°$$

由以上分析可知,当负载为对称三角形联结时,相电流对称,线电流也对称,且线电流的大小是相电流的 $\sqrt{3}$ 倍,线电流的相位滞后于对应相电流的相位 30°。

【例 5-3】 图 5-7d 所示△-△三相电路,负载 $Z = 10\angle 30°\ \Omega$,线电压 $\dot{U}_\text{AB} = 380\angle 0°$ V。试求负载相电流和线电流。

解: 相电流为

$$\dot{I}_{\text{A'B'}} = \frac{\dot{U}_\text{AB}}{Z} = \frac{380\angle 0°}{10\angle 30°}\text{A} = 38\angle -30°\ \text{A}$$

其他两项根据相序可推知为

$$\dot{I}_{\text{B'C'}} = 38\angle -30° -120°\ \text{A} = 38\angle -150°\ \text{A}$$

$$\dot{I}_{\text{C'A'}} = 38\angle -30° -240°\ \text{A} = 38\angle 90°\ \text{A}$$

线电流为

$$\dot{I}_\text{A} = \sqrt{3} \times 38\angle -30° -30°\ \text{A} = 65.8\angle -60°\ \text{A}$$

其他两项根据相序可推知为

$$\dot{I}_\text{B} = 65.8\angle -180°\ \text{A}$$

$$\dot{I}_\text{C} = 65.8\angle 60°\ \text{A}$$

5.3 不对称三相电路的计算

在三相电路中,当负载不对称时,就称为不对称三相电路。不对称三相电路实际上是一种具有 3 个电源的复杂交流电路,可用 KCL、KVL、支路电流法和节点法等来分析计算。下面通过实例进行说明。

【例 5-4】 图 5-8a 所示是 Y-Y 三相三线制电路,其线电压为 380V 的三相对称电源,星形联结,三相负载电阻分别为 $R_\text{A} = 5\Omega$,$R_\text{B} = 10\Omega$,$R_\text{C} = 20\Omega$,星形联结,无中性线。试求负载的相电压和相电流。

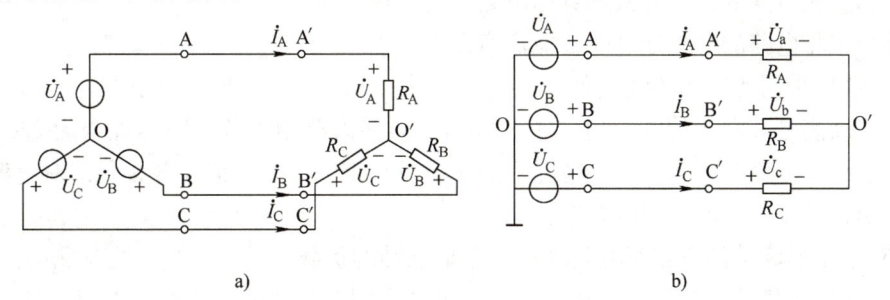

图 5-8 例 5-4 的电路图
a) Y-Y 三相三线制电路 b) Y-Y 三相三线制电路的转换电路

解： 由线电压数值可知电源的相电压应为220V，设A相电压 $\dot{U}_A = 220\underline{/0°}$ V，则B、C相电压分别为 $\dot{U}_B = 220\underline{/-120°}$ V 和 $\dot{U}_C = 220\underline{/120°}$ V。

由图5-8a所示可见，是不对称负载，欲求各相电压及电流，可应用节点法先求负载中性点与电源中性点之间的电压。为此，将图5-8a转换为图5-8b，列出相量表示式为

$$\dot{U}_{O'O} = \frac{\dfrac{\dot{U}_A}{R_A} + \dfrac{\dot{U}_B}{R_B} + \dfrac{\dot{U}_C}{R_C}}{\dfrac{1}{R_A} + \dfrac{1}{R_B} + \dfrac{1}{R_C}} = \frac{\dfrac{220\underline{/0°}}{5} + \dfrac{220\underline{/-120°}}{10} + \dfrac{220\underline{/120°}}{20}}{\dfrac{1}{5} + \dfrac{1}{10} + \dfrac{1}{20}} \text{V}$$

计算得

$$\dot{U}_{O'O} = \frac{29.1\underline{/-19.1°}}{0.35}\text{V} = 83.1\underline{/-19.1°}\text{ V}$$

从而

$$\begin{cases} \dot{U}_a = \dot{U}_A - \dot{U}_{O'O} = (220\underline{/0°} - 83.1\underline{/-19.1°})\text{V} = 144\underline{/10.9°}\text{ V} \\ \dot{U}_b = \dot{U}_B - \dot{U}_{O'O} = (220\underline{/-120°} - 83.1\underline{/-19.1°})\text{V} = 249.4\underline{/-139.1°}\text{ V} \\ \dot{U}_c = \dot{U}_C - \dot{U}_{O'O} = (220\underline{/120°} - 83.1\underline{/-19.1°})\text{V} = 288.0\underline{/130.9°}\text{ V} \end{cases}$$

各相电流为

$$\begin{cases} \dot{I}_A = \dfrac{\dot{U}_a}{R_A} = 28.8\underline{/10.9°}\text{ A} \\ \dot{I}_B = \dfrac{\dot{U}_b}{R_B} = 24.9\underline{/-139.1°}\text{ A} \\ \dot{I}_C = \dfrac{\dot{U}_c}{R_C} = 14.4\underline{/130.9°}\text{ A} \end{cases}$$

不对称三相电路的计算应根据具体电路进行具体分析。

在进行三相电路的分析计算时，应注意以下几点：

1）在我国采用的三相四线制低压供电系统中，相电压为220V，线电压为380V。负载接入电路必须满足其电压的额定值。一般家用电器多为单相负载，国标规定为220V，应接入电源的端线与中性线之间。这种情况一般构成单相交流电路，但是各相负载对电源构成三相星形联结，属于三相四线制电路。

2）对于星形联结的三相对称负载和三角形联结的负载，采用三相三线制联结。

3）对于星形联结的三相不对称负载，一定要采用三相四线制联结，并且一定要保证中性线可靠联结，不得在中性线上联结开关和熔断器。否则会因为负载电压不对称，造成某项负载因过电压而损坏，或者因欠电压而不能正常工作。

5.4 三相电路的功率计算及其测量

5.4.1 三相电路的功率计算

无论三相电路对称与否，联结方式如何，电路总的有功功率都等于各相的有功功率之和，总的无功功率都等于各相的无功功率之和，即

$$P = P_A + P_B + P_C$$

$$Q = Q_A + Q_B + Q_C$$

式中，每相的有功功率为

$$P_A = U_{PA}I_{PA}\cos\varphi_A$$
$$P_B = U_{PB}I_{PB}\cos\varphi_B$$
$$P_C = U_{PC}I_{PC}\cos\varphi_C$$

每相的无功功率为

$$Q_A = U_{PA}I_{PA}\sin\varphi_A$$
$$Q_B = U_{PB}I_{PB}\sin\varphi_B$$
$$Q_C = U_{PC}I_{PC}\sin\varphi_C$$

式中，U_{PA}、U_{PB}、U_{PC} 表示三相各相电压的有效值；I_{PA}、I_{PB}、I_{PC} 表示三相各相电流的有效值；φ_A、φ_B、φ_C 表示各相的相电压与各相对应相电流之间的相位差。

三相电路总视在功率为

$$S = \sqrt{P^2 + Q^2}$$

在对称三相电路中，三相相电压、三相相电流都是对称的，设

$$U_{PA} = U_{PB} = U_{PC} = U_P$$
$$I_{PA} = I_{PB} = I_{PC} = I_P$$
$$\varphi_A = \varphi_B = \varphi_C = \varphi_P$$

所以，在对称三相正弦交流电路中，各相的有功功率、无功功率及视在功率都分别相等，即有

总有功功率为

$$P = 3U_PI_P\cos\varphi_P \tag{5-6}$$

总无功功率为

$$Q = 3U_PI_P\sin\varphi_P \tag{5-7}$$

视在功率为

$$S = \sqrt{P^2 + Q^2} \tag{5-8}$$

对称负载无论是星形联结，还是三角形联结，总有

$$3U_PI_P = \sqrt{3}U_LI_L \tag{5-9}$$

式中，U_L、I_L 分别为线电压与线电流，把式（5-9）代入式（5-6）~式（5-8）中，可得

和
$$P = \sqrt{3}\,U_L I_L \cos\varphi_P \tag{5-10}$$

$$Q = \sqrt{3}\,U_L I_L \sin\varphi_P$$
$$S = \sqrt{3}\,U_L I_L \tag{5-11}$$

式（5-10）及式（5-11）中的 φ_P 仍表示相电压与相电流之间的相位差。

【例 5-5】 对称星形联结的三相负载，每相阻抗为 $Z = (4 + j3)\Omega$，三相电源线电压为 380V。求三相负载的总功率。

解：已知线电压为 $U_L = 380\text{V}$，则相电压为 $U_P = \dfrac{1}{\sqrt{3}} U_L = 220\text{V}$

因此线电流

$$I_L = \frac{U_P}{|Z|} = \frac{220}{\sqrt{4^2 + 3^2}}\text{A} = 44\text{A}$$

负载的阻抗角为

$$\varphi_P = \arctan\frac{3}{4} = 36.9°$$

因此，三相负载总的有功功率、无功功率和视在功率分别为

$$P = \sqrt{3}\,U_L I_L \cos\varphi_P = \sqrt{3} \times 380 \times 44 \times \cos 36.9°\,\text{W} = 23.16\text{kW}$$

$$Q = \sqrt{3}\,U_L I_L \sin\varphi_P = \sqrt{3} \times 380 \times 44 \times \sin 36.9°\,\text{var} = 17.38\text{kvar}$$

$$S = \sqrt{3}\,U_L I_L = \sqrt{3} \times 380 \times 44\,\text{V}\cdot\text{A} = 28.96\text{kV}\cdot\text{A}$$

5.4.2 三相电路的功率测量

1. 测量方法

三相电路功率的测量一般可分为以下几种情况。

1）三瓦表法。在三相四线制电路中，当三相负载不对称时，需分别测出各相功率后再相加，才能得到三相总功率，这种方法称为三瓦表法。测量三相电路负载功率的"三瓦表法"示意图如图 5-9 所示。

2）一瓦表法。当三相负载对称时，各相功率相等，只要测出一相负载的功率，然后乘以 3 倍，就可得到三相负载的总功率，这种方法称为一瓦表法。

3）二瓦表法。对于三相三线制电路，不论其对称与否，都可用图 5-10 所示的测量三相电路负载功率的"二瓦表法"示意图来测量负载的总功率。两只功率表的接线原则是：将两只功率表的电流线圈分别串联接于任意两根端线中，而电压线圈则分别并联在本端线与第三根端线之间，这样两块功率表读数的代数和就是三相电路的总功率。

下面证明"二瓦表法"的正确性。

任何形式联结的三相负载都可以等效变换为星形联结形式，因此，三相负载的瞬时功率可写成

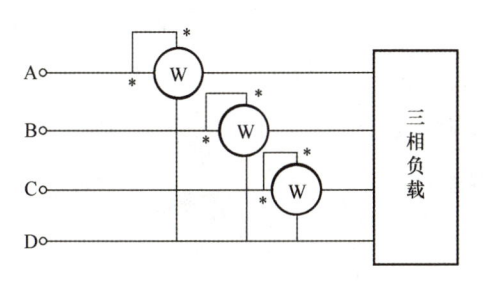

图 5-9 测量三相电路负载功率的"三瓦表法"示意图

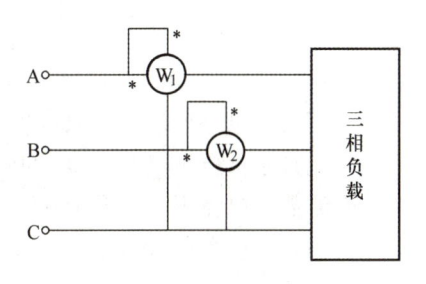

图 5-10 测量三相电路负载功率的"二瓦表法"示意图

$$p = p_A + p_B + p_C$$

在三相三线制电路中,因为 $i_A + i_B + i_C = 0$,所以 $i_C = -i_A - i_B$。那么

$$p = p_A + p_B + p_C = u_A i_A + u_B i_B + u_C i_C = u_A i_A + u_B i_B + u_C(-i_A - i_B)$$

于是,可求出三相负载的总功率为

$$P = \frac{1}{T}\int_0^T p\,dt = \frac{1}{T}\int_0^T (p_A + p_B + p_C)\,dt = \frac{1}{T}\int_0^T [u_A i_A + u_B i_B + u_C(-i_A - i_B)]\,dt$$

$$= \frac{1}{T}\int_0^T (u_{AC} i_A + u_{BC} i_B)\,dt$$

$$= U_{AC} I_A \cos\varphi_1 + U_{BC} I_B \cos\varphi_2$$

式中,φ_1 为线电压 $\dot{U}_{AC}$ 与线电流 $\dot{I}_A$ 之间的相位差;φ_2 为线电压 $\dot{U}_{BC}$ 与线电流 $\dot{I}_B$ 之间的相位差(φ_1、φ_2 并非负载的阻抗角)。

上式正是图 5-10 中两功率表读数(两功率表读数均不代表任何物理意义)的代数和,该代数和即为三相电路的总功率。

2. 注意事项

1)所求的总功率与线电压、线电流有关。因此,三相负载既可以是星形联结,也可以是三角形联结。

2)在一定条件下,当 $\varphi_1 > 90°$ 或 $\varphi_2 > 90°$ 时,相应的功率表的读数为负值,求总功率时应将负值代入。

3)用"二瓦表法"求总功率在任何时刻都是两功率表读数的代数和。换句话说,"二瓦表法"中任一个功率表的读数都是没有意义的。

4)在三相四线制不对称负载情况下,由于 $i_A + i_B + i_C \neq 0$,所以"二瓦表法"不适用于三相四线制电路。

5.5 实践项目 三相电路的联结和测量

项目目的

通过本项目学会按要求搭建电路;会用交流电压表、电流表及功率表测量电路等操作技能。

设备材料

1）计算机（装有 Multisim 14.0 电路仿真软件）1 台。
2）三相交流电路模块（9 只白炽灯：15W、220V）。
3）交流数字电压表（量程 0～500V）1 只。
4）交流数字电流表（量程 0～5A）1 只。
5）功率表（量程 0～500V、0～5A）1 只。

5.5.1　任务 1　三相电路的仿真

操作步骤如下：

1）在 Multisim 中，设计一个星形联结的三相对称工频电压源，电压为 220V，仿真电路如图 5-11 所示。在 Sources（源库）中选择"AC_POWER"，表示选择交流电压源。双击电压源，设置"电压（rms）"为 220V，即电压的有效值是 220V，设置"频率（f）"为 50Hz，设置"相位"为 0°，表示初相为 0°。依此法设置 3 个电压源，相位分别为 0°、120° 和 -120°。

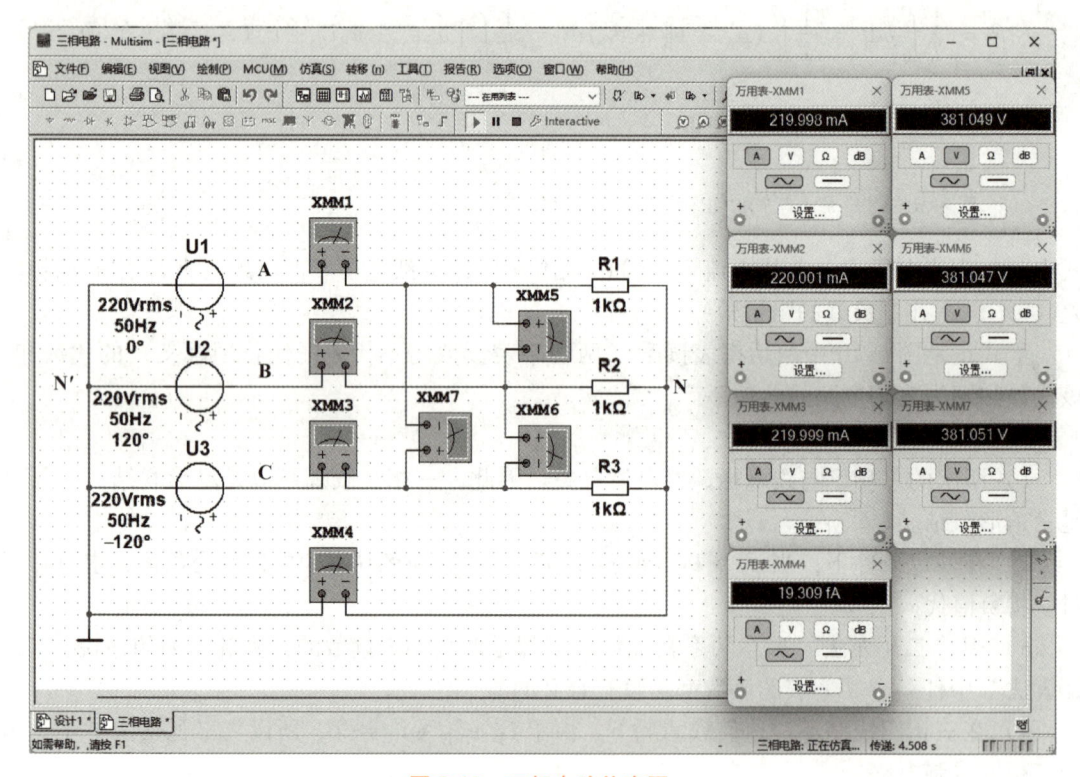

图 5-11　三相电路仿真图

2）负载选择 3 个 1kΩ 电阻，采用星形联结，然后与三相对称电源相连。

3）在各个相线和中性线上串联万用表测量相电流和中性线电流。双击万用表，打开万用表面板，选择"A"和波浪线，表示测量交流电流，如图 5-11 中的万用表-XMM1、万用表-XMM2、万用表-XMM3 和万用表-XMM4。在相线和相线之间接万用表，测量线电压。双击万用表，打开万用表面板，选择"V"和波浪线，表示测量交流电压，如图 5-11 中的

万用表 – XMM5、万用表 – XMM6 和万用表 – XMM7。

4）单击工具栏上的"运行"按钮，观察每个万用表的读数，万用表的数据近似与图 5-11 的一致就可以了。最后把仿真图复制下来粘贴到项目报告中。

5）打开电源开关，把中性线断开，在 N – N′之间接一个电流表，再合上电源开关。观察电流表、电压表的读数，并把仿真图复制下来粘贴到项目报告中。

6）把 3 个负载电阻中的一个电阻换成 2kΩ，重复步骤 1）~ 5）。

7）仍采用步骤 1）的电源，自行设计三角形联结的负载，负载电阻参数自选。

8）绘制仿真电路，用交流电流表测量各个相电流和线电流。观察负载对称情况和负载不对称情况各个电流之间的关系，并把仿真图复制下来粘贴到项目报告中。

9）用 Simulate 菜单里面的 Transient Analysis（瞬态分析）观察图 5-11 中 A、B、C 三点的电压波形，并记录波形。

5.5.2 任务2 三相负载星形联结时的电压、电流及功率的测量

1. 三相负载星形联结时的电压、电流测量

1）按图 5-12 所示的三相负载的星形联结实验线路图，N – N′中间的开关 S 闭合，每相 3 个开关（S_{A1}、S_{A2}、S_{A3}、S_{B1}、S_{B2}、S_{B3}、S_{C1}、S_{C2}、S_{C3}）闭合。

2）经教师检查无误后，合上电源开关，观察白炽灯工作情况。然后用交流电压表分别测量线电压 U_{AB}、U_{BC}、U_{CA} 和负载的相电压 U_A、U_B、U_C。

3）用交流电流表测量线电流（也即各相电流）I_A、I_B、I_C 以及中性线电流 I_O。

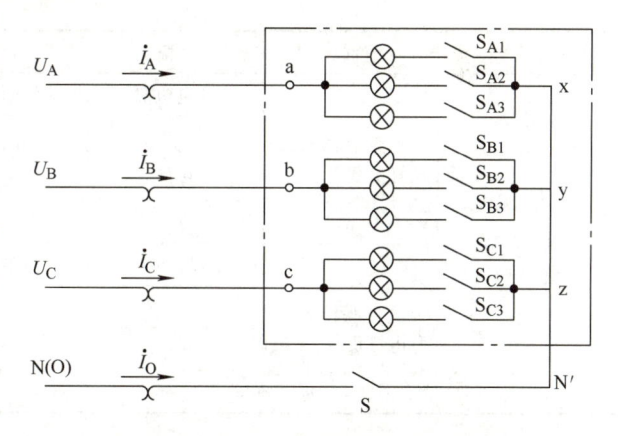

图 5-12 三相负载的星形联结实验线路图

4）断开中性线开关 S，观察各相灯光的亮度有无变化，再测量各相电压、线电压、线电流。

5）将以上所测数据填入表 5-1 中，并切断电源开关。

表 5-1 三相电压、电流数据

电路情况		相电压/V			线电压/V			线电流/A			灯泡亮度			中性线电流/A	中性点间电压/V
		U_A	U_B	U_C	U_{AB}	U_{BC}	U_{CA}	I_A	I_B	I_C	A 相	B 相	C 相		
对称负载	有中性线														
	无中性线														
不对称负载	有中性线														
	无中性线														

6）变三相对称负载为不对称负载（可将 A 相减少两盏灯，B 相减少 1 盏灯），并闭合中性线开关 S。

7）合上电源开关，观察各相灯光变化情况，再测量各线电压、相电压、各线电流及中

性线电流，并将数据填入表5-1中。

8）保持上述不对称负载，将中性线开关S断开，观察各相负载的灯光变化情况，再测量各线电压、相电压、线电流，并将所测结果填入表5-1中，并断开三相电源。

2. 三相负载星形联结时的功率测量

1）按照步骤1）方法，将对称的三相灯负载接入电路，并合上中性线开关S。

2）经教师检查无误后，合上电源开关，用"一瓦表法"测量三相功率。只要测出一相（例如A相）有功功率P_A，三相总功率$P = 3P_A$。

3）断开中性线开关S，再用"一瓦表法"测量三相功率。

4）按照步骤6）将不对称的三相灯负载接入电路，并合上中性线上的开关。

5）经教师检查无误后，合上电源开关，也用"一瓦表法"测量。先测A相，再测B相和C相，三相总功率等于各相之和$P = P_A + P_B + P_C$。

6）断开中性线开关S，再测量A相、B相和C相，求和得到三相功率。

7）将以上所测数据填入表5-2中，并切断电源开关。

表5-2 三相功率数据

电源	负载	A相	B相	C相	功率表读数			
					P_A	P_B	P_C	P
三相四线制	星形联结对称电灯负载	灯泡功率	灯泡功率	灯泡功率				
		数量	数量	数量				
	星形联结不对称电灯负载	灯泡功率	灯泡功率	灯泡功率				
		数量	数量	数量				

5.5.3 任务3 三相负载三角形联结时的电压、电流及功率的测量

1. 操作步骤

（1）三相负载三角形联结时的电压电流测量

1）按图5-13所示的三相负载三角形联结线路将对称的三相负载做三角形联结接入电路。

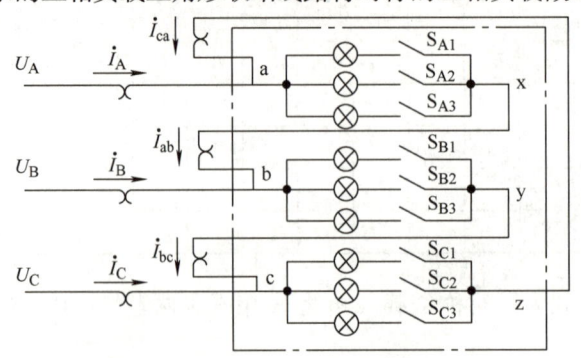

图5-13 三相负载的三角形联结线路

2）调节三相电源线电压220V，经教师检查无误后，闭合电源开关。观察各相电路工作情况。随后测量电路的线电压 U_{AB}、U_{BC}、U_{CA} 和各相负载的相电压 U_{ab}、U_{bc}、U_{ca}。

3）用交流电流表测量各线电流 I_A、I_B、I_C 和相电流 I_{ab}、I_{bc}、I_{ca}。

4）将上述所测数据填入表5-3中，并断开三相电源。

表 5-3　负载三角形联结时的三相电压、电流

电路情况	线电压/V			相电压/V			线电流/A			相电流/A		
	U_{AB}	U_{BC}	U_{CA}	U_{ab}	U_{bc}	U_{ca}	I_A	I_B	I_C	I_{ab}	I_{bc}	I_{ca}
三角形联结对称电灯负载												

（2）三相负载三角形联结时的功率测量

1）按图5-14所示的三相负载三角形联结功率测量线路图将对称的三相灯负载接入电路。

2）经教师检查无误后，合上电源开关，用"二瓦表法"测量。分别测出两只功率表的有功功率 P_1 和 P_2，三相总功率 $P = P_1 + P_2$（注意：三相总功率等于两只功率表读数的代数和）。

3）将以上所测数据填入表5-4中，并切断电源开关。

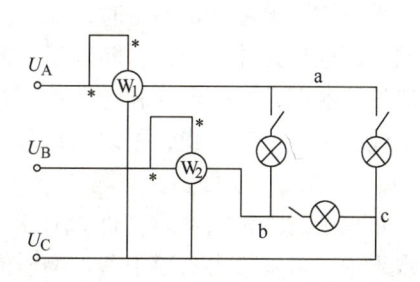

图 5-14　三相负载三角形联结功率测量线路图

表 5-4　三相负载三角形联结时的三相功率

电源	负载	A 相	B 相	C 相	功率表读数		
		灯泡功率	灯泡功率	灯泡功率	P_1	P_2	P
三相三线制	三角形联结对称电灯负载						
		数量	数量	数量			

2. 注意事项

1）由于三相电源电压较高，因此要十分注意安全，线路须经教师检查后方可通电实验。

2）在测量电压、电流和功率时，要注意选择好测量仪表的量程以防烧坏仪表或者发生触电事故。

3）更换实验内容时，一定要切断电源，严禁带电操作。

3. 思考题

1）什么是三相电路？

2）三相电源的连接方式有几种？其特点是什么？

3）三相负载的连接方式有几种？

4）三相负载星形联结时，电源线电压与负载承受的相电压之间有何关系？

5）三相对称负载星形联结时，中性线是否可以取消？三相不对称负载星形联结时，中性线是否可以取消？为什么？

6）三相对称负载三角形联结时，电源线电压与负载承受的相电压之间有何关系？

7）三相对称负载三角形联结时线电流与相电流的关系如何？

8）"二瓦表法"仅适用于三相三线制电路的功率测量，为什么？

4. 项目报告

1）把仿真电路图、仿真曲线等复制后粘贴到项目报告中。

2）根据仿真数据，分析各电压、电流的关系。

3）根据实际操作测量的数据，进行数据处理，完成表 5-1~表 5-4，要有计算过程。

拓展阅读：电学小趣闻

1. 为什么拍打电池，遥控器就可以继续使用？

当遥控器电池电量不足时，如果拍打几下电池，遥控器可能又恢复功能，打开电视或者空调了。这是为什么呢？可能是以下两个原因：一是电池接触不良，通过拍打电池可以调整电池的接触点，帮助电池和弹簧重新建立连接；二是电池可能没电了，通过拍打电池，加大了电池的化学反应面积，可以支撑电池多使用一段时间。

2. 食用的水果可以发电吗？

水果中有大量电解质（即含有带正、负电荷的离子），把两种化学活性不同的金属片插入水果中，可置换出水果中酸性物质的氢离子，产生正电荷，生成电流。也就是说，可以利用水果中的化学物质和金属片发生反应，产生电能。所以水果发电并不是谣传。

3. 高压屏蔽服的棉线里有金属丝，不会导电吗？

高压屏蔽服是根据法拉第笼原理制成的。衣服的棉线中编制了金属丝，相当于在人体外侧形成一个屏蔽罩。依靠它可以使人体表面的电场强度均匀并减至最小，电流只从金属表面流过，金属笼内部电流为零。所以合格的高压屏蔽服屏蔽电场效率会非常高，可以为人体提供必要的保护。

4. 下雨天，高压线总是滋滋滋地响，会不会漏电？

下雨天，高压线发出滋滋的声音，其实是电力线路附近空气在潮湿条件下电阻降低，发生电离，形成电晕放电产生的噪声。因为下雨天空气潮湿，相对于干燥天气电阻小，高压线对周围空气放电，会有滋滋的声音，但不会形成电弧，也不会产生火花，因此不会对人体或者物体造成伤害。

5. 一度电可以干什么？

千万别小看这一度电，一度电能让一个 25W 的灯泡持续发光 40h；一度电能用吸尘器将 100m^2 的房子打扫 5 次；一度电可以为手机充满 100 多次电；一度电可以让一台 66W 的冰箱运转 15h；一度电可以灌溉 0.14 亩（1 亩 = 666.67m^2）小麦。当电被量化之后，没想到一度电可以干这么多事？所以，珍惜每一度电，合理使用能源，共同推动可持续发展的未来！

5.6　习题

5.1　当对三相电源进行三角形联结时，如果有一相绕组接反，那么后果如何？用相量图加以分析说明。

5.2 当对三相电源进行星形联结时，已知对称相电压 $\dot{U}_B = 220\angle 40°$ V。求线电压 $\dot{U}_{AB}$、$\dot{U}_{BC}$ 和 $\dot{U}_{CA}$。

5.3 当某三相异步电动机每相绕组的额定电压为 220V 时，电源有两种电压：1）线电压为 380V；2）线电压为 220V。试问在两种不同电源电压下，这台电动机绕组应怎样联结？

5.4 将星形联结对称负载每相阻抗 $Z = (24 + j32)\Omega$，接于线电压 $U_L = 380$V 的三相电源上。试求各相电流及线电流。

5.5 已知有一对称三相四线制的 Y-Y 三相电路，相电压 $\dot{U}_B = 220\angle 40°$ V，各相负载阻抗为 $100\angle 20°$ Ω。求各线电流。

5.6 为什么三相电动机可以采用三相三线制供电，而三相照明电路必须采用三相四线制供电系统？

5.7 将某三角形联结对称负载，每相电阻为 40Ω，接于电压有效值为 120V 的对称三相电源上。求线电流的有效值。

5.8 对称三角形联结负载，每相阻抗为 $100\angle 20°$ Ω，由对称三相电源供电，已知线电压 $\dot{U}_{AB} = 220\angle 30°$ V。求线电流。

5.9 对称三角形联结负载，每相阻抗为 $(8 + j6)\Omega$，接至对称三相电源，设电压 $\dot{U}_{AB} = 380\angle 0°$ V。求：

1）线电流 $\dot{I}_A$。

2）三相负载的有功功率。

5.10 对称三角形联结负载，每相阻抗 $Z = 5\angle 45°$ Ω，线电压有效值为 100V。求：

1）线电流。

2）三相负载的有功功率、无功功率和视在功率。

5.11 三相电路如图 5-15 所示。已知电源线电压为 380V。求各相负载的相电流、中性线电流及三相有功功率 P，并画出相量图。

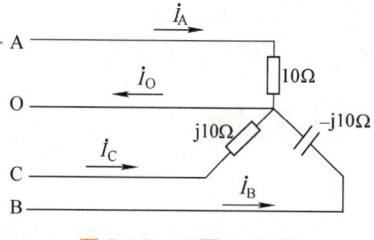

图 5-15 习题 5.11 图

第 6 章　互感电路及磁路

引例：变压器

什么是互感？这个名字可能会让人产生误解，它似乎指的是电感本身的共享，就好像两个绕组安排得非常接近时会失去它们自己的物理电感特性。实际上互感不是指电感的共用，而是指电感的相互作用，即一个绕组的电气特性会影响附近绕组的电气特性。毫无疑问，变压器是互感的一个非常重要的应用。

变压器（Transformer）是利用电磁感应的原理来改变交流电压的装置，主要由一次绕组、二次绕组和铁心（磁心）组成，主要用于电压变换、电流变换、阻抗变换、隔离、稳压（磁饱和变压器）等。

变压器按用途可以分为配电变压器、电力变压器、全密封变压器、组合式变压器、干式变压器、油浸式变压器、单相变压器、电炉变压器、整流变压器、抗干扰变压器、防雷变压器、箱式变压器、试验变压器、转角变压器、大电流变压器、励磁变压器等。

变压器是输配电的基础设备，广泛应用于工业、农业、交通、城市社区等领域。我国在网运行的变压器约 1700 万台，总容量约 110 亿 kV·A。变压器损耗约占输配电电力损耗的 40%，具有较大的节能潜力。

培养目标

1. 知识目标

1）了解正弦交流互感电路的分析方法。
2）掌握互感线圈同名端的判别。

2. 能力目标

1）掌握互感电路的去耦方法。
2）熟练掌握互感电路互感系数 M 的测量方法。

3. 素养目标

1）具有诚实守信精神，树立正确的人生观。
2）具有良好的团队协作精神和集体主义观念。
3）具有良好的实验习惯，在更换实验内容时，一定要切断电源，严禁带电操作。

6.1 互感电路的基本知识

在实际电路中，利用互感现象可制造电源变压器、音频变压器、脉冲变压器以及自耦变压器等电磁设备，故研究互感电路非常重要。在电气工程中，通过磁场作用可制造出各种机电能量变换设备和机电信号转换器件，例如，交直流发电机、电动机、电磁铁、继电器、接触器及电磁仪表等。因此，分析磁路的基本规律，研究磁与电的关系具有重要的意义。

6.1.1 互感的概念

在一个单线圈中，由于电流的变化而在线圈中产生感应电压的物理现象称为自感应，这个感应电压称为自感电压。对于两个单线圈，当一个线圈中的电流发生变化时，它所产生的交变磁通不仅穿过自身线圈，在线圈中引起自感应现象，产生自感电压，而且还会穿过相邻线圈，在相邻线圈中产生感应现象，并产生感应电压，这种电磁感应的物理现象称为互感应现象，这一感应电压称为互感电压。下面，先分析互感线圈的互感电压，然后分析互感线圈端口处的伏安关系。

图 6-1 所示表示具有互感的两个耦合线圈。如图 6-1a 所示，当线圈 1 通以电流 i_1 时，在线圈 1 中将产生自感磁通 Φ_{11}（Φ_{11} 为电流 i_1 在线圈 1 中产生的磁通），Φ_{11} 的一部分或全部将交链另一线圈 2，用 Φ_{21}（Φ_{21} 为电流 i_1 在线圈 2 中产生的磁通）表示，这种一个线圈的磁通交链另一个线圈的现象称为磁耦合，Φ_{21} 称为耦合磁通或互感磁通。当线圈 1 中的电流 i_1 变化时，自感磁通 Φ_{11} 随电流而变化，除了在线圈 1 中产生自感电压外，还将通过耦合磁通 Φ_{21} 在线圈 2 中产生感应电压，即互感电压，用 u_{21} 表示。若根据线圈 2 的绕向使 u_{21} 和 Φ_{21} 的参考方向满足右手螺旋定则，则有

$$u_{21} = \frac{\mathrm{d}(N_2 \Phi_{21})}{\mathrm{d}t} \tag{6-1}$$

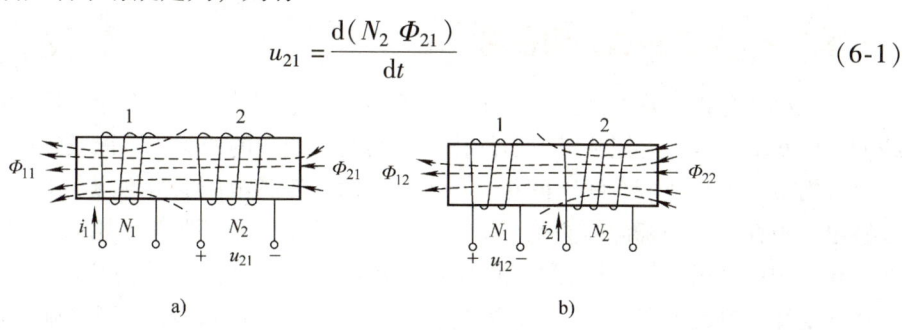

图 6-1 具有互感的两个耦合线圈
a）线圈 1 通电流的情况　b）线圈 2 通电流的情况

同理，如图 6-1b 所示，如果线圈 2 通以电流 i_2，在线圈 2 中就将产生自感磁通 Φ_{22}（Φ_{22} 为电流 i_2 在线圈 2 中产生的磁通），Φ_{22} 的一部分或全部将交链另一线圈 1，用 Φ_{12}（Φ_{12} 为电流 i_2 在线圈 1 中产生的磁通）表示，当线圈 2 中的电流 i_2 变化时，自感磁通 Φ_{22} 随电流而变化，除了在线圈 2 中产生自感电压外，还将通过耦合磁通在线圈 1 中产生互感电压 u_{12}。若根据线圈 1 的绕向使 u_{12} 和 Φ_{12} 的参考方向满足右手螺旋定则，则有

$$u_{12} = \frac{\mathrm{d}(N_1 \Phi_{12})}{\mathrm{d}t} \qquad (6\text{-}2)$$

式（6-1）和式（6-2）还可以分别写为

$$u_{21} = M_{21} \frac{\mathrm{d}i_1}{\mathrm{d}t} \qquad (6\text{-}3)$$

$$u_{12} = M_{12} \frac{\mathrm{d}i_2}{\mathrm{d}t} \qquad (6\text{-}4)$$

式（6-3）和式（6-4）的转换过程从略。式中，$M_{21} = M_{12}$，M_{12} 称为互感系数，简称为互感，单位为 H。在两个线圈有耦合且为线性磁介质（即线圈绕制在非磁性材料的芯上或空心时）的情况下可以证明，$M_{21} = M_{12}$，令 $M = M_{21} = M_{12}$，互感 M 取决于两个耦合线圈的几何尺寸、匝数、相对位置和磁介质，当磁介质为非铁磁性物质时，M 是常数。互感和自感一样，在直流情况下是不起作用的。工程上常用耦合系数 k 表示两个线圈磁耦合的紧密程度，定义为

$$k = \frac{M}{\sqrt{L_1 L_2}}$$

由于互感磁通是自感磁通的一部分，所以当 k 接近零时，为弱耦合；当 k 接近 1 时，为强耦合；当 $k = 1$ 时，为全耦合。

两个线圈之间耦合程度和耦合系数的大小与线圈的结构、相对位置以及周围磁介质的性质有关，在电力电子技术中，为了利用互感原理有效地传输能量或信号，通过合理绕制线圈和采用铁磁材料作为磁介质，采用极紧密的耦合，使 k 值尽可能接近 1。若要尽量减小互感的影响，以避免线圈之间的相互干扰，则可以通过合理布置线圈的相对位置和采用磁屏蔽措施来实现这一目的。

6.1.2 互感线圈的同名端

上一小节分析了具有互感的两个线圈产生互感电压的情况。两个线圈的相对位置和线圈绕向如图 6-1 所示，可知互感电压的极性是与两个线圈的相对位置以及线圈绕向有关的。当两个线圈绕向变化或两个线圈的相对位置变化时，互感电压的极性也会变化。图 6-2 表明了互感电压极性与线圈绕向的关系。它说明当两个线圈绕向不同时，互感电压的极性会不同。在图 6-2a 中，当电流 i_1 从线圈 1 的 A 端流入时，Φ_{21} 在线圈 2 中感应出电压 u_{21} 的极性，根据楞次定律可判断 B 端为"＋"，Y 端为"－"；而在图 6-2b 中，当电流 i_1 从线圈 1 的 A 端流入时，Φ_{21} 在线圈 2 中感应出电压 u_{21} 的极性，根据楞次定律可判断 B 端为"－"，Y 端为"＋"。显然，当两个线圈的相对位置变化时，互感电压的极性也会变化。限于篇幅不再介绍。

由前面的分析得知，具有耦合的两线圈其互感电压的极性取决于两线圈的绕向和两线圈的相对位置。但在工程实际中，线圈的绕向和相对位置不能从外部看出来，在电路图中也不能说明。为此，在电工技术中一般是用标注同名端的方法来反映线圈绕向和相对位置的。所谓同名端是指有耦合的两线圈中，设电流分别从线圈 1 的 X 端和线圈 2 的 Y 端流入，根据右手螺旋定则可知，两线圈中由电流产生的自感磁通和互感磁通方向一致互相增强，那么就

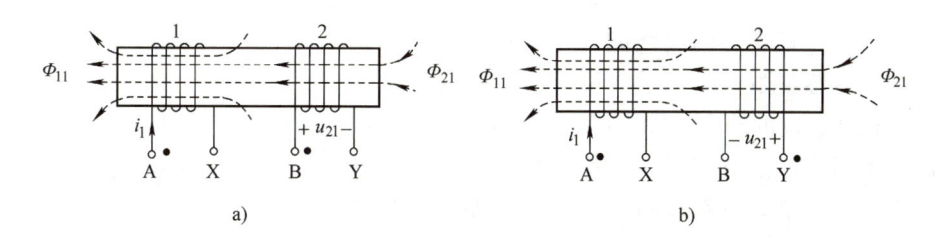

图 6-2 互感电压极性与线圈绕向的关系

a）互感电压极性与两线圈绕向相同时的关系　b）互感电压极性与两线圈绕向不同时的关系

称 X 和 Y 是一对同名端，用同样的符号（点号"·"）表示。同理，A 和 B 也是一对同名端。不是同名端的两个端是异名端。耦合两线圈的同名端如图 6-3 所示。在图 6-2 中当电流 i_1 从线圈 1 的 A 端（同名端）流入时，在线圈 2 中感应出的电压 u_{21} 的极性可知 B 端（同名端）为"＋"。根据楞次定律，同样可判断线圈 1 的自感电压（图中未画出）在线圈 1 的 A 端也为"＋"。从这个意义上说，同名端即同极性端。

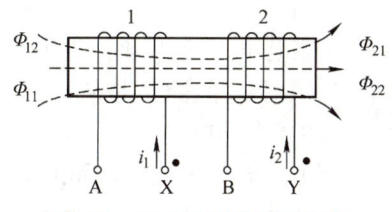

图 6-3 耦合两线圈的同名端

图 6-4 所示为图 6-2 所示的互感电压及同名端的电路符号。在同名端被确定后，对有耦合的两线圈就不必去关心线圈的实际绕向和相对位置，而只要根据同名端和电流的参考方向，就可以方便地确定本线圈的输入电流在另一个线圈中产生互感电压的极性，而且能很方便地在电路图上用符号表示出来。例如，图 6-2 所示的两个线圈的同名端和互感电压可用图 6-4 表示，其互感电压表示为

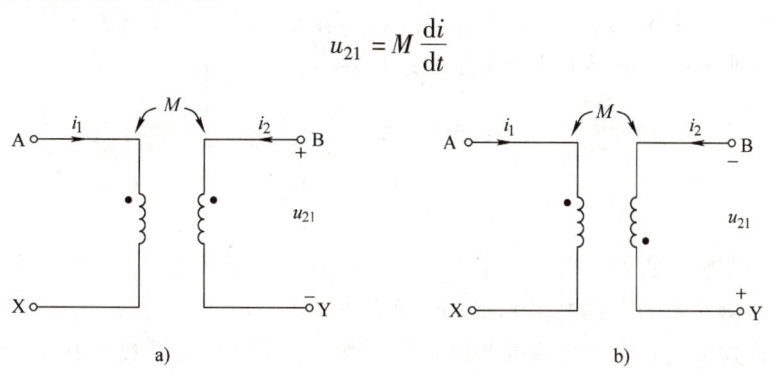

$$u_{21} = M \frac{di}{dt}$$

图 6-4 图 6-2 所示的互感电压及同名端的电路符号

a）图 6-2a 电路符号　b）图 6-2b 电路符号

在工程实际中，同名端的应用十分广泛。如果将同名端搞错了，有时会对电路造成严重后果，所以必须认真掌握。

6.1.3 互感线圈的伏安关系

对于一个单线圈，在线性磁介质情况下，称为线性电感。线性电感的伏安关系为 $u = Ldi/dt$ [见式（3-2）]。

对于有耦合、有互感的两线圈，在线性磁介质情况下，称为耦合电感。图 6-5 所示为耦合电感的元件电路图，它是由相互靠近的两个线圈组成。图 6-5 上标注了电压和电流的参考方向及同名端，与前面分析的情况是一样的。对于每一单个线圈在端口处其伏安关系应包括两项：一项是自感电压，另一项是互感电压。各项正、负号的确定如下所述。

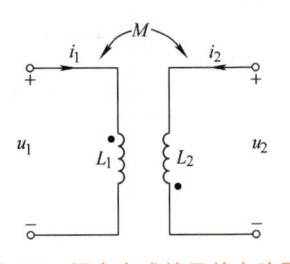

图 6-5 耦合电感的元件电路图

1）自感电压 $L\mathrm{d}i/\mathrm{d}t$ 项：若端口处电压和电流为关联参考方向，则自感电压项便为正号，否则为负号。

2）互感电压 $M\mathrm{d}i/\mathrm{d}t$ 项：先确定互感电压的"＋"电位端。其方法是：若产生互感磁通的电流（在另一线圈）是从标记"·"的同名端流入的，则互感电压在（本线圈）标记"·"的同名端应是"＋"电位端；若产生互感磁通的电流（在另一线圈）是从非标记"·"的端流入的，则互感电压在（本线圈）非标记"·"的端是"＋"电位端。然后，确定互感电压在伏安关系中的正负号，其方法是：在互感电压的"＋"电位端确定后，如果与端口处电压的参考极性"＋"电位一致，此互感电压项就为正号，否则为负号。

把上面总结的方法应用于图 6-5 所示的耦合电感，其端口处伏安关系应为

$$u_1 = L_1 \frac{\mathrm{d}i_1}{\mathrm{d}t} + M \frac{\mathrm{d}i_2}{\mathrm{d}t}$$

$$u_2 = M \frac{\mathrm{d}i_1}{\mathrm{d}t} + L_2 \frac{\mathrm{d}i_2}{\mathrm{d}t}$$

【例 6-1】 写出图 6-5 所示耦合电感的伏安关系表达式。

解：图 6-5 所示耦合电感的伏安关系表达式为

$$u_1 = L_1 \frac{\mathrm{d}i_1}{\mathrm{d}t} - M \frac{\mathrm{d}i_2}{\mathrm{d}t}$$

$$u_2 = M \frac{\mathrm{d}i_1}{\mathrm{d}t} - L_2 \frac{\mathrm{d}i_2}{\mathrm{d}t}$$

在上面第一个表达式中，自感电压 $L_1\mathrm{d}i_1/\mathrm{d}t$ 项为正号，是因为 u_1 和 i_1 的参考方向是关联的，第二个表达式中的自感电压 $L_2\mathrm{d}i_2/\mathrm{d}t$ 项为负号，是因为 u_2 和 i_2 的参考方向是非关联的；第一个表达式中的互感电压 $M\mathrm{d}i_2/\mathrm{d}t$ 项为负号，是因为 i_2 在线圈 1 中所产生的互感电压在非"·"端是"＋"电位，"·"端是"－"电位，与端口处电压 u_1 参考极性（上正下负）相反；第二个表达式中的互感电压 $M\mathrm{d}i_1/\mathrm{d}t$ 项为正号，是因为 i_1 在线圈 2 中所产生的互感电压在标记"·"端是"＋"电位，非"·"端是"－"电位，与端口处电压 u_2 参考极性（上正下负）一致。

6.2　互感电路的计算

互感电路只适合交流情况。在正弦激励源作用下，基尔霍夫定律以及前面介绍过的电路分析方法（如相量法、支路电流法等）完全适合含有互感电路的分析和计算。所不同的是，

现在电路图中要标出同名端及互感系数 M；在列写电压方程时必须考虑由于磁耦合而产生的互感电压的影响。

6.2.1　正弦交流互感电路的分析法

在分析含耦合电感的正弦交流电路时，可以把耦合电感的两个线圈看作两条支路，在对每条支路依据基尔霍夫电压定律列写电压方程时，包含自感电压和互感电压两部分。自感电压对应自感抗 ωL，互感电压对应互感抗 ωM。自感电压和互感电压极性的确定如 6.1.3 小节所述。其他部分的分析与一般的正弦交流电路的分析相似。这就是正弦交流互感电路的分析方法，也是互感电路最根本的分析方法，后面的互感消去法及互感电路在工程上的应用其关键也源于此。

【例 6-2】 在图 6-6 所示的正弦交流互感电路中，已知 $X_{L1} = 10\Omega$，$X_{L2} = 20\Omega$，$X_C = 5\Omega$，耦合线圈互感抗 $X_M = 10\Omega$，正弦交流电源电压 $\dot{U}_S = 20\angle 0°$ V，$R_L = 30\Omega$。试求支路电流 $\dot{I}_2$。

解： 各支路电流标于电路图中，由 KVL 列出两个网孔的电压方程为

$$\dot{U}_S = \dot{U}_{L1} + \dot{U}_C$$

$$\dot{U}_C = -\dot{U}_{L2} - R_L \dot{I}_2$$

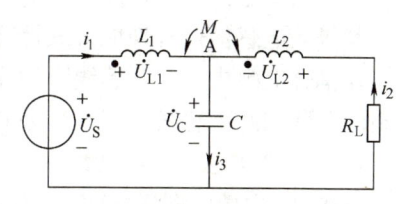

图 6-6　例 6-2 图

式中，$\dot{U}_{L1} = jX_{L1}\dot{I}_1 - jX_M\dot{I}_2$；$\dot{U}_{L2} = jX_{L2}\dot{I}_2 - jX_M\dot{I}_1$，代入上面方程式中，得

$$\dot{U}_S = jX_{L1}\dot{I}_1 - jX_M\dot{I}_2 + \dot{U}_C$$

$$\dot{U}_C = -jX_{L2}\dot{I}_2 + jX_M\dot{I}_1 - R_L\dot{I}_2$$

将已知数据代入方程式中，得

$$20\angle 0° = j10\dot{I}_1 - j10\dot{I}_2 - j5\dot{I}_3$$

$$-j5\dot{I}_3 = -j20\dot{I}_2 + j10\dot{I}_1 - 30\dot{I}_2$$

由 KCL 列出 A 节点的电流方程为

$$\dot{I}_1 + \dot{I}_2 = \dot{I}_3$$

与上两式联立求得

$$\dot{I}_2 = \sqrt{2}\angle 45°\ \text{A}$$

本例在式 $\dot{U}_{L1} = jX_{L1}\dot{I}_1 - jX_M\dot{I}_2$ 中，$\dot{U}_{L1}$ 与 $\dot{I}_1$ 为关联参考方向，故自感电压 $jX_{L1}\dot{I}_1$ 为正；$\dot{I}_2$ 是从线圈 2 的非标记"·"端流入的，在线圈 1 产生的互感电压的极性在非"·"端是"+"电位，在"·"端是"−"电位，与 $\dot{U}_{L1}$ 参考方向相反，故互感电压 $jX_M\dot{I}_2$ 为负。而在式 $\dot{U}_{L2} = jX_{L2}\dot{I}_2 - jX_M\dot{I}_1$ 中，$\dot{U}_{L2}$ 与 $\dot{I}_2$ 为关联参考方向，故自感电压 $jX_{L2}\dot{I}_2$ 为正；$\dot{I}_1$ 是从线圈 1 的标记"·"端流入的，在线圈 2 产生的互感电压的极性在"·"端是"+"电位，

在非"·"端是"-"电位,与$\dot{U}_{L2}$参考方向相反,故互感电压$jX_M\dot{I}_1$也为负。本例是耦合电感其端口处伏安关系确定方法在正弦交流互感电路中的具体应用,掌握这一分析方法,对任何含有互感的电路都不难分析。

6.2.2 耦合电感的去耦等效电路分析法

互感电路的分析除了上面介绍的分析方法之外,还有一种称为耦合电感的去耦等效电路分析法。推出此方法的思路是:对有些特殊连接的互感电路,将电路中的耦合电感等效为一个电感元件或由若干电感组成的电路。经这样处理后的等效电路即成为无互感的正弦交流电路,可按一般的正弦交流电路来进行分析计算,其中等效电感值的大小可通过计算求得。这样一来,只要遇到符合特殊连接的互感电路,就可以用现成的不含互感的等效电感电路来替代,其等效电感值也有现成公式计算。这就是所谓的耦合电感的去耦等效电路分析法。

在耦合电感中,两互感线圈的连接基本有3种方式,分别是两互感线圈的串联、两互感线圈的并联和两互感线圈有一个公共端的连接。

1. 在耦合电感中两线圈的串联

当在耦合电感中将两线圈的一对异名端相连、另一对异名端与电路其他部分相接时,构成的连接方式称为互感线圈的顺向串联,如图6-7a所示;若将两线圈的一对同名端相连,另一对同名端与电路其他部分相接时,所构成的连接方式称为互感线圈的反向串联,如图6-7b所示。

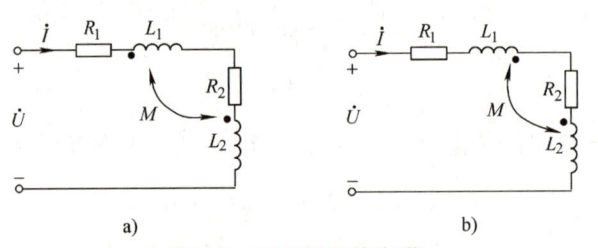

图6-7 互感线圈的串联
a) 顺向串联 b) 反向串联

在图6-7a所示的电压、电流参考方向下,可列出如下电压方程:

$$\dot{U} = R_1\dot{I} + j\omega L_1\dot{I} + j\omega M\dot{I} + R_2\dot{I} + j\omega L_2\dot{I} + j\omega M\dot{I}$$
$$= (R_1 + R_2)\dot{I} + j\omega(L_1 + L_2 + 2M)\dot{I}$$

即

$$\frac{\dot{U}}{\dot{I}} = (R_1 + R_2) + j\omega(L_1 + L_2 + 2M) = (R_1 + R_2) + j\omega L$$

式中,$L = L_1 + L_2 + 2M$。同样,在图6-7b所示的电压、电流参考方向下,可列出如下电压方程:

$$\dot{U} = R_1\dot{I} + j\omega L_1\dot{I} - j\omega M\dot{I} + R_2\dot{I} + j\omega L_2\dot{I} - j\omega M\dot{I}$$
$$= (R_1 + R_2)\dot{I} + j\omega(L_1 + L_2 - 2M)\dot{I}$$

即

$$\frac{\dot{U}}{\dot{I}} = (R_1 + R_2) + j\omega(L_1 + L_2 - 2M) = (R_1 + R_2) + j\omega L$$

式中,$L = L_1 + L_2 - 2M$。

从上面的分析可知：当在耦合电感中将两线圈顺向串联时，其等效电感为 $L = L_1 + L_2 + 2M$，互感线圈顺向串联的去耦等效电路如图 6-8a 所示；当在耦合电感中将两线圈反向串联时，互感线圈反向串联的去耦等效电路如图 6-8b 所示，其等效电感为 $L = L_1 + L_2 - 2M$。

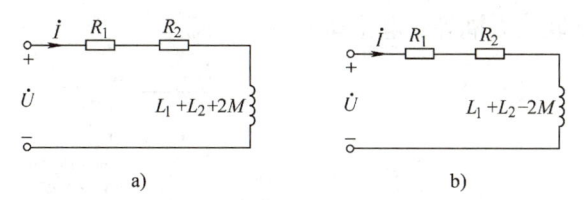

图 6-8　互感线圈串联的去耦等效电路
a）互感线圈顺向串联的去耦等效电路　b）互感线圈反向串联的去耦等效电路

2. 在耦合电感中两线圈的并联

在两耦合电感中两线圈（若忽略线圈内阻）的并联也有两种形式，一种形式是把两个互感线圈的同名端两两连在一起，并接在二端网络上，构成的连接方式称为互感线圈的同侧并联，如图 6-9a 所示；另一种形式是把两个互感线圈的异名端两两连在一起，并接在二端网络上，构成的连接方式称为互感线圈的异侧并联，如图 6-9b 所示。

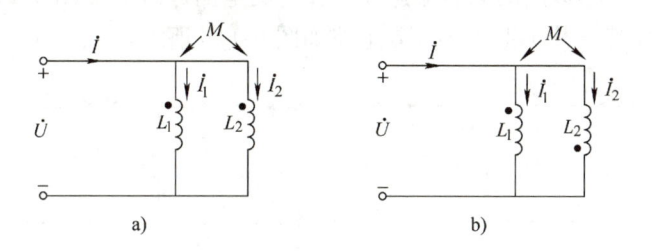

图 6-9　互感线圈的并联
a）同侧并联　b）异侧并联

在图 6-9a 所示的电压、电流参考方向下，可列出如下电压方程：

$$\dot{I} = \dot{I}_1 + \dot{I}_2$$

$$\dot{U} = j\omega L_1 \dot{I}_1 + j\omega M \dot{I}_2$$

$$\dot{U} = j\omega L_2 \dot{I}_2 + j\omega M \dot{I}_1$$

$$L = \frac{L_1 L_2 - M^2}{L_1 + L_2 - 2M}$$

解得

$$\frac{\dot{U}}{\dot{I}} = j\omega \frac{L_1 L_2 - M^2}{L_1 + L_2 - 2M} = j\omega L$$

即

$$L = \frac{L_1 L_2 - M^2}{L_1 + L_2 - 2M}$$

该式是在同侧并联情况下得到的等效电感，对于如图 6-9b 所示的互感线圈异侧并联情

况下，可推导出等效电感为

$$L = \frac{L_1 L_2 - M^2}{L_1 + L_2 + 2M}$$

因此，得到互感线圈并联的去耦等效电路如图 6-10 所示。

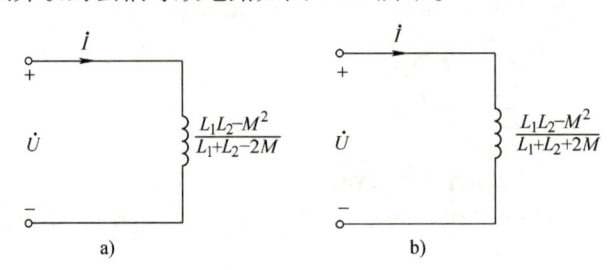

图 6-10　互感线圈并联的去耦等效电路
a) 互感线圈同侧并联的去耦等效电路　b) 互感线圈异侧并联的去耦等效电路

3. 在耦合电感中两线圈有一个公共端的连接

耦合电感中有一公共节点的两线圈（忽略线圈内阻）连在一起的连接形式也有两种，第一种形式是把两个互感线圈的同名端连在一起，其电路原理图如图 6-11a 所示，它可由 T 形去耦等效电路来代替，其 T 形去耦等效电路如图 6-11b 所示。

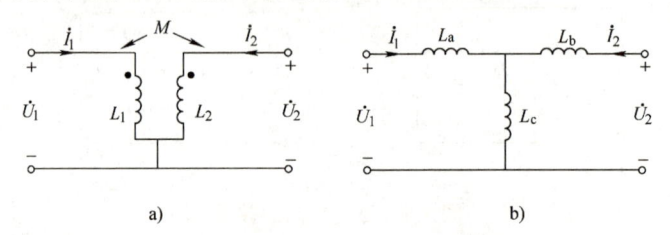

图 6-11　同名端连接为公共端时耦合电感的去耦等效电路
a) 电路原理图　b) T 形去耦等效电路

其去耦等效电路的等效条件可推导如下：
对图 6-11a 所示有

$$\begin{cases} \dot{U}_1 = j\omega L_1 \dot{I}_1 + j\omega M \dot{I}_2 \\ \dot{U}_2 = j\omega M \dot{I}_1 + j\omega L_2 \dot{I}_2 \end{cases} \tag{6-5}$$

对图 6-11b 所示有

$$\begin{cases} \dot{U}_1 = j\omega L_a \dot{I}_1 + j\omega L_c (\dot{I}_1 + \dot{I}_2) = j\omega (L_a + L_c) \dot{I}_1 + j\omega L_c \dot{I}_2 \\ \dot{U}_2 = j\omega L_b \dot{I}_2 + j\omega L_c (\dot{I}_1 + \dot{I}_2) = j\omega L_c \dot{I}_1 + j\omega (L_b + L_c) \dot{I}_2 \end{cases} \tag{6-6}$$

由式（6-5）和式（6-6）的对应项系数相等，可得到它们的等效条件为

$$L_1 = L_a + L_c$$
$$M = L_c$$
$$L_2 = L_b + L_c$$

所以可得

$$L_a = L_1 - M$$

$$L_b = L_2 - M$$
$$L_c = M$$

第二种连接形式是把两个互感线圈的异名端连在一起，其电路原理图如图 6-12a 所示，它也可由 T 形去耦等效电路来代替，其 T 形去耦等效电路如图 6-12b 所示。同样，可推导证明其等效条件为

$$L_a = L_1 + M$$
$$L_b = L_2 + M$$
$$L_c = -M$$

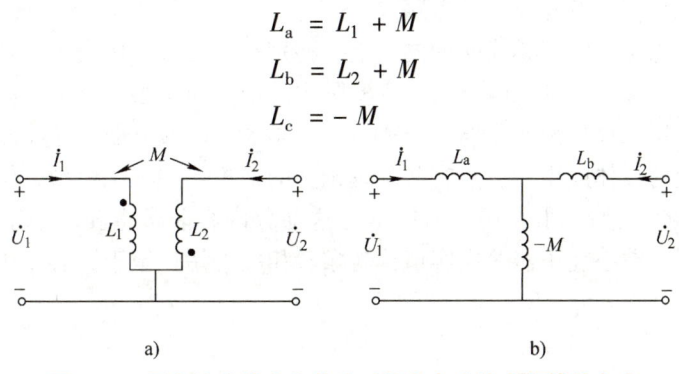

图 6-12 异名端连接为公共端时耦合电感的去耦等效电路
a) 电路原理图 b) T 形去耦等效电路

由以上讨论可知，在两种不同形式连接的 T 形去耦等效电路中，只是 M 前面的符号不同而已，在进行去耦等效变换时应注意这一点。

【例 6-3】 试用耦合电感的去耦等效电路分析法重求例 6-2 中的支路电流 $\dot{I}_2$。

解：先画出例 6-2 中图 6-6 所示电路图的 T 形去耦等效电路，如图 6-13 所示。将各支路电流标于电路图中，分别由 KVL 与 KCL 列出两个网孔的电压方程和电流方程为

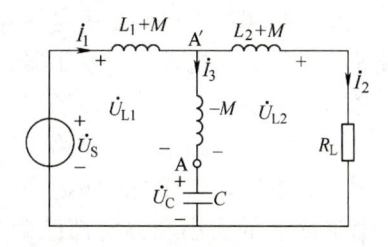

图 6-13 例 6-3 图

$$j\omega(L_1+M)\dot{I}_1 - j\omega M\dot{I}_3 - j\frac{1}{\omega C}\dot{I}_3 = \dot{U}_S$$

$$-j\omega M\dot{I}_3 - j\frac{1}{\omega C}\dot{I}_3 + j\omega(L_2+M)\dot{I}_2 + R_L\dot{I}_2 = 0$$

$$\dot{I}_1 + \dot{I}_2 = \dot{I}_3$$

进一步整理可得

$$j(X_{L1}+X_M)\dot{I}_1 - j(X_M+X_C)\dot{I}_3 = \dot{U}_S$$

$$-j(X_M+X_C)\dot{I}_3 + [R_L+j(X_{L2}+X_M)]\dot{I}_2 = 0$$

$$\dot{I}_1 + \dot{I}_2 = \dot{I}_3$$

将已知数据代入方程式中，得

$$j(10+10)\dot{I}_1 - j(10+5)\dot{I}_3 = 20\underline{/0°}$$

$$-j(10+5)\dot{I}_3 + [30+j(20+10)]\dot{I}_2 = 0$$

$$\dot{I}_1 + \dot{I}_2 = \dot{I}_3$$

解得
$$\dot{I}_2 = \sqrt{2}\angle 45° \text{ A}$$

在本例中，用正弦交流互感电路分析法和用耦合电感的去耦等效电路分析法解题得到的结果是一致的。在实际碰到互感电路分析时，可根据具体电路的特点选择适当的方法。一般来说，正弦交流互感电路分析法适合各种互感电路的分析和计算，而耦合电感的去耦等效电路分析法适合互感线圈有特殊连接的电路。

上面介绍了互感概念、互感线圈的同名端、特别是互感线圈伏安关系及互感电路的连接及计算，这对于进一步理解耦合电感在工程实际中的应用会有很大帮助。耦合电感在工程实际中有着广泛的应用，如理想变压器、全耦合变压器、空心变压器（包括铁心变压器）等，都是耦合电感理论的具体应用。虽然有些是理论上的抽象、理想化模型，但与电工、电子技术中常用的电气设备只是一步之遥，所以学好这部分内容非常重要。限于篇幅，理想变压器、全耦合变压器、空心变压器等内容请读者参看相关书籍，至于铁心变压器将在后续课程中学习。

6.3 磁路的基本知识

6.3.1 磁路的概念

在电工技术中不仅要分析电路问题，而且要分析磁路问题。因为很多电工设备与电路和磁路都有关系，如电动机、变压器、电磁铁及电工测量仪表等。磁路问题与磁场、磁场的产生、磁介质有关，这就涉及磁场与电流的关系、磁路与电路的关系。

磁通所通过的路径称为磁路。这里涉及两个问题：其一，磁通（即磁场）是怎么产生的；其二，磁路是怎样的。磁通的产生有两种形式，一种是由铁磁性物质制成的永久磁铁产生的，其磁通的大小和方向都已确定，不能改变，图 6-14 所示的条形磁铁示意图是永久磁铁的一种，永久磁铁主要用于小型的电工设备中，如微型控制电动机等；另一种是励磁线圈通入电流产生的。我们把用以产生磁路中磁通的载流线圈称为励磁绕组（或称为励磁线圈）。当通入直流电流时，改变电流的大小和极性就能改变磁通的大小和方向，比较灵活方便，可用于一般的电工设备中，如直流电动机等。

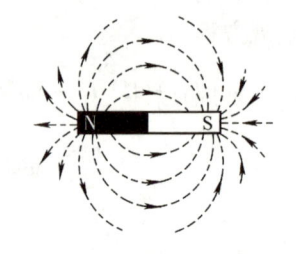

图 6-14 条形磁铁示意图

磁通产生后在不同的磁介质中所呈现的磁场强弱程度是不同的。通俗地讲，磁介质是影响磁场存在或分布的物质。铁磁体是一种很好的磁介质，它可以增强磁场的强度，被广泛用于变压器和电动机等电工设备的铁心中。再回到磁路中，在图 6-15a 所示的磁路中，由励磁绕组通电产生的磁通可以分为两部分，绝大部分通过磁路（包括气隙）的磁通，称为主磁通，用 $\varPhi$ 来表示；很小一部分经过由非铁磁物质（如空气等）的磁路的磁通称为漏磁通，用 $\varPhi_S$ 表示，如图 6-15a 所示。对磁路初步计算时，常将漏磁通略去不计，认为全部磁通都集中在磁路里，同时选定铁心的几何中心闭合线作为主磁通的路径。这样，图 6-15a 就可以用图 6-15b 来表示。

在很多电气设备中，磁路的构成是这样的：常将铁磁性物质做成闭合的环路，即所谓铁

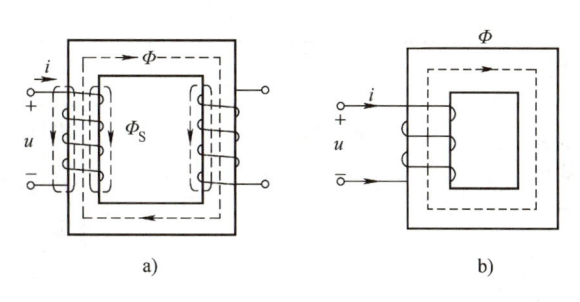

图 6-15 磁路中的磁通

a) 磁路中的主磁通和漏磁通 b) 忽略漏磁通后磁路中的磁通

心,绕在铁心上的线圈通有较小的电流(励磁电流),便能得到较强的磁场,即所谓的主磁通。主磁通基本上都约束在限定的铁心范围之内,周围非铁磁性物质(包括空气)中的磁场则很微弱,即所谓的漏磁通。图 6-16 所示是几种常见的电工设备中的磁路。

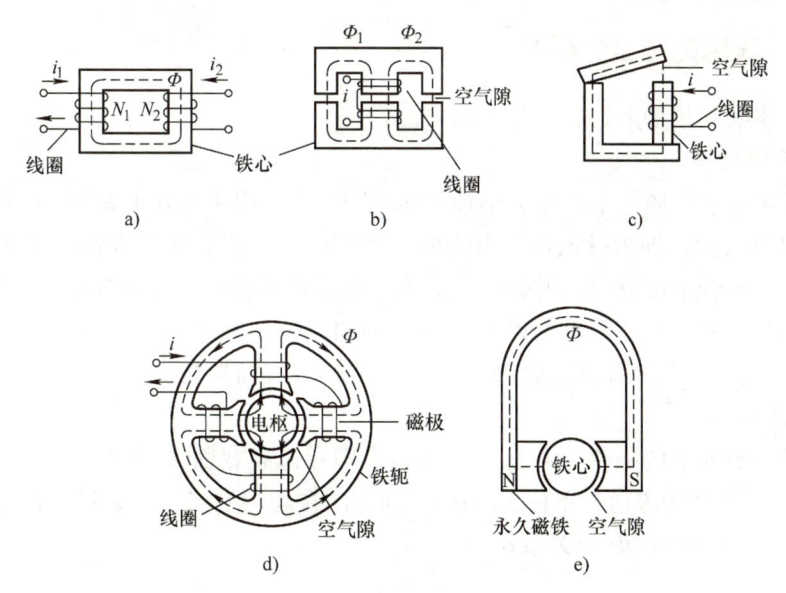

图 6-16 几种常见的电工设备中的磁路

a) 变压器的磁路 b) 交流接触器的磁路 c) 低压断路器的磁路
d) 直流电动机的磁路 e) 电工仪表的磁路

  磁路有直流和交流之分,取决于励磁线圈中的电流。若励磁电流为直流,则磁路中的磁通是恒定的,不随时间而变化,这种磁路称为直流磁路,直流电动机的磁路就属于这一类;若励磁电流为交流,则磁路中的磁通随时间交变变化,这种磁路称为交流磁路,交流铁心线圈、变压器和交流电动机的磁路都属于这一类。磁路和电路的区别可通过表 6-1 说明。除此之外,还有些不同点需要注意,如在处理电路时一般可以不考虑漏电流,在处理磁路时都要考虑漏磁通;在电路中,当激励电压源为零时,电路中电流为零,但在磁路中,由于有剩磁,当磁通势为零时,磁通不为零;另外电路中有断路和短路一说,但在磁路中却没有,如磁路断开就是气隙,此时磁通并不为零。

表 6-1 磁路和电路的区别

磁 路	电 路
磁通势 F 磁通量 Φ 磁感应强度 B 磁阻 $R_m = \dfrac{l}{\mu S}$ $\Phi = \dfrac{F}{R_m}$	电动势 E 电流 I 电流密度 J 电阻 $R = \dfrac{l}{\gamma S}$ $I = \dfrac{E}{R}$

6.3.2 磁路的基本物理量

磁路的基本物理量如下。

1. 磁感应强度 B

磁感应强度是表示磁场中磁场大小和方向的物理量，用字母 B 来表示。磁场中任意一点磁感应强度 B 的方向，即为过该点磁力线的切线方向，磁感应强度 B 的大小为通过该点与磁场垂直的单位面积上的磁力线的数目。磁感应强度 B 可理解为感测空间中任意一点磁场的强弱。在电工设备中，往往用均匀磁场（也称为匀强磁场）来描述。所谓均匀磁场是指磁场中各点大小和方向都相等。磁感应强度 B 的单位为 T（特斯拉）。

2. 磁通量 Φ

把穿过某一截面 S 的磁感应强度 B 的通量，即穿过某截面 S 的磁力线的数目称为磁通量，用 Φ 表示，简称为磁通，单位为 Wb（韦伯）。在均匀磁场中，磁场与截面垂直，可得到磁感应强度 B 和磁通量 Φ 的关系式为

$$\Phi = BS$$

该式可理解为磁通量 Φ 只考虑垂直穿过某截面 S 的磁力线的数目，故该式也可以转化为

$$B = \dfrac{\Phi}{S}$$

因此，磁感应强度又称为磁通密度。

3. 磁场强度 H

磁场强度 H 是为建立电流与由其产生的磁场之间的数量关系而引入的物理量。磁场强度 H 的方向与 B 相同，其大小与 B 之间相差一个导磁介质的磁导率 μ，即

$$B = \mu H$$

磁导率 μ 是反映导磁介质的导磁性能的物理量，其单位为 H/m（亨/米）。磁导率 μ 越大的介质，其导磁性能越好。

该式可理解为在磁场强度 H 确定后（磁场强度是与电流有关的"全电流定律"），空间

中感测到的磁场强弱取决于磁导率 μ，磁导率 μ 大，磁感应强度 B 就大。磁场强度 H 与电流有关，而磁感应强度 B 与磁介质有关。磁场强度的单位为 A/m（安/米）。

6.3.3 磁路的电磁定律

1. 全电流定律

在磁场中，沿任意一个闭合磁回路的磁场强度线积分等于该闭合回路所包围的所有导体电流的代数和。其数学表达式为

$$\oint_l H \mathrm{d}l = \Sigma I$$

式中，ΣI 为该磁路所包围的全电流，因此这个定律称为全电流定律（也称为安培环路定律），其示意图如图 6-17 所示。当导体电流的方向与积分路径的方向符合右手螺旋定则时，为正，如图 6-17 所示的 I_1 和 I_3；反之，则为负，如图 6-17 所示的 I_2。

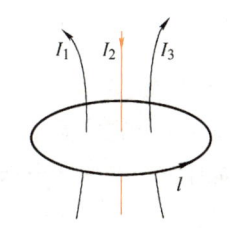

图 6-17 全电流定律示意图

在工程中遇到的磁路形状比较复杂，如直接利用全电流定律的积分形式进行计算比较困难，只能进行简化计算。简化的办法是把磁路分段，几何形状一样的为一段，找出这段磁路的平均磁场强度，再乘以这段磁路的平均长度即得到磁位差，最后把各段磁路的磁位差加起来，就等于总的磁通势，即

$$\sum_{k=1}^{n} H_k l_k = \Sigma I = IN$$

式中，H_k 为磁路里第 k 段磁路的磁场强度，单位为 A/m；l_k 为第 k 段磁路的平均长度，单位为 m；IN 为作用在整个磁路上的磁通势，即全电流数，单位为安匝；N 为励磁线圈的匝数。

2. 磁路的欧姆定律

如前所述，当工程上将全电流定律用于磁路时，通常把磁力线分成若干段，使每一段的磁场强度 H 为常数，此时线积分 $\oint_l H \mathrm{d}l$ 可用式 $\Sigma H_k l_k$ 来代替，故全电流定律可以表示为

$$\Sigma H_k l_k = \Sigma I$$

式中，H_k 为第 k 段的磁场强度；l_k 为第 k 段的磁路长度。

图 6-18 所示为磁路示意图，$\Sigma H_k l_k = H_1 l_1 + H_2 l_2$，在 $\Sigma I = NI$ 中，N 为线圈的匝数，I 为线圈中的电流，则有 $H_1 l_1 + H_2 l_2 = NI$。代入 $H = B/\mu$ 和 $B = \Phi/S$，即得

$$\frac{\Phi}{\mu_1 S_1} l_1 + \frac{\Phi}{\mu_2 S_2} l_2 = \Phi R_{m1} + \Phi R_{m2} = NI = F$$

式中，R_{m1}、R_{m2} 分别为第 1 段、第 2 段磁路的磁阻；ΦR_{m1}、ΦR_{m2} 分别为第 1 段、第 2 段磁路的磁位差；$F = NI$ 为磁路的磁动势。

一般情况下，当将磁路分为 n 段时，则有 $\Phi R_{m1} + \Phi R_{m2} + \cdots + \Phi R_{mn} = F$，即

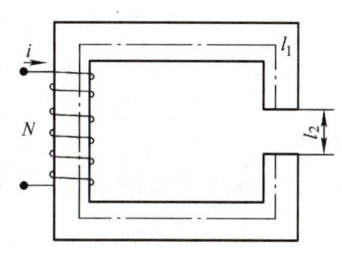

图 6-18 磁路示意图

$$\Phi = \frac{F}{R_{m1} + R_{m2} + \cdots + R_{mn}} = \frac{F}{R_m}$$

该式称为磁路的欧姆定律。

根据 $R_{mk} = l_k/\mu_k S_k$ 可知，各段磁路的磁阻与磁路的长度成正比，与磁路的横截面积成反比，并与磁路的磁介质成反比。由于铁磁材料的磁导率 μ 比真空等非铁磁性材料大得多，所以 R_m 小得多。同时，由于铁磁性材料的磁导率 μ 不是常数，所以磁阻 R_m 也不是常数。在分析磁路时，有时不用磁阻 R_m，而是采用磁导 λ_m，它们互为倒数关系，即

$$\lambda_m = \frac{1}{R_m}$$

3. 电磁感应定律

磁场变化会在线圈中产生感应电动势，感应电动势的大小与线圈的匝数 N 和线圈所交链的磁通对时间的变比率成正比，这就是电磁感应定律。规定电动势的方向与产生它的磁通的正方向之间符合右手螺旋定则时为正，此时感应电动势的公式为

$$e = -N\frac{d\Phi}{dt} = -\frac{d\psi}{dt}$$

在用右手螺旋定则时，按照楞次定律确定的感应电动势的实际方向与按照惯例规定的感应电动势的正方向正好相反，所以感应电动势公式右边总加一负号。

电磁感应定律在电工设备中应用最多，以在电机中的应用为例。通常电机中的感应电动势根据其产生原因的不同，可以分为以下 3 种。

（1）自感电动势 e_L

当在线圈中流过交变电流 i 时，由 i 产生的与线圈自身交链的磁链亦随时间发生变化，由此在线圈中产生的感应电动势称为自感电动势，用 e_L 表示，其公式为

$$e_L = -N\frac{d\Phi_L}{dt} = -\frac{d\psi_L}{dt}$$

设将线圈中流过单位电流产生的磁链称为线圈的自感系数 L，即 $L = \psi_L/i$，当自感系数 L 为常数时，自感电动势的公式可改为

$$e_L = -\frac{d\psi_L}{dt} = -L\frac{di}{dt}$$

（2）互感电动势 e_M

在相邻的两个线圈中，当线圈 1 中的电流 i_1 交变时，它产生的与线圈 2 相交链的磁通 Φ_{21} 亦产生变化，由此在线圈 2 产生的感应电动势称为互感电动势，用 e_M 表示，其公式为

$$e_M = -N_2\frac{d\Phi_{21}}{dt} = -\frac{d\psi_{21}}{dt}$$

式中，$\psi_{21} = N_2\Phi_{21}$ 为线圈 1 产生而与线圈 2 相交链的互感磁链。

如果引入线圈 1 和 2 之间的互感系数 M，那么上面互感电动势的公式就为

$$e_{M2} = -\frac{d\psi_{21}}{dt} = -M\frac{di_1}{dt}$$

因为互感磁链 $\psi_{21} = N_2\Phi_{21}$，互感磁通为

$$\Phi_{21} = \frac{N_1 i_1}{R_{12}} = N_1 i_1 \lambda_{12}$$

所以有

$$M = \frac{\psi_{21}}{i_1} = \frac{N_1 N_2}{R_{12}} = N_1 N_2 \lambda_{12}$$

式中，R_{12} 为互感磁链所经过磁路的磁阻；λ_{12} 为互感磁通所经过磁路的磁导。该式表明，两线圈之间的互感系数与两个线圈匝数的乘积 $N_1 N_2$ 以及磁导率成正比。

在上述两类电动势中，线圈与磁通之间没有切割关系，仅是由于线圈交链的磁通发生变化而引起，所以可统称为变压器电动势。

（3）切割电动势 e

如果磁场恒定不变，当导体或线圈与磁场的磁力线之间有相对切割运动时，在线圈中产生的感应电动势称为切割电动势，又称为速度电动势。若磁力线、导体与切割运动三者方向相互垂直，则由电磁感应定律可知切割电动势的公式为

$$e = Blv$$

式中，B 为磁场的磁感应强度；l 为导体切割磁力线部分的有效长度；v 为导体切割磁力线的线速度。切割电动势的方向可用右手定则确定，即将右手掌摊平，四指并拢，大拇指与四指垂直，让磁力线指向手掌心，大拇指指向导体切割磁力线的运动方向，则 4 个手指的指向就是导体中感应电动势的方向。确定切割电动势方向的右手定则示意图如图 6-19 所示。

4. 电磁力定律

载流导体在磁场中会受到电磁力的作用。当磁场力和导体方向相互垂直时，载流导体所受的电磁力的公式为

$$F = BlI$$

式中，F 为载流导体所受的电磁力；B 为载流导体所在位置的磁感应强度；l 为载流导体处在磁场中的有效长度；I 为载流导体中流过的电流。电磁力的方向可以由左手定则判定，确定电磁力方向的左手定则示意图如图 6-20 所示。

图 6-19 确定切割电动势方向的右手定则示意图

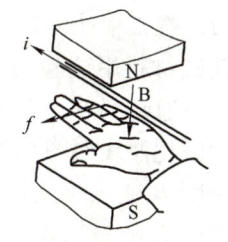

图 6-20 确定电磁力方向的左手定则示意图

综上所述，有关电磁作用原理基本上包括以下 3 个方面。

1）有电流必定产生磁场，即"电生磁"。方向由右手螺旋定则确定，大小关系符合全电流定律的公式，即

$$\oint_l H \mathrm{d}l = \Sigma I$$

2）有磁通变化必定产生感应电动势，即"磁变生电"。感应电动势的方向由楞次定律确定，当按惯例规定电动势的正方向与产生它的磁通的正方向之间符合右手螺旋定则时，感应电动势的公式为

$$e = -N\frac{d\Phi}{dt} = -\frac{d\psi}{dt}$$

切割电动势的方向用右手定则确定，计算其大小的公式为 $e = Blv$。

3）载流导体在磁场中要受到电磁力的作用，即"电磁生力"，电磁力的方向由左手定则确定，计算其大小的公式为 $F = BlI$。

可以将以上 3 个方面简单地概括为"电生磁，磁变生电，电磁生力"，这是分析各种电磁设备工作原理的共同的理论基础。

6.3.4 铁磁材料的磁性能和分类

1. 磁性能

很多电工设备都与铁磁材料的磁性能有关。例如，为什么变压器的铁心要用铁磁材料的硅钢片制成，为什么微型电机可以用永久磁铁产生磁场等。要能回答此类问题，必须要了解铁磁材料的磁性能。

（1）磁导率

铁磁材料具有很高的磁导率。铁磁材料（如铁、镍、钴等）的磁导率 μ 比空气的磁导率 μ_0 大几千到几万倍。铁磁材料内部存在着分子电流，分子电流将产生磁场，每个分子都相当于一个小磁铁，把这些小区域称为磁畴。铁磁材料在没有外磁场时，各磁畴是混乱排列的，磁场互相抵消；在外磁场作用下，磁畴就逐渐转到与外磁场一致的方向上，即产生了一个与外磁场方向一致的磁化磁场，从而使铁磁材料内的磁感应强度大大增加——物质被强磁化了。这样，铁磁材料内部磁场变得很强，使铁磁材料具有很高的磁导率。铁磁材料被广泛地应用于电工设备中，在电动机、电磁铁、变压器等设备的线圈中都含有铁心，就是利用其磁导率大的特性，使得在较小的电流情况下得到尽可能大的磁感应强度和磁通。

（2）磁化特性

铁磁材料具有磁化特性。铁磁材料的 μ 虽然很大，但不是一个常数。在工程计算时，不按 $B = \mu H$ 进行计算，而是事先把各种铁磁材料用试验的方法，测出它们在不同磁场强度 H 下对应的磁通密度 B，并画成 $B-H$ 曲线，称为磁化曲线。铁磁材料的磁化曲线如图 6-21 所示。当磁场强度 H 从零增大时，磁通密度 B 随磁场强度 H 增加较慢（图中 Oa 段），之后，磁通密度 B 随磁场强度 H 的增加而迅速增大（ab 段），过了 b 点，磁通密度 B 的增加减慢了（bc 段），最后为 cd 段，

图 6-21 铁磁材料的磁化曲线

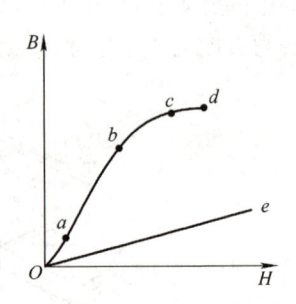

几乎呈直线。其中 a 点称为跗点，b 点称为膝点，c 点称为饱和点。过了 c 点，铁磁材料的磁导率趋近于 μ_0。图中 Oe 段为磁场内不存在磁性物质时的 $B-H$ 磁化曲线，即真空或空气的磁化曲线。在真空或空气中，μ_0 为常数，$B-H$ 磁化曲线为直线，B 与 H 是正比关系。磁化曲线在电工设备中被广泛应用，如直流发电机的无载特性与直流发电机的磁化曲线是一致的；再如直流电机的励磁电流的大小基本设置在磁化曲线的 b 点（膝点）附近。

（3）磁滞特性

铁磁材料还具有磁滞的特性，即在磁性材料中，磁感应强度 B 的变化总是滞后于外磁场 H 的变化。磁滞特性用磁滞回线来描述，铁磁材料的磁滞回线如图 6-22 所示。由磁滞回线可看出，当线圈中电流为零时（根据全电流定律可知 $H = 0$），B 不等于零，此时铁心中所保留的

磁感应强度 B 称为剩磁 B_r，如图 6-22 中的 b、e 两点对应的磁感应强度值。利用铁磁材料的剩磁特性，可制成永久磁铁。如果要使铁心的剩磁消失，就可改变线圈中励磁电流的方向，也就是改变磁场强度 H 的方向来进行反向磁化，使 $B=0$。在图 6-22 中 c、f 两点对应的磁场强度值，称为矫顽磁力 H_c。

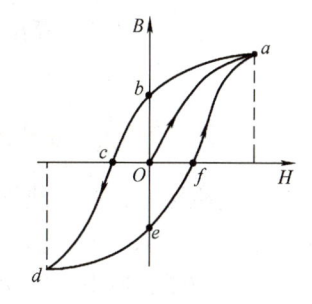

2. 铁磁材料的分类

图 6-22　铁磁材料的磁滞回线

不同的铁磁材料具有不同的磁滞特性，在电工设备和仪器的应用中可按磁性材料的磁性能来分类。

1）软磁材料。软磁材料具有较小的矫顽磁力，磁滞回线较窄，一般用来制造电机、电器及变压器等的铁心。常用的有铸铁、硅钢、坡莫合金（即铁氧体）等。

2）永磁材料。永磁材料具有较大的矫顽磁力，磁滞回线较宽，矫顽磁力大，剩磁难以去掉，一般用来制造永久磁铁。常用的有碳钢及铁镍铝钴合金等。

3）矩磁材料。矩磁材料具有较小的矫顽磁力和较大的剩磁，磁滞回线接近矩形，稳定性良好，在计算机和控制系统中用作记忆元件、开关元件和逻辑元件。常用的有镁锰铁氧体等。

6.4　磁路分析

前文已介绍磁路也有交直流之分。这取决于线圈中的励磁电流，即若励磁电流为直流，则为直流磁路，直流电机的磁路就属于这一类；若励磁电流为交流，则为交流磁路，交流铁心线圈、变压器和交流电动机的磁路都属于这一类。

6.4.1　直流磁路分析

在直流磁路中，直流铁心线圈是通以直流来励磁的（如直流电机的励磁线圈、电磁吸盘及各种直流电器的线圈）。因为励磁是直流，产生的磁通是恒定的，在线圈和铁心中不会感应出电动势来，铁心中也没有磁滞损耗和涡流损耗，在一定的直流电压 U 下，线圈中的直流电流 I 只与线圈的 R 有关，有功功率 P 也只与 I^2R 有关。

图 6-23 所示是一个简单的直流磁路，它由铁磁材料和空气隙两部分串联而成。铁心上绕了匝数为 N 的励磁线圈，线圈电流为 I。确定直流电流 I 的步骤如下：

1）磁路按材料及形状分段。可将图 6-23 所示磁路分成两段，一段横截面积为 S 的铁心，长度为 l，磁场强度为 H；另一段是空气，长度为 δ，磁场强度为 H_δ。

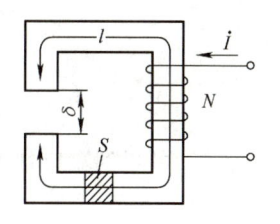

图 6-23　简单的直流磁路

2）根据全电流定律，列出方程式 $Hl + H_\delta \delta = IN$。

3）求出 H 和 H_δ。一般在进行磁路计算时，已知的是磁路里各段的磁通 Φ 以及各段磁路的几何尺寸（即磁路长度与横截面积）。在进行具体计算时，根据给定各段磁路里的磁通 Φ，先算出各段磁路中对应的磁通密度 B（B 的计算公式铁磁材料段为 $B = \Phi/S$，S 为横截面积；空气隙段为 $B_\delta = \Phi/S_\delta$，S_δ 为空气隙段的横截面积），然后根据算出的磁通密度 B 和 B_δ 求出 H 和 H_δ。铁磁材料段可以根据某 $B-H$ 磁化曲线查出磁场强度 H，空气隙

段 $H_δ$ 用公式 $H_δ = B_δ/μ_0$ 算出（$μ_0$ 为真空中的磁导率）。

4）根据求出的 H 和 $H_δ$，由方程式 $Hl + H_δδ = IN$ 计算出电流 I。

6.4.2 交流磁路分析

在交流磁路中，铁心线圈通的是交流（一般是正弦交流，如交流电机、变压器及各种交流电器的线圈），分析起来比较复杂。设对铁心线圈施加正弦交流电压，产生的磁通一定也是正弦交流量，但由于磁化曲线的非线性，线圈中的电流不一定是正弦交流电流（若忽略非线性因素，则可认为是正弦交流电流），交变的主磁通和漏磁通都会产生感应电动势。

图 6-24 所示是一个简单的交流铁心线圈电路。设图中各量均为正弦交流量。其中，$\dot U$ 为端口激励电压，$\dot I$ 为线圈电流，$\dot Φ_m$ 为铁心内的主磁通，$\dot E$ 为主磁通感应的感应电动势，$\dot Φ_S$ 为漏磁通，$\dot E_S$ 为漏磁通感应的感应电动势。其电磁关系为

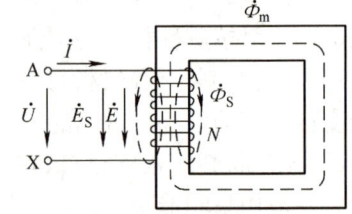

图 6-24　简单的交流铁心线圈电路

$$\dot U_1 \to \dot I N \begin{cases} \dot Φ_m \to \dot E \\ \dot Φ_S \to \dot E_S \end{cases}$$

设 $Φ = Φ_m \sin ωt$、$Φ_S = Φ_{Sm} \sin ωt$，$ω = 2πf$ 为角频率，f 为工频，则主磁通和漏磁通产生的感应电动势分别为

$$e = -N\frac{dΦ}{dt} = ωNΦ_m \sin\left(ωt - \frac{π}{2}\right) = E_m \sin\left(ωt - \frac{π}{2}\right)$$

$$e_S = -N\frac{dΦ_S}{dt} = ωNΦ_{Sm} \sin\left(ωt - \frac{π}{2}\right) = E_{Sm} \sin\left(ωt - \frac{π}{2}\right)$$

写成相量式为

$$\dot E = \frac{\dot E_m}{\sqrt{2}} = -j\frac{ωN}{\sqrt{2}}\dot Φ_m = -j\frac{2π}{\sqrt{2}}fN \dot Φ_m = -j4.44fN\dot Φ_m$$

$$\dot E_S = \frac{\dot E_{Sm}}{\sqrt{2}} = -j\frac{ωN}{\sqrt{2}}\dot Φ_{Sm} = -j4.44fN\dot Φ_{Sm}$$

这样，可得到端口处电压方程式为

$$\dot U = -\dot E - \dot E_S + \dot I R$$

式中，R 为铁心线圈电阻。

铁心线圈的交流磁路会产生铁心损耗，就是由交变主磁通引起的磁滞损耗和涡流损耗。其中，交变磁通在铁心内产生感应电动势和电流，称为涡流。涡流所产生的功率损耗称为涡流损耗。由磁滞所产生的能量损耗称为磁滞损耗。

通过交流磁路分析可看出，与直流磁路的分析思路有着本质的区别，具体如下。

1）在直流磁路中，磁动势（或励磁电流）、磁通、磁感应强度以及磁场强度都是恒定

不变的；而在交流磁路中，励磁电流、感应电动势及磁通均随时间而交变，但每一瞬时仍与直流磁路一样，遵循磁路的基本定律。

2) 在直流磁路中，直流励磁电流的大小只取决于线圈端电压和电阻的大小，与磁路的性质无关，且端电压只与电阻上的压降平衡；而在交流磁路中，交流励磁电流的大小则主要与磁路的性质（材料种类、几何尺寸、有无气隙及气隙大小等）有关。因为在交流磁路中，磁通大小与端电压一致，当端电压是常数时，磁通也是常数，而一般端电压总是常数，所以磁通也是常数。磁路的性质发生变化即磁阻发生变化时，根据磁路的欧姆定律，电流一定也会发生变化。另外，端电压不仅要与线圈电阻产生的压降平衡，而且要与交变的主磁通和漏磁通产生的感应电动势平衡。

3) 根据上述2) 可知，在直流磁路中，线圈中的电流不会因磁路性质的变化而变化；但在交流磁路中，线圈中的电流会因磁路性质的变化而变化。也就是说，磁路性质的变化会对电路有反作用。例如，变压器的铁心松动时，线圈中的电流会增加；工业中使用的电磁铁都是直流电磁铁，如用交流电磁铁，万一卡住（相当于磁路的气隙增大，磁路性质发生了变化），线圈中的电流就会猛增而造成线圈损坏。

4) 在交流磁路中，存在涡流与磁滞损耗，而在直流磁路中没有。

6.5 实践项目　互感线圈的测量

项目目的

通过本项目教学，掌握互感线圈同名端的判别与互感系数的测量方法；了解互感电路的去耦方法。

设备材料

1) 万用表1只。
2) 可调直流电流源、电压源若干。
3) 电源控制屏1块。
4) 小型变压器（替代互感线圈）1台。
5) 电阻器1块。
6) 交流电流表1只。
7) 交流电压表1只。

6.5.1　任务1　互感线圈同名端的判别

操作步骤如下：

（1）交流法

1) 互感线圈同名端的测定如图6-25a 所示，将小型变压器（替代互感线圈）两个绕组1-2 和3-4 的任意两端（如2和4）连接在一起，在其中一个绕组（如1-2）两端施加一个较小的且便于测量的交流电压（例如5V），可用电源控制屏上的单相可调交流电压来调节，注意流过线圈的电流不应超过0.35A。

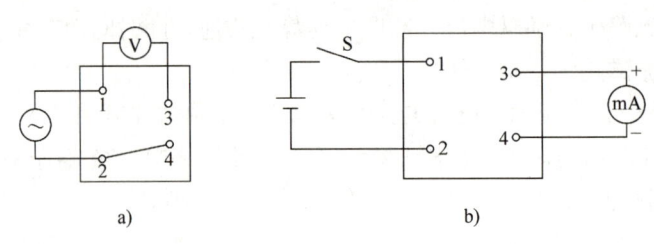

图 6-25 互感线圈同名端的测定
a）交流法　b）直流法

2）用交流电压表分别测量 1 和 3 两端的电压 U_{13}、两绕组的电压 U_{12} 和 U_{34}。

3）如果 U_{13} 的数值是两绕组电压之差，那么 1 和 3 两端就是同名端；如果 U_{13} 是两组电压之和，那么 1 和 4 两端就是同名端。将实验结果记录并标识。

（2）直流法

1）接线如图 6-25b 所示，直流电源可用干电池或可调直流电压源，其输出为 2V 左右，毫安表用万用表的 1mA 直流电流档。

2）当开关 S 闭合瞬间时，如果毫安表的指针正向偏转，那么 1 和 3 两端就是同名端；如果毫安表反向偏转，那么 1 和 4 两端就是同名端。将实验结果记录并标识。

6.5.2　任务 2　互感线圈的互感测量

方法 1：对互感线圈互感的测量主要是如何测出互感系数的问题。在测定时要注意互感电压的大小及方向的正确判定。为了测定互感电压的大小，可将两个具有耦合的线圈中的一个线圈（如线圈 1）开路，而在线圈 2 上加一定的电压，用电流表测出线圈 1 中的电流 I_1，同时用电压表测线圈 2 端口的开路电压 U_2，所用的电压表内阻很大，可近似认为 $I_2 = 0$，这时电压表的读数近似为线圈 2 的互感电压 U_2，即

$$U_2 \approx \omega M I_1$$
$$\omega = 2\pi f = 314 \text{ rad/s}$$

则

$$M \approx \frac{U_2}{\omega I_1} \tag{6-7}$$

这是最简单的互感系数的测定方法。

方法 2：互感电路的互感系数 M 也可以通过对具有耦合的两个线圈加以顺向串联和反向串联来测出。当两线圈顺向串联时，如图 6-26a 所示，此时可列出电压方程式为

$$\dot{U} = (R_1 + j\omega L_1)\dot{I} + j\omega M\dot{I} + (R_2 + j\omega L_2)\dot{I} + j\omega M\dot{I}$$
$$= (R_1 + R_2)\dot{I} + j\omega(L_1 + L_2 + 2M)\dot{I}$$

式中，R_1 是线圈 1 的等效电阻；R_2 是线圈 2 的等效电阻。

则两线圈顺向串联电路的等效电感为

$$L_{等效} = L_1 + L_2 + 2M$$

反向串联时的等效电感为

$$L'_{等效} = L_1 + L_2 - 2M$$

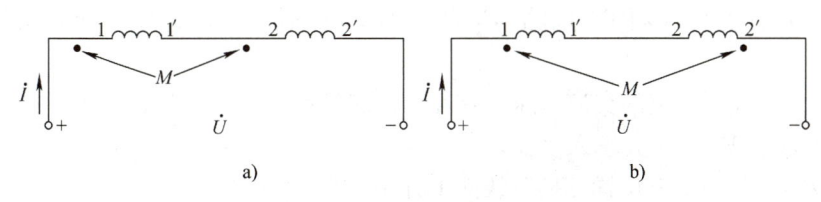

图 6-26 互感线圈的串联
a) 顺向串联 b) 反向串联

如果用万用表分别测出两个线圈的电阻 R_1 和 R_2，再用电压表、电流表分别测出顺向串联时电压 U、电流 I 以及反向串联时的电压 U'、电流 I'，则

$$\frac{U}{I} = Z_{等效} = \sqrt{R_{等效}^2 + (\omega L_{等效})^2} \tag{6-8}$$

$$\frac{U'}{I'} = Z'_{等效} = \sqrt{R_{等效}^2 + (\omega L'_{等效})^2} \tag{6-9}$$

则

$$X_{等效} = \sqrt{Z_{等效}^2 - (R_1 + R_2)^2} = \omega L_{等效} = \omega(L_1 + L_2 + 2M) \tag{6-10}$$

$$X'_{等效} = \sqrt{Z'^2_{等效} - (R_1 + R_2)^2} = \omega L'_{等效} = \omega(L_1 + L_2 - 2M) \tag{6-11}$$

$$M = \frac{X_{等效} - X'_{等效}}{4\omega} \tag{6-12}$$

两种方法的操作步骤如下：

（1）方法 1

测量两个互感线圈的自感 L_1、L_2 和互感 M。

1）将线性互感器线圈 1-1′通过 220V/36V 单相变压器后再接至电源控制屏单相可调电压输出端 UN，测量自感和互感的电路图如图 6-27 所示。调节电源控制屏输出电压，使通过线圈 1-1′电流不超过 0.8A，线圈 2-2′开路。

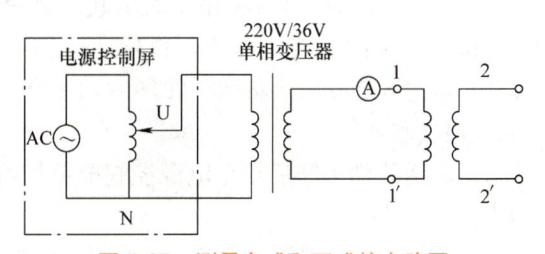

图 6-27 测量自感和互感的电路图

2）用交流电压表测出此时的 U_1，U_2，用交流电流表测出此时的 I_1，并填入表 6-2 中。

表 6-2 变压器测量数据

线圈 1 电阻 $R_1 =$ 　　　Ω

次数	U_1/V	I_1/A	U_2/V	I_2/A	Z_1/Ω	X_1/Ω	L_1/H	M/H	$L_{1平均}$/H	$M_{平均}$/H
第1次										
第2次										
第3次										

3）断开电源用万用表测出线圈 1 电阻 R_1，由 U_1、I_1 可计算出线圈 1 的自感 L_1，由 U_2、I_1 和式（6-7）可计算出线圈 1 对线圈 2 产生的互感 M，其中 $\omega = 2\pi f = 314 \text{ rad/s}$ 为已知。

由已知数据还可计算出线圈 1 的阻抗 Z_1 和线圈 1 的感抗 X_1。将以上计算出的数据填入表 6-2 中。

4) 改变加在线圈 1 上的交流电压,重复上述测量和计算,一共做 3 次,求出 L_1 平均值 $L_{1平均}$ 和 M 平均值 $M_{平均}$,并填入表 6-2 中。

5) 将线圈 2-2′ 与 1-1′ 位置互换,线圈 1 开路。

6) 调节电源控制屏输出电压,使通过线圈 2-2′ 的电流不超过 0.35A,重复上面试验,测出 U_2、I_2、U_1,用万用表测出线圈 2 的电阻 R_2,计算出 L_2 和线圈 2 对线圈 1 的互感 M(与线圈 1 对线圈 2 的互感相等)、线圈 2 的阻抗 Z_2 以及线圈 2 的感抗 X_2。将以上计算出的数据填入表 6-3 中。

7) 同样也要改变加在线圈 2 上的交流电压,一共做 3 次,最后计算出 L_2 和 M 的平均值 $L_{2平均}$ 和 $M_{平均}$,均填入表 6-3 中。

表 6-3 线圈 1 开路测量

线圈 2 电阻 R_2 =   Ω

次数	U_1/V	I_1/A	U_2/V	I_2/A	Z_2/Ω	X_2/Ω	L_2/H	M/H	$L_{2平均}$/H	$M_{平均}$/H
第 1 次										
第 2 次										
第 3 次										

(2) 方法 2

两互感线圈顺向串联和反向串联的测试方法。

用两互感线圈顺向串联和反向串联,测出线圈间互感、等效电阻、等效阻抗和等效电抗。需要注意的是,此时电流不得超过 0.35A。

1) 按图 6-26a 所示将两个线圈顺向串联,为使通过线圈电流不超过 0.35A,应串联一电流表加以监视。

2) 将两线圈串联后接至电源控制屏单相可调交流电源输出端,每改变一次电压记录 U 和 I 值,一共做 3 次。

3) 用万用表电阻档测量两串联线圈总的等效电阻 $R_{等效}$,$R_{等效}$ = $R_1 + R_2$,根据式 (6-8) 计算出等效阻抗 $Z_{等效}$。由式 (6-10) 计算出等效电抗 $X_{等效}$,均填入表 6-4 中。

表 6-4 线圈 1 和 2 顺向及反向串联测量

连接方法	测量次数	电表读数		计算结果			
		U/V	I/A	等效电阻	等效阻抗	等效电抗	互感系数	$M_{平均}$
顺向串联	1							
	2							
	3							
反向串联	1							
	2							
	3							

4）按图 6-26b 所示将两个线圈反向串联，重复上面的测量和计算，计算式采用式（6-9）和式（6-11），再根据式（6-12）算出每次的互感系数 M，求得 M 的平均值，均填入表 6-4 中。

拓展阅读：聊聊"个性强"的电感

电感比较逆反，这已经成了他的个性。电感处处跟电流对着干，电流想增大点，它就推回去，当电流气急了不理他了，电感又拽着电流不让走。

当电流增大时，电感产生一个与电流方向相反的电压，阻止其变大。电流减小时，电感产生一个与电流方向相同的电压，阻止其变小。很多人对电感这种内力感兴趣。下面是一个有趣的实验。

电路如图 6-28 所示，主通路由电池 BAT1、电感 L2、灯泡 L3 组成。当开关闭合时，电流增大，由于 L2 选用了 10H 的大电感，所以 L2 对电流的阻碍相当大，它本身产生自感电动势，阻碍电流的增大从电压表 V1 可以看出，自感电动势的方向与电池电压相反，也就是 L2 上端为正。当电池来的电流慢慢增大到不再变化，电感的自感电动势也相应慢慢减小，最后趋向于零。通过电流表 A2 可以看出电流慢慢变大的过程，在这过程中灯泡 L3 逐渐变亮。

当开关打开时，电路如图 6-29 所示，图中的 L2、L3、BAT1 通路断开，这个时候电感中的电流减小，L2 又产生一个阻止其减小的自感电动势，自感电动势方向和电池电压方向相同，也就是 L2 下端为正，这个时候因为开关是断开的，所以不能通过 L3、电池形成回路。这个电压产生的电流（实际上储存在电感内部的磁能转换为电能）只能通过 VL2 释放（VL1 反向截止），所以我们从电流表 A1 看到电流从大到小的变化，VL2 先亮慢慢熄灭，电压表 V1 显示的是负值。

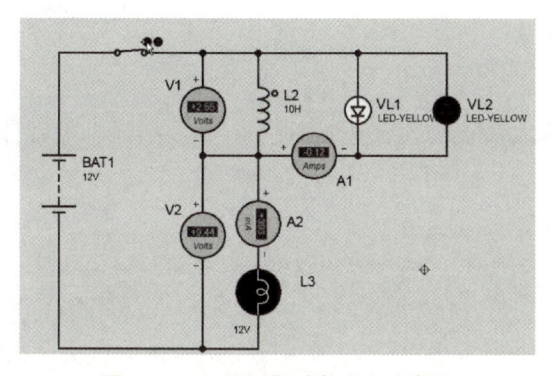

图 6-28　开关闭合时电感实验电路 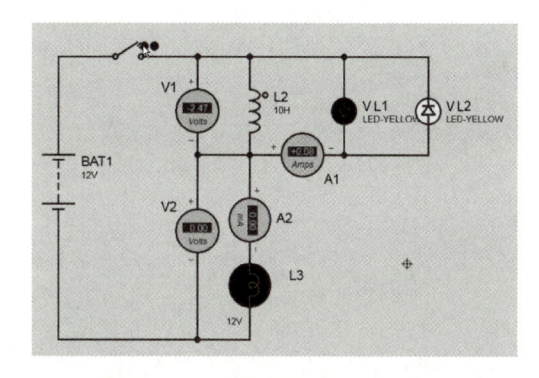　　　　图 6-29　开关打开时电感实验电路

通过以上的实验很明显看出，闭合开关，电感阻止电流增大，电感自感电动势上正下负。打开开关，电感阻止电流减小，自感电动势下正上负。

6.6　习题

6.1　写出图 6-30 所示线圈 2 中两端的互感电压 u_{21}。

6.2　画出互感线圈顺向连接的去耦等效电路，并根据去耦等效电路求出等效电感。

6.3　在图 6-31 所示电路中，$L_1 = 0.01\text{H}$，$L_2 = 0.02\text{H}$，$C = 20\mu\text{F}$，$R = 10\Omega$，$M = 0.01\text{H}$。分别求两个线圈在顺向串联和反向串联时的谐振角频率 ω_0。

6.4　求图 6-32 所示电路中的电流。

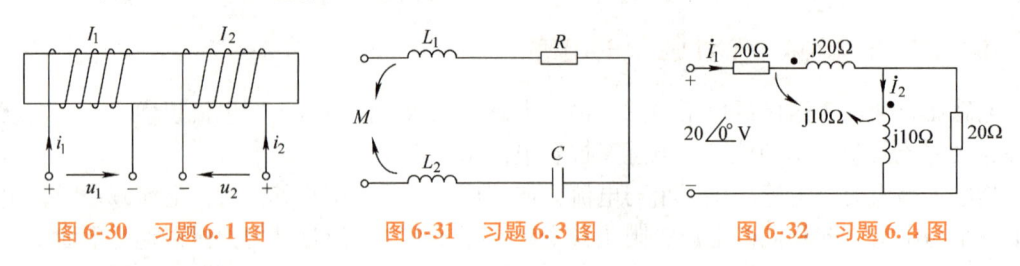

图 6-30　习题 6.1 图　　　图 6-31　习题 6.3 图　　　图 6-32　习题 6.4 图

6.5　铁磁性材料具有哪些磁性能？

6.6　永磁材料的特点是什么？

6.7　为什么交流磁路中的铁心用薄钢片而不用整块钢制成？

6.8　具有铁心的线圈电阻为 R，当加上直流电压 U 时，线圈中通过的电流 I 为何值？若铁心有气隙，则当气隙增大时电流和磁通哪个改变？为什么？若线圈加的是交流电压，则当气隙增大时，线圈中的电流和磁路中的磁通又是哪个变化？为什么？

第7章　线性动态电路的复频域分析

引例：高阶电路

高阶电路就是能用高阶微分方程描述的电路，高阶电路可以含有两种储能元件或者含有一种储能元件，但是储能元件有多个串、并联，且不能化简成一个储能元件。典型的高阶电路如图7-1所示，它是 RLC 串联的二阶电路。

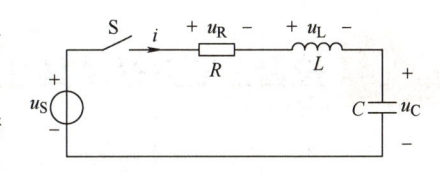

图 7-1　RLC 串联的二阶电路

开关闭合后，对图7-1所示电路应用 KVL 列方程有

$$u_R + u_L + u_C = u_S$$

各个元件的电压、电流关系为 $u_R = iR$，$u_L = L\dfrac{di}{dt}$，$i = C\dfrac{du_C}{dt}$，因此有

$$u_R = iR = RC\dfrac{du_C}{dt}$$

$$u_L = L\dfrac{di}{dt} = LC\dfrac{d u_C^2}{dt^2}$$

将 u_R、u_L 代入 KVL 方程，把 u_L 放前面有

$$LC\dfrac{d u_C^2}{dt^2} + RC\dfrac{du_C}{dt} + u_C = u_S$$

可见该电路可用二阶微分方程描述。

二阶微分方程的求解非常麻烦，更不必说高阶微分方程的求解。在实际工程中，有些系统或者电路，其数学建模都是高阶微分方程，这给工程分析和应用带来很大麻烦。如何解决这个问题？本章的复频域分析法将给出很好的答案。前面几章内容研究的是电路中的电压和电流随时间变化的情况，即时域分析；本章将研究电路中的电压和电流随复频率变化的情况，即复频域分析。

培养目标

1. 知识目标

1）熟练掌握常用信号的拉普拉斯变换。
2）熟练掌握拉普拉斯反变换的部分分式法。
3）熟练掌握电路元件的复频域电压与电流的关系及电路的复频域模型。
4）掌握电路定律的复频域形式及线性电路的复频域分析方法。

2. 能力目标

1）能够对常用信号进行拉普拉斯变换。
2）能够应用电路的基本定理对电路进行分析计算。
3）能够应用部分分式法进行拉普拉斯反变换。
4）能够把给定电路变换为复频域模型。

3. 素养目标

1）具有创造性思维、创新意识和实践能力。
2）具有良好的合作交流能力及团队协作精神。
3）具有安全意识，自觉遵守规章制度。

7.1 拉普拉斯变换及其性质

前面已经介绍过一阶电路的时域分析，但对于高阶电路，采用复频域分析方法能够更有效地全面分析电路。复频域分析是将时域的高阶微分、积分方程组通过拉普拉斯变换，转化为复频域的代数方程组求解，且无须确定积分常数，因而特别适合于结构复杂的高阶电路的瞬态分析。

7.1.1 拉普拉斯变换的定义

一个定义在 $[0, \infty]$ 区间的函数 $f(t)$，它的拉普拉斯（Laplace）变换（简称拉氏变换）定义为

$$F(s) = \int_{0_-}^{\infty} f(t) e^{-\sigma t} e^{-j\omega t} dt = \int_{0_-}^{\infty} f(t) e^{-st} dt \tag{7-1}$$

式中，$s = \sigma + j\omega$ 称为复频率，积分限 0_- 和 ∞ 是固定的，积分下限从 0_- 开始，可以计算 $t = 0$ 时 $f(t)$ 所包含的冲激，故积分的结果与 t 无关，而只取决于参数 s。

$F(s)$ 即为函数 $f(t)$ 的拉氏变换，$F(s)$ 称为 $f(t)$ 的象函数，$f(t)$ 称为 $F(s)$ 的原函数。象函数与原函数的关系还可以表示为

$$\begin{cases} f(t) \leftrightarrow F(s) \\ \mathscr{L}\{f(t)\} = F(s) \end{cases} \tag{7-2}$$

拉氏变换存在的条件：对于一个时域函数 $f(t)$，若存在正的有限值 M 和 c，使得所有 t 满足 $|f(t)| \leq Me^{ct}$，则 $f(t)$ 的拉氏变换 $F(s)$ 总存在。

单边拉氏变换收敛域简单，计算方便，线性连续系统的复频域分析主要使用单边拉氏变换。单边拉氏变换的收敛域示意图如图7-2所示。图中所示的复平面称为 s 平面，水平轴称为 σ 轴，垂直轴称为 $j\omega$ 轴，$\sigma = \sigma_0$ 称为收敛坐标，通过 $\sigma = \sigma_0$ 的垂直线是收敛域的边界，称为收敛轴。对于单边拉氏变换，其收敛域位于收敛轴的右边。

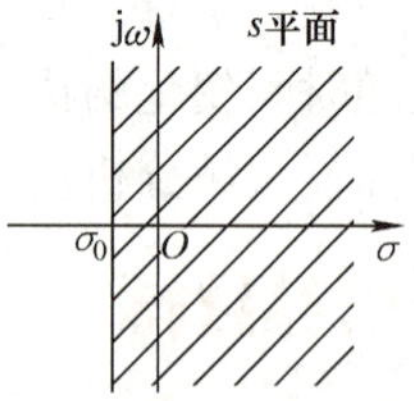

图 7-2 单边拉氏变换的收敛域示意图

在复频域电路中用 $U(s)$ 和 $I(s)$ 分别表示时域电路中 $u(t)$ 和 $i(t)$ 的拉氏变换。应该认识到 $u(t)$ 和 $i(t)$ 是时间的函数，即时域变量。时域是实际存在的变量，而它们的拉氏变换 $U(s)$ 和 $I(s)$ 则是一种抽象的变量。之所以要把直观的时域变量变为抽象的复频域变量，是为了便于分析和计算电路，待得出结

果后再反变换为相应的时域变量。

7.1.2 拉普拉斯变换的基本性质

1. 线性性质

拉氏变换的一个重要性质是它的线性性质（叠加性或叠加性），亦即拉氏变换是时域与复频域间的线性变换。表现为以下定理，即

1）若 $\mathscr{L}\{f(t)\} = F(s)$，则 $\mathscr{L}\{kf(t)\} = kF(s)$。
2）若 $f(t) = f_1(t) + f_2(t)$，则 $F(s) = F_1(s) + F_2(s)$。
3）$a_1 f_1(t) + a_2 f_2(t) \Leftrightarrow a_1 F_1(s) + a_2 F_2(s)$，其中，$a_1$、$a_2$ 为常数。

2. 微分性质

拉氏变换的第二个重要性质是函数的拉普拉斯变换与其导数的拉氏变换之间存在着简单的关系。若 $\mathscr{L}\{f(t)\} = F(s)$，则

$$\mathscr{L}\left\{\frac{d^n f(t)}{dt^n}\right\} = s^n F(s) - \sum_{r=0}^{n-1} s^{n-r-1} f^{(r)}(0_-)$$

重复运用微分定理，还可以得到下面关于函数的拉氏变换及其高阶的拉氏变换之间关系的推论。

$$\mathscr{L}\{f^{(2)}(t)\} = s^2 \mathscr{L}\{f(t)\} - sf(0_-) - f^{(1)}(0_-)$$

推论

$$\mathscr{L}\left\{\frac{d^n f(t)}{dt^n}\right\} = s^n F(s) - \sum_{r=0}^{n-1} s^{n-r-1} f^{(r)}(0_-)$$

3. 积分性质

拉氏变换的第三个重要性质是函数的拉氏变换与其积分的拉氏变换之间存在着简单的关系。若 $\mathscr{L}\{f(t)\} = F(s)$，则

$$\mathscr{L}\left\{\int_0^t f(\xi)d\xi\right\} = \frac{1}{s}F(s)$$

由此可见，在时域中的积分运算相当于复频域中的除法运算。

4. 尺度性质

若 $\mathscr{L}\{f(t)\} = F(s)$，收敛区间 $\sigma_1 < \text{Re}(s) < \sigma_2$，则

$$\mathscr{L}\{f(at)\} = \frac{1}{|a|}F\left(\frac{s}{a}\right)$$

式中，$a > 0$。

5. 时移性质

若 $\mathscr{L}\{f(t)\} = F(s)$，收敛区间 $\sigma_1 < \text{Re}(s) < \sigma_2$，则

$$\mathscr{L}\{f(t - t_0)\} = F(s)e^{-st_0}$$

7.1.3 常用信号的拉普拉斯变换

常用信号的拉氏变换见表 7-1。表中的 $u(t)$ 为阶跃函数，$\delta(t)$ 为冲激函数，e^{-at} 为单边指数信号，$t^n u(t)$ 为 t 的正幂函数。

表 7-1　常用信号的拉氏变换

原函数 $f(t)$	象函数 $F(s)$
$u(t)$	$\dfrac{1}{s}$
$u(t)\mathrm{e}^{-at}$	$\dfrac{1}{s+a}$
t^n	$\dfrac{n!}{s^{n+1}}$
$\delta(t)$	1
$\delta(t-t_0)$	e^{-st_0}
$\mathrm{e}^{-at}\cos\beta t$	$\dfrac{s+a}{(s+a)^2+\beta^2}$
$\mathrm{e}^{-at}\sin\beta t$	$\dfrac{\beta}{(s+a)^2+\beta^2}$
$\dfrac{t^n}{n!}\mathrm{e}^{-at}$	$\dfrac{1}{(s+a)^{n+1}}$ $(n=1,2,\cdots)$

【例 7-1】 已知 $f(t)=\mathrm{e}^{-at}u(t)$。试求其导数 $\dfrac{\mathrm{d}f(t)}{\mathrm{d}t}$ 的拉氏变换。

解法 1：由基本定义式求。

因为 $f(t)$ 导数为

$$\frac{\mathrm{d}}{\mathrm{d}t}[\mathrm{e}^{-at}u(t)] = \delta(t) - a\mathrm{e}^{-at}u(t)$$

所以 $\mathscr{L}[f(t)] = \mathscr{L}[\delta(t)] - \mathscr{L}[a\mathrm{e}^{-at}u(t)] = 1 - \dfrac{a}{s+a} = \dfrac{s}{s+a}$

解法 2：由微分性质求。

已知 $\mathscr{L}[f(t)] = F(s) = \dfrac{1}{s+a}$，$f(0_-)=0$

所以 $\mathscr{L}\left[\dfrac{\mathrm{d}f(t)}{\mathrm{d}t}\right] = sF(s) = \dfrac{s}{s+a}$

两种方法结果相同，但后者考虑了 $f(0_-)$。

【例 7-2】 试求衰减余弦函数 $f(t)=\mathrm{e}^{-\beta t}\cos\omega t$ 的拉氏变换。

解：经查表 7-1 得

$$\mathscr{L}[\cos\omega t] = \frac{s}{s^2+\omega^2},\quad F(s) = \frac{s+\beta}{(s+\beta)^2+\omega^2}$$

7.2　拉普拉斯反变换

在计算出信号的拉普拉斯变换以后，通过反变换，可以将信号还原为其原函数。由 $F(s)$ 到 $f(t)$ 的变换称为拉普拉斯反变换，定义为

$$f(t) = \mathscr{L}^{-1}\{F(s)\} = \frac{1}{\mathrm{j}2\pi}\int_{\sigma-\mathrm{j}\infty}^{\sigma+\mathrm{j}\infty} F(s)\mathrm{e}^{st}\mathrm{d}t \tag{7-3}$$

例如，拉普拉斯变换表示为

$$\mathscr{L}\{e^{at}u(t)\} = \frac{1}{s-a}$$

拉普拉斯反变换表示为

$$\mathscr{L}^{-1}\left\{\frac{1}{s-a}\right\} = e^{at}u(t)$$

计算拉普拉斯反变换一般不用其定义公式直接求解，而是采用部分分式展开法（Haviside 展开法）或留数法，这里只介绍部分分式展开法。

部分分式展开法的基本思想是根据拉氏变换的线性特性，将复杂的 $F(s)$ 展开为多个简单的有理分式之和，通过一些已知的拉氏变换结果，得到 $F(s)$ 的原函数。

设 $F(s)$ 可以表示为有理函数形式，即

$$F(s) = \frac{b_m s^m + b_{m-1} s^{m-1} + \cdots + b_1 s + b_0}{a_n s^n + a_{n-1} s^{n-1} + \cdots + a_1 s + a_0} = \frac{N(s)}{D(s)}$$

式中，a_n、b_m 为实常数，n、m 为正整数。可以通过部分分式展开法将其表示为多个简单的有理分式之和。这里分几种情况进行介绍。

1. $m < n$，$D(s) = 0$ 无重根

假设 $D(s) = 0$ 的根为 $s_1, s_2, \cdots, s_n$，则可以将 $F(s)$ 表示为

$$F(s) = \frac{N(s)}{D(s)} = \frac{N(s)}{a_n(s-s_1)(s-s_2)\cdots(s-s_k)\cdots(s-s_n)} = \frac{1}{a_n}\sum_{i=1}^{n}\frac{K_i}{s-s_i}$$

K_k 的求法：为了确定系数 K_k，可以在上式的两边乘以因子 $(s-s_k)$，再令 $s = s_k$，这样上式右边只留下 K_k 项，便有

$$\left.\frac{N(s)}{D(s)}(s-s_k)\right|_{s=s_k} = \frac{K_k}{a_n} \quad K_k = a_n\left.\frac{N(s)}{D(s)}(s-s_k)\right|_{s=s_k}$$

求得系数 K_k 后，则与 $F(s)$ 对应的时域函数可表示为

$$\mathscr{L}^{-1}\left[\frac{K_k}{s-s_k}\right] = K_k e^{s_k t}$$

$$\mathscr{L}^{-1}[F(s)] = \mathscr{L}^{-1}\left[\frac{N(s)}{D(s)}\right] = \frac{1}{a_n}\mathscr{L}^{-1}\left[\sum_{k=1}^{n}\frac{K_k}{s-s_k}\right] = \frac{1}{a_n}\sum_{k=1}^{n}\left[\frac{N(s)}{D(s)}(s-s_k)\right]\bigg|_{s=s_k} e^{s_k t} \quad (7-4)$$

【例 7-3】 求 $F(s) = \dfrac{2s^3 + 15s^2 + 25s + 15}{s^3 + 6s^2 + 11s + 6}$ 的原函数 $f(t)$。

解：首先将 $F(s)$ 化为真分式，即

$$F(s) = 2 + \frac{2s^2 + 3s + 3}{s^3 + 6s^2 + 11s + 6}$$

令 $D(s) = s^3 + 6s^2 + 11s + 6 = (s+1)(s+2)(s+3) = 0$，解得

$$s_1 = -1, \quad s_2 = -2, \quad s_3 = -3$$

所以，$F(s)$ 的真分式可展成部分分式，有

$$\frac{2s^2 + 3s + 3}{s^3 + 6s^2 + 11s + 6} = \frac{K_1}{s+1} + \frac{K_2}{s+2} + \frac{K_3}{s+3}$$

系数 K_1、K_2、K_3 为

$$K_1 = a_3\left[(s-s_1)\frac{N(s)}{D(s)}\right]\bigg|_{s=s_1} = 1$$

$$K_2 = -5$$
$$K_3 = 6$$

于是，$F(s)$ 可展开为 $F(s) = 2 + \dfrac{1}{s+1} + \dfrac{-5}{s-2} + \dfrac{6}{s+3}$，则得

$$f(t) = \mathscr{L}^{-1}[F(s)] = 2\delta(t) + e^{-t} - 5e^{-2t} + 6e^{-3t} \quad (t \geq 0)$$

2. $m < n$，$D(s) = 0$ 有重根

若 $D(s) = 0$ 只有一个 r 重根 s_1，即 $s_1 = s_2 = s_3 = \cdots = s_r$，而其余 ($n-r$) 个全为单根，则 $D(s)$ 可写成

$$D(s) = a_n(s - s_1)^r(s - s_{r+1})\cdots(s - s_n)$$

$F(s)$ 展开的部分分式为

$$F(s) = \frac{N(s)}{D(s)} = \frac{1}{a_n}\left[\frac{K_{1r}}{(s-s_1)^r} + \frac{K_{1(r-1)}}{(s-s_1)^{r-1}} + \cdots + \frac{K_{12}}{(s-s_1)^2} + \frac{K_{11}}{s-s_1} + \frac{K_{1r}}{s-s_{1+r}} + \cdots + \frac{K_n}{s-s_n}\right]$$

【例 7-4】 求 $F(s) = \dfrac{s+2}{s(s+3)(s+1)^2}$ 的原函数 $f(t)$。

解：由于 $D(s) = 0$ 有复根，则 $F(s)$ 展开的部分分式为

$$F(s) = \frac{N(s)}{D(s)} = \frac{1}{a_n}\left[\frac{K_{1r}}{(s-s_1)^r} + \frac{K_{1(r-1)}}{(s-s_1)^{r-1}} + \cdots + \frac{K_{12}}{(s-s_1)^2} + \frac{K_{11}}{s-s_1} + \frac{K_{1r}}{s-s_{1+r}} + \cdots + \frac{K_n}{s-s_n}\right]$$

先对 $F(s)$ 进行部分分式展开，得

$$F(s) = \frac{K_{12}}{(s+1)^2} + \frac{K_{11}}{s+1} + \frac{K_3}{s+3} + \frac{K_4}{s}$$

各系数为

$$K_{11} = \left\{\frac{d}{ds}[(s+1)^2 F(s)]\right\}\Big|_{s=-1} = -\frac{3}{4}$$

$$K_{12} = [(s+1)^2 F(s)]\Big|_{s=-1} = -\frac{1}{2}$$

$$K_3 = [(s+3)F(s)]\Big|_{s=-3} = \frac{1}{12}$$

$$K_4 = [sF(s)]\Big|_{s=0} = \frac{2}{3}$$

所以，原函数为

$$f(t) = \left(-\frac{1}{2}te^{-t} - \frac{3}{4}e^{-t} + \frac{1}{12}e^{-3t} + \frac{2}{3}\right)u(t)$$

3. $m \geq n$

先通过长除，将其变为一个关于 s 的真分式和多项式的和，即

$$F(s) = \frac{N(s)}{D(s)} = M(s) + \frac{N_1(s)}{D(s)}$$

然后再用前面介绍的 1、2 情况的方法求解。其中要用到 $\mathscr{L}^{-1}\{s^n\} = \delta^{(n)}(t)$。

7.3 动态线性电路的复频域模型

用拉氏变换法分析动态线性电路示意图如图 7-3 所示。其步骤如下：

1) 将已知的电动势、恒定电流进行拉氏变换。
2) 根据原电路图画出运算等效电路图。
3) 用计算线性系统或电路稳定状态的方法求解运算电路，求出待求量的象函数。
4) 将求得的象函数变换为原函数。

$$u(t) \rightarrow i(t)$$
$$\downarrow 正变换 \quad \uparrow 逆变换$$
$$U(s) \rightarrow I(s)$$

图 7-3 用拉氏变换法分析动态线性电路示意图

7.3.1 基尔霍夫定律的复频域形式

KCL 和 KVL 的时域形式分别为

$$\sum u(t) = 0, \quad \sum i(t) = 0 \tag{7-5}$$

设 RLC 系统（电路）中支路电流 $i(t)$ 和支路电压 $u(t)$ 的单边拉氏变换分别为 $I(s)$ 和 $U(s)$，得到

$$\sum U(s) = 0, \quad \sum I(s) = 0 \tag{7-6}$$

7.3.2 动态电路元件的 s 域模型

1. 电阻元件

设线性时不变电阻 R 上电压 $u(t)$ 和电流 $i(t)$ 的参考方向关联，则电阻 R 上电流和电压关系的时域形式为

$$u(t) = Ri(t)$$

电阻 R 的时域和 s 域模型如图 7-4 所示。设 $u(t)$ 和 $i(t)$ 的象函数分别为 $U(s)$ 和 $I(s)$，对上式取单边拉氏变换，有

$$U(s) = RI(s) \tag{7-7}$$

图 7-4 电阻 R 的时域和 s 域模型
a) 时域模型　b) s 域模型

2. 电感元件

设线性时不变电感 L 上电压 $u(t)$ 和电流 $i(t)$ 的参考方向关联，则电感元件 VAR 的时域形式为

$$\begin{cases} u(t) = L\dfrac{di(t)}{dt} \\ i(t) = i(0_-) + \dfrac{1}{L}\displaystyle\int_0^t u(\tau)d\tau \quad t \geq 0 \end{cases}$$

电感 L 的时域和零状态 s 域模型如图 7-5 所示。设 $i(t)$ 的初始值 $i(0_-) = 0$（零状态），

$u(t)$ 和 $i(t)$ 的单边拉氏变换分别为 $U(s)$ 和 $I(s)$，对上式取单边拉氏变换，根据时域微分、积分性质，得

$$U(s) = sLI(s) \tag{7-8}$$

图 7-5　电感 L 的时域和零状态 s 域模型
a）时域模型　b）零状态 s 域模型

若电感 L 的电流 $i(t)$ 的初始值 $i(0_-)$ 不等于零（如图 7-6 所示电感元件的非零状态 s 域模型），则对电感元件 VAR 的时域式取单边拉氏变换，可得

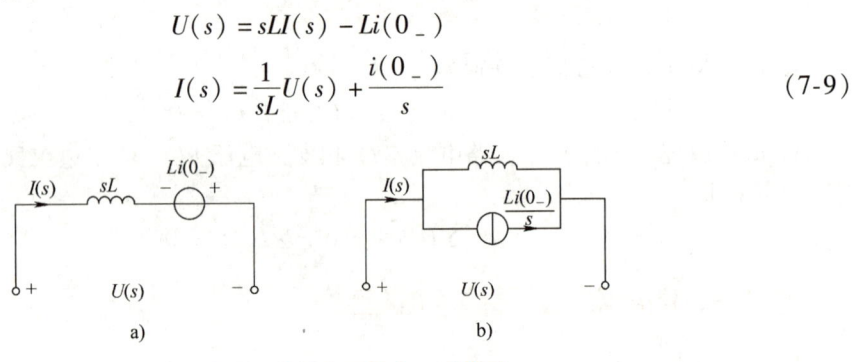

$$\begin{gathered} U(s) = sLI(s) - Li(0_-) \\ I(s) = \frac{1}{sL}U(s) + \frac{i(0_-)}{s} \end{gathered} \tag{7-9}$$

图 7-6　电感元件的非零状态 s 域模型
a）串联模型　b）并联模型

3. 电容元件

设线性时不变电容元件 C 上电压 $u(t)$ 和电流 $i(t)$ 的参考方向关联，则电容元件 VAR 的时域形式为

$$\begin{cases} u(t) = u(0_-) + \dfrac{1}{C}\int_{0_-}^{t} i(\tau)\mathrm{d}\tau & t \geqslant 0 \\ i(t) = C\dfrac{\mathrm{d}u(t)}{\mathrm{d}t} \end{cases}$$

电容元件的时域和零状态 s 域模型如图 7-7 所示。若 $u(t)$ 的初始值 $u(0_-) = 0$［零状态或表示为 $u(0_-) = 0$］，$u(t)$ 和 $i(t)$ 的单边拉氏变换分别为 $U(s)$ 和 $I(s)$，对电容元件 VAR 的时域式取单边拉氏变换，则得

$$U(s) = \frac{1}{sC}I(s) \tag{7-10}$$

图 7-7　电容元件的时域和零状态 s 域模型
a）时域模型　b）零状态 s 域模型

若电容元件 C 上电压 $u(t)$ 的初始值 $u(0_-)$ 不等于零，电容元件的非零状态 s 域模型如图 7-8 所示，对电容元件 VAR 的时域式取单边拉氏变换，则得

$$\begin{cases} U(s) = \dfrac{1}{sC}I(s) + \dfrac{u(0_-)}{s} \\ I(s) = sCU(s) - Cu(0_-) \end{cases} \tag{7-11}$$

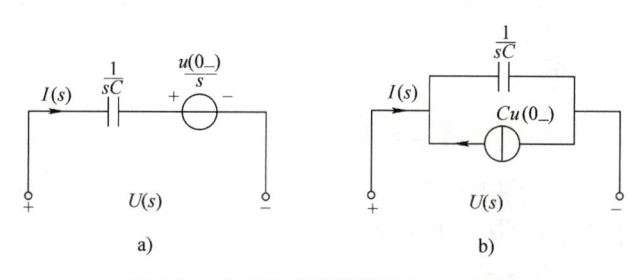

图 7-8 电容元件的非零状态 s 域模型
a) 串联模型　b) 并联模型

7.4 线性电路的复频域等效模型和复频域法求解

7.4.1 线性电路的复频域等效模型

在网络中，对激励、响应以及所有元件分别用 s 域等效模型表示后，将得到网络 s 域等效模型。利用网络的 s 域等效模型，可以用类似求解直流电路的方法在 s 域求解响应，再经反变换得到所需的时域结果。

画 s 域模型过程中要特别注意以下几点。

1) 对于具体的电路，只有当给出的初始状态是电感电流和电容电压时，才可方便地画出 s 域等效电路模型，否则就不易直接画出，这时不如先列写微分方程再取拉氏变换较为方便。

2) 不同形式的等效 s 域模型其电源的方向是不同的，千万不要弄错。

3) 在画 s 域模型时，应画出其所有内部电源的象电源，并需特别注意其参考方向。

【例 7-5】 电路图如图 7-9a 所示，激励为 $e(t)$，响应为 $i(t)$。求 s 域模型及响应的 s 域方程。

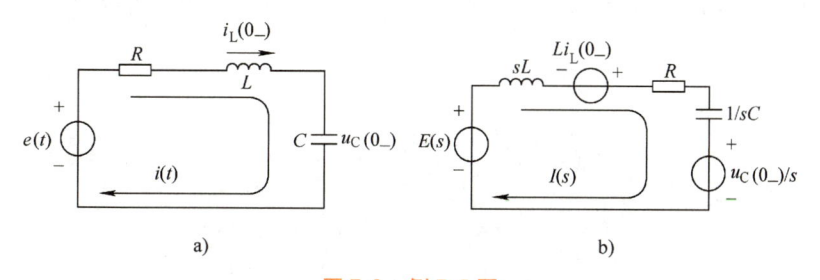

图 7-9 例 7-5 图
a) 电路图　b) s 域模型

解：s 域模型如图 7-9b 所示，列出 KVL 方程如下：

$$\left(Ls + R + \frac{1}{Cs}\right)I(s) = E(s) + Li_L(0_-) - \frac{u_C(0_-)}{s}$$

解出

$$I(s) = \frac{E(s) + Li_L(0_-) - u_C(0_-)/s}{Ls + R + 1/Cs} = \frac{E(s) + Li_L(0_-) - u_C(0_-)/s}{Z(s)}$$

式中，$Z(s)$ 为 s 域等效阻抗。

7.4.2 线性电路的复频域法求解

线性电路的复频域法求解步骤如下：
1）由换路前电路计算 $u_C(0_-)$ 和 $i_L(0_-)$。
2）画出 s 域等效模型电路图。
3）应用电路分析方法求象函数。
4）反变换求原函数。

【**例 7-6**】 试求如图 7-10a 所示电路的 $u_2(t)$。已知初始条件 $u_1(0_-) = 10\text{V}$；$u_2(0_-) = 25\text{V}$；电压 $u_S(t) = 50\cos 2t u(t)\text{V}$。

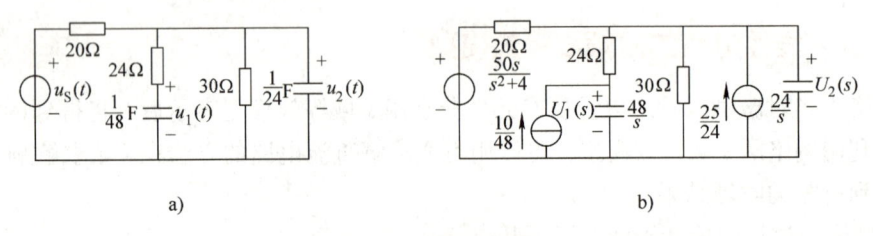

图 7-10 例 7-6 图
a）电路图 b）s 域模型

解：画出 s 域模型如图 7-10b 所示。初始条件以内部象电流源形式表示，以便于使用节点法分析。列写象函数节点方程如下：

$$\begin{cases} \left(\dfrac{1}{24} + \dfrac{s}{48}\right)U_1(s) - \dfrac{1}{24}U_2(s) = \dfrac{10}{48} \\ -\dfrac{1}{24}U_1(s) + \left(\dfrac{s}{24} + \dfrac{1}{30} + \dfrac{1}{24} + \dfrac{1}{20}\right)U_2(s) = \dfrac{5s}{2(s^2+4)} + \dfrac{25}{24} \end{cases}$$

整理得

$$\begin{cases} U_1(s) = \dfrac{10 + 2U_2(s)}{s + 2} \\ U_2(s) = \dfrac{25s^3 + 120s^2 + 220s + 240}{(s+1)(s^2+4)(s+4)} \end{cases}$$

求出 $U_2(s)$ 表达式为

$$U_2(s) = \frac{\frac{23}{3}}{s+1} + \frac{\frac{16}{3}}{s+4} + \frac{12s+24}{s^2+4}$$

拓展阅读：拉普拉斯变换的应用

法国著名的天文学家和数学家拉普拉斯在科学上的贡献巨大。他是天体力学的主要奠基人，天体演化学的创立者之一。此外，他还是分析概率论的创始人，因此可以说拉普拉斯是应用数学的先驱。在研究天体问题的过程中，他创造和发展了许多数学的方法，用数学方法证明了行星的轨道大小只有周期性变化，这就是著名的拉普拉斯定理。以他的名字命名的拉普拉斯变换、拉普拉斯定理和拉普拉斯方程，在科学技术的各个领域有着广泛的应用。

在电路理论中，拉氏变换被用于将时域信号转换为复频域信号，便于分析和计算电路中的微分方程或积分方程。例如，可以通过对电压或电流的拉氏变换来了解电路在频域中的行为。

在信号处理、控制理论研究等多个领域，拉氏变换可以用于分析线性时不变系统的稳定性。对系统的输入和输出信号进行拉氏变换，可以将系统表示为一个传递函数，用传递函数的性质来判断系统的稳定性。拉氏变换还可以用于分析系统的频域特性。对系统的输入和输出信号进行拉氏变换，可以得到系统的频率响应，从而方便人们了解系统在不同频率下的增益和相位特性。这对于设计和优化信号处理系统非常有用，因为不同频率的信号对系统的影响是不同的。拉氏变换还可以用于解决实际问题中的一些特殊情形，例如，当系统的初始条件或边界条件不满足经典解法的要求时，我们可以通过引入拉氏变换来简化问题的求解过程。此外，拉氏变换还可以用于解决非线性问题、时变问题等复杂情况。

拉氏变换是一种强大的数学工具，它通过将问题从时域转换到频域，简化了分析复杂系统和信号的过程。拉氏变换分解在实际应用中具有很多优势，它可以简化微分方程的求解过程，帮助分析系统的稳定性和频域特性，以及解决一些特殊情形下的问题。

7.5 习题

7.1 已知斜坡信号 $tu(t)$ 的拉普拉斯变换为 $\frac{1}{s^2}$。试分别求 $f_1(t) = t - t_0$、$f_2(t) = (t-t_0)u(t)$、$f_3(t) = tu(t-t_0)$、$f_4(t) = (t-t_0)u(t-t_0)$ 的拉氏变换。

7.2 试求下列函数的拉氏变换。

1) $e^{-(t-b)}u(t-b)$；2) $\delta_T(t)u(t) = \sum_{k=0}^{\infty}\delta(t-kT)$

7.3 以 $f_1(t) = u(t)\sin\omega t$ 为例，分别画出 $f_1(t)$、$f_2(t) = u(t)\sin\omega(t-t_0)$、$f_3(t) = u(t-t_0)\sin\omega t$、$f_4(t) = u(t-t_0)\sin\omega(t-t_0)$ 的波形，并分别求其拉氏变换。

7.4 求下列时间函数的拉氏变换。

1) $3(1+e^{-2t})\cdot\varepsilon(t)$；2) $(5+10e^{-4t})\cdot\varepsilon(t)$；3) $\sin(3t+15°)\cdot\varepsilon(t)$

7.5 求下列函数 $F(s)$ 的拉氏反变换 $f(t)$。

1) $F(s) = 2 + \dfrac{s+2}{(s+2)^2+2^2}$

2) $F(s) = \dfrac{1}{s^3}(1 - e^{-st_0})$

3) $F(s) = \dfrac{s}{s^2 + 2s + 5}$

4) $F(s) = \dfrac{2s + 3}{s^3 + 6s^2 + 11s + 6}$

7.6 在图 7-11 所示电路中，$t=0$ 时刻开关 S 被打开，开关动作前电路处于稳态。试用 s 域分析法求 $t \geqslant 0$ 时 $i_L(t)$。

7.7 电路如图 7-12 所示，已知 $e(t) = 10\text{V}$，$u_C(0_-) = 5\text{V}$，$i_L(0_-) = 4\text{A}$，求 $i_1(t)$。

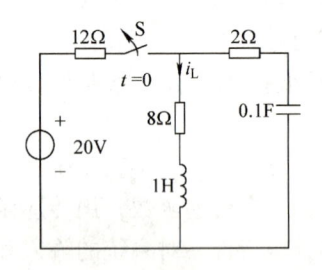

图 7-11 习题 7.6 图

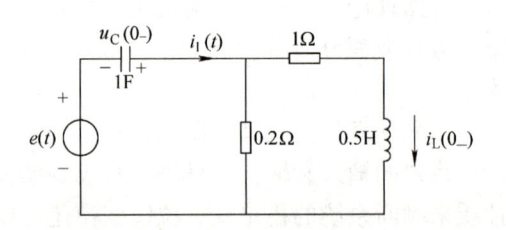

图 7-12 习题 7.7 图

7.8 在图 7-13 所示电路中，开关 S 在 $t = 0$ 时被闭合，已知 $u_{C1}(0_-) = 3\text{V}$，$u_{C2}(0_-) = 0\text{V}$。试求开关闭合后的网孔电流 $i_1(t)$。

7.9 在图 7-14 所示电路中，应用 s 域分析法，求二阶电路的 $u(t)$ 和 $i(t)$。

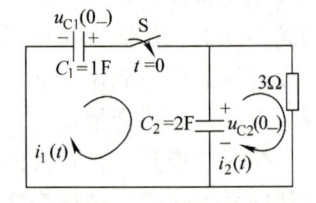

图 7-13 习题 7.8 图

7.10 在图 7-15 所示激励为指数函数的 RLC 电路中，$u_S(t) = e^{-4t}u(t)\text{V}$，$u_C(0_-) = -2\text{V}$，$i_L(0_-) = 0$。试用 s 域分析法求电阻元件两端电压 $u(t)$。

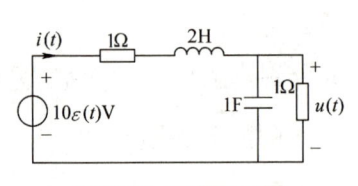

图 7-14 习题 7.9 图

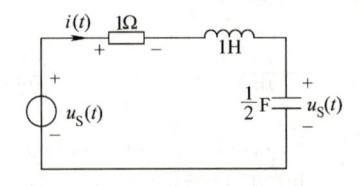

图 7-15 习题 7.10 图

第 8 章　非正弦周期电流电路的稳态分析

引例：滤波电路

滤波电路的主要作用是滤除电路中不需要的信号，保留有用信号。滤波电路有低通滤波、高通滤波、带通滤波和带阻滤波等。

低通滤波电路就是将高频信号滤除，只保留低频信号的电路；高通滤波电路就是将低频信号滤除，只保留高频信号的电路；带通滤波电路就是将某一频段内的信号通过，而将其他频段的信号滤除的电路；带阻滤波电路则是将某一频段内的信号滤除，而将其他频段的信号通过的电路。

图 8-1 所示的 RC 低通滤波电路是比较简单的滤波电路，在该仿真电路中，u_1 幅值为 1V、频率为 100Hz，叠加一个幅值为 0.1V、频率为 1kHz 的 u_2，把这两个信号源串联，模拟一个非正弦周期函数。那么有

$$u_i = (\sin 628t + 0.1\sin 6280t)\text{V}$$

该信号的波形在示波器上显示，相当于低频信号叠加高频干扰的效果，经过 RC 低通滤波之后，输出电压 u_o 为频率 100Hz 的正弦信号，高频成分被滤除。

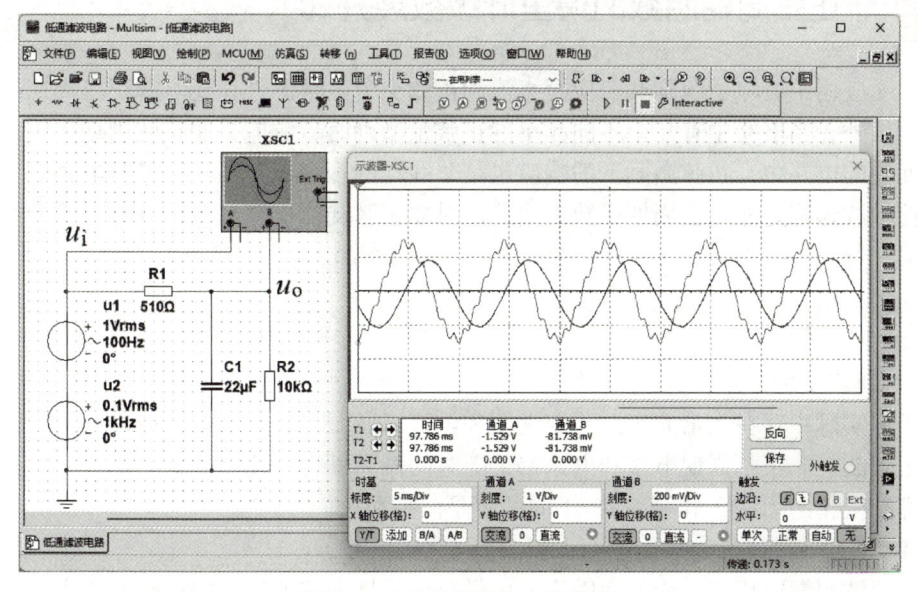

图 8-1　RC 低通滤波电路仿真

在实际工程应用中，很多情况下，信号是非正弦周期函数。这种信号的电路分析计算很不方便。图 8-1 中的非正弦周期信号用两个正弦信号叠加来模拟。是否所有的非正弦周期函数都能用不同频率的正弦信号叠加来表示？答案是肯定的，理论依据就是傅里叶级数展开法，应用该方法可将任意非正弦周期量分解为一系列不同频率的正弦量之和，然后根据线性电路的叠加定理，求解各次谐波信号单独作用然后代数叠加即可。这就是本章要研究的内容。

培养目标

1. 知识目标

1）掌握非正弦周期电压、电流的概念。
2）熟练掌握非正弦周期函数的傅里叶级数展开式。
3）熟练掌握非正弦量有效值、平均值、平均功率的求解方法。
4）熟练掌握非正弦周期电路的分析方法。

2. 能力目标

1）能够正确描述非正弦周期函数的特点。
2）会对函数进行傅里叶级数展开。
3）会计算非正弦周期量有效值、平均值、平均功率。
4）能够对非正弦周期电路进行分析计算。
5）会对非正弦周期电路进行仿真分析。

3. 素养目标

1）具有创造性思维、创新意识和实践能力。
2）具有良好的团队合作精神和协作能力。
3）具有环保意识和可持续发展观念，倡导绿色发展。

8.1 非正弦周期函数的傅里叶级数展开式

在实际应用中，除了激励和响应有直流和正弦交流电情况外，还有非正弦周期函数电路的情况。另外，当电路中有几个不同频率的正弦量激励时，响应是非正弦周期函数；在含有非线性元件的电路中，正弦激励下的响应也是非线性的；在电子、计算机等电路中，所应用的脉冲信号波形都是非正弦周期函数。因此，对非正弦交流电路的分析，具有重要的理论和实际意义。

8.1.1 非正弦周期电流电路的基本概念

1. 非正弦周期电流、电压的概念

在工程实际中存在大量非正弦周期电压和电流以及图 8-2 所示的几种常见的呈周期性变化的非正弦波。非正弦周期电压和电流都是随时间做周期性变化的非正弦函数，与正弦函数类似，都有变化的周期 T 和频率 f，不同的仅是波形而已。

2. 谐波分析法

在非正弦周期电压和电流的激励下，怎样分析线性电路的稳态响应呢？首先，应用数学

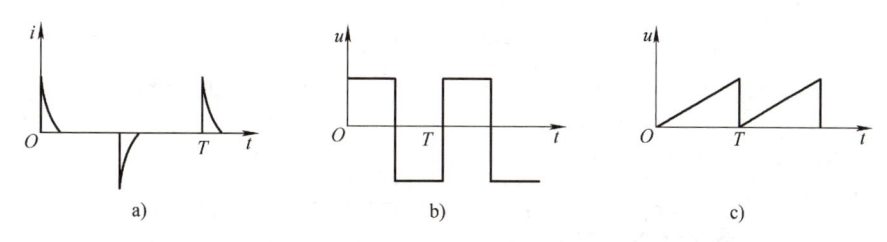

图 8-2 几种常见的呈周期性变化的非正弦波
a) 尖形波 b) 矩形波 c) 三角波

中的傅里叶级数展开法,将非正弦周期电压和电流激励分解为一系列不同频率的正弦量之和;其次,根据线性电路叠加定理,分别计算在各个正弦量单独作用下在线性电路中产生的同频正弦电流分量和电压分量;最后,把所得的分量按瞬时值叠加,就可以得到电路中实际的稳定电流和电压。上述方法称为非正弦周期电流的谐波分析法。用谐波分析法分析电路的示意图如图 8-3 所示。它的本质就是把非正弦周期电流电路的计算转化为一系列正弦电流电路的计算,这样就能充分利用正弦电流电路的相量法这个有效工具。

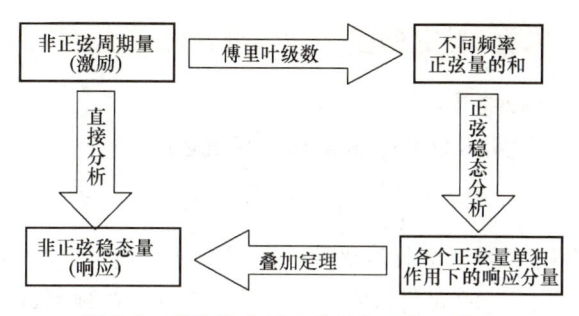

图 8-3 用谐波分析法分析电路的示意图

在介绍非正弦周期信号的谐波分解之前,先介绍几个不同频率的正弦波的合成。设有一个正弦电压 $u_1 = U_{1m}\sin \omega t$,其波形如图 8-4a 所示。

显然,这一波形与同频率矩形波相差甚远。如果在这个波形上面加上第二个正弦电压波形,其频率是 u_1 的 3 倍,而振幅为 u_1 的 1/3,那么表示式为

$$u_2 = U_{1m}\sin \omega t + \frac{1}{3}U_{1m}\sin 3\omega t$$

其波形如图 8-4b 所示。如果再加上第三个正弦电压波形,其频率为 u_1 的 5 倍,振幅为 u_1 的 1/5,那么表示式为

$$u_3 = U_{1m}\sin \omega t + \frac{1}{3}U_{1m}\sin 3\omega t + \frac{1}{5}U_{1m}\sin 5\omega t$$

其波形如图 8-4c 所示。类似地,如果叠加的正弦项是无穷多个,那么它们的合成波形就会与如图 8-4d 所示的矩形波一样。

由此可以看出,几个频率为整数倍的正弦波合成后是一个非正弦波。反之,一个非正弦周期波 $f(t)$ 可以分解为含直流分量(或不含直流分量)和一系列频率为整数倍的正弦波。这些一系列频率为整数倍的正弦波,就称为非正弦周期波的谐波。其中,频率与非正弦周期波相同的正弦波,称为基波或一次谐波;频率是基波频率两倍的正弦波,称为二次谐波;频

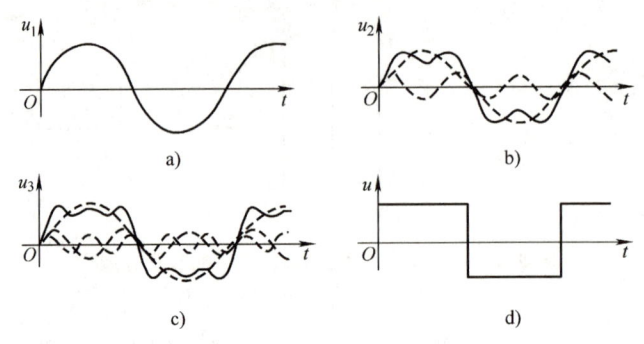

图 8-4 矩形波的合成

a) $u_1 = u_{1m}\sin \omega t$ 波形图 b) $u_2 = U_{1m}\sin \omega t + \frac{1}{3}U_{1m}\sin 3\omega t$ 波形图
c) $u_3 = U_{1m}\sin \omega t + \frac{1}{3}U_{1m}\sin 3\omega t + \frac{1}{5}U_{1m}\sin 5\omega t$ 波形图 d) 矩形波

率是基波频率 3 倍的正弦波，称为三次谐波；频率是基波频率 k 倍的正弦波，称为 k 次谐波，k 为正整数。通常将二次及二次以上的谐波，统称为高次谐波。

8.1.2 非正弦周期函数的傅里叶级数展开式详述

1. 三角形式的傅里叶级数展开式

由数学知识可知，若周期函数 $f(t)$ 满足狄利克雷条件，即

$$\int_{t_0}^{t_0+T} |f(t)| \mathrm{d}t < \infty \tag{8-1}$$

则 $f(t)$ 可以展开为三角形式的一个收敛级数，即傅里叶级数。电路中所遇到的周期函数一般都能满足这个条件。设给定的周期函数 $f(t)$ 的周期为 T，角频率 $\omega = 2\pi/T$，则 $f(t)$ 的傅里叶级数展开式为

$$\begin{aligned} f(t) &= A_0 + A_{1m}\sin(\omega t + \varphi_1) + A_{2m}\sin(2\omega t + \varphi_2) + \cdots + A_{km}\sin(k\omega t + \varphi_k) + \cdots \\ &= A_0 + \sum_{k=1}^{\infty} A_{km}\sin(k\omega t + \varphi_k) \end{aligned} \tag{8-2}$$

利用三角函数公式，还可以把式 (8-2) 写成另一种形式，即

$$\begin{aligned} f(t) &= a_0 + (a_1\cos \omega t + b_1\sin \omega t) + (a_2\cos 2\omega t + b_2\sin 2\omega t) + \cdots + (a_k\cos k\omega t + b_k\sin k\omega t) \\ &= a_0 + \sum_{k=1}^{\infty} (a_k\cos k\omega t + b_k\sin k\omega t) \end{aligned} \tag{8-3}$$

式中，a_0、a_k、b_k 称为傅里叶系数，可由下列积分求得：

$$\begin{cases} a_0 = \dfrac{1}{T}\int_0^T f(t)\mathrm{d}t = \dfrac{1}{2\pi}\int_0^{2\pi} f(t)\mathrm{d}(\omega t) \\ a_k = \dfrac{2}{T}\int_0^T f(t)\cos k\omega t\, \mathrm{d}t = \dfrac{1}{\pi}\int_0^{2\pi} f(t)\cos k\omega t\, \mathrm{d}(\omega t) \\ b_k = \dfrac{2}{T}\int_0^T f(t)\sin k\omega t\, \mathrm{d}t = \dfrac{1}{\pi}\int_0^{2\pi} f(t)\sin k\omega t\, \mathrm{d}(\omega t) \end{cases}$$

各系数之间存在如下关系：

$$A_0 = a_0,\ A_{km} = \sqrt{a_k^2 + b_k^2},\ \varphi_k = \arctan\frac{a_k}{b_k},\ a_k = A_{km}\sin \varphi_k,\ b_k = A_{km}\cos \varphi_k$$

A_0 是 $f(t)$ 在一周期时间内的平均值，称为直流分量。$k=1$ 的正弦波称为基波；$k=2$ 的正弦波称为二次谐波；$k=n$ 的正弦波，称为 n 次谐波。当 k 为奇数时，称为奇次谐波；当 k 为偶数时，称为偶次谐波。

非正弦周期波的傅里叶级数展开，关键是计算傅里叶系数的问题。

上式的推导在数学中已做介绍（这里不再赘述），但是推导过程中应用的三角函数的正交性，即三角函数积分性质，对理解上述系数公式以及理解后文有效值和平均功率的概念都很有帮助，因此，下面仍将三角函数正交性公式分列如下。

1）正弦、余弦函数在一个周期上的定积分为 0，即

$$\begin{cases} \int_0^{2\pi} \sin(kx)\,dx = 0 \\ \int_0^{2\pi} \cos(kx)\,dx = 0 \end{cases}$$

2）不同频的正弦、余弦函数的乘积，不同频的正弦与正弦、余弦与余弦的乘积在一个周期上的定积分为 0，即

$$\begin{cases} \int_0^{2\pi} \sin(mx)\cos(nx)\,dx = 0 \\ \int_0^{2\pi} \sin(mx)\sin(nx)\,dx = 0 \quad (m \neq n) \\ \int_0^{2\pi} \cos(mx)\cos(nx)\,dx = 0 \end{cases}$$

3）同频的正弦与正弦函数、余弦与余弦函数的乘积在一个周期上的积分等于 π，即

$$\begin{cases} \int_0^{2\pi} \sin(kx)\sin(kx)\,dx = \int_0^{2\pi} \dfrac{1-\cos(2kx)}{2}\,dx = \pi \\ \int_0^{2\pi} \cos(kx)\cos(kx)\,dx = \int_0^{2\pi} \dfrac{1+\cos(2kx)}{2}\,dx = \pi \end{cases}$$

2. 指数形式的傅里叶级数展开式

利用欧拉公式，可以将三角形式的傅里叶级数表示为复指数形式的傅里叶级数，即

$$\begin{aligned} f(t) &= A_0 + \sum_{k=1}^{\infty} A_{km}\sin(k\omega t + \varphi_k) \\ &= A_0 + \sum_{k=1}^{\infty} \dfrac{A_{km}}{2j}\left[e^{j(k\omega t + \varphi_k)} - e^{-j(k\omega t + \varphi_k)} \right] \\ &= \sum_{k=-\infty}^{\infty} F_k e^{jk\omega t} \end{aligned} \quad (8\text{-}4)$$

式中，F_k 为复常数。

【例 8-1】 已知矩形周期电压的波形如图 8-5 所示。求 $u(t)$ 的傅里叶级数。

解： 图示矩形周期电压在一个周期内的表示式为

$$u_t(t) = \begin{cases} U_m & \left(0 \leq t \leq \dfrac{T}{2}\right) \\ -U_m & \left(\dfrac{T}{2} < t < T\right) \end{cases}$$

由式（8-3）可知

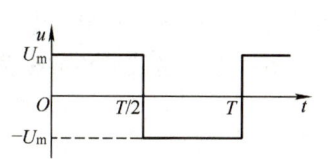

图 8-5 矩形周期电压的波形

$$a_0 = \frac{1}{2\pi}\int_0^{2\pi} u(t)\mathrm{d}(\omega t) = \frac{1}{2\pi}\Big[\int_0^{\pi} U_\mathrm{m}\mathrm{d}(\omega t) + \int_0^{2\pi} - U_\mathrm{m}\mathrm{d}(\omega t)\Big] = 0$$

$$a_k = \frac{1}{\pi}\int_0^{2\pi} u(t)\cos k\omega t\mathrm{d}(\omega t) = \frac{1}{\pi}\int_0^{\pi} U_\mathrm{m}\cos k\omega t\mathrm{d}(\omega t) + \frac{1}{\pi}\int_0^{2\pi} - U_\mathrm{m}\cos k\omega t\mathrm{d}(\omega t)$$

$$= \frac{U_\mathrm{m}}{k\pi}[\sin k\omega t]\Big|_0^{\pi} - \frac{U_\mathrm{m}}{k\pi}[\sin k\omega t]\Big|_{\pi}^{2\pi} = 0$$

$$b_k = \frac{1}{\pi}\int_0^{2\pi} u(t)\sin k\omega t\mathrm{d}(\omega t) = \frac{1}{\pi}\Big[\int_0^{\pi} U_\mathrm{m}\sin k\omega t\mathrm{d}(\omega t) + \int_0^{2\pi} - U_\mathrm{m}\sin k\omega t\mathrm{d}(\omega t)\Big]$$

$$= \frac{2U_\mathrm{m}}{\pi}\int_0^{\pi}\sin k\omega t\mathrm{d}(\omega t) = \frac{2U_\mathrm{m}}{k\pi}[-\cos k\omega t]\Big|_0^{\pi} = \frac{2U_\mathrm{m}}{k\pi}(1 - \cos kA\pi)$$

当 k 为奇数时，$\cos k\pi = -1$，$b_k = \dfrac{4U_\mathrm{m}}{k\pi}$；当 k 为偶数时，$\cos k\pi = 1$，$b_k = 0$。

由此可得

$$u(t) = \frac{4U_\mathrm{m}}{\pi}\Big(\sin\omega t + \frac{1}{3}\sin 3\omega t + \frac{1}{5}\sin 5\omega t + \cdots + \frac{1}{k}\sin k\omega t + \cdots\Big) \quad (k\text{ 为奇数})$$

8.1.3　非正弦周期函数的傅里叶级数展开式的简化

在电路中，遇到的非正弦周期函数大多都具有某种对称性。在对称波形的傅里叶级数中，有些谐波分量不存在。因此，利用波形对称性与谐波分量的关系，可以简化傅里叶系数的计算。

1）周期函数的波形在横轴上、下部分包围的面积相等，此时函数的平均值等于零，在傅里叶级数展开式中 $a_0 = 0$，即无直流分量。

2）当周期函数为奇函数时，满足 $f(t) = -f(-t)$，波形对称于原点，则 $a_0 = 0$，$a_k = 0$。此时有

$$f(t) = \sum_{k=1}^{\infty} b_k \sin k\omega t$$

3）当周期函数为偶函数时，满足 $f(t) = f(-t)$，波形对称于纵轴。如全波整流波形、矩形波都是偶函数。它们的傅里叶级数展开式中 $b_k = 0$，即无正弦谐波分量，只含余弦谐波分量，因为余弦函数本身就是偶函数。周期函数表示为

$$f(t) = a_0 + \sum_{k=1}^{\infty} [a_k \cos(k\omega t)]$$

综上所述，根据周期函数的对称性可以预先判断它所包含的谐波分量的类型，定性地判定哪些谐波分量不存在（这在工程上常常是有用的），从而使傅里叶系数的计算得到简化。

【例 8-2】　试把图 8-6 所示的振幅为 50V、周期为 0.02s 的三角波电压分解为傅里叶级数（取至 5 次谐波）。

解： 电压基波的角频率为

$$\omega = \frac{2\pi}{T} = \frac{2\pi}{0.02} = 100\pi \text{ rad/s}$$

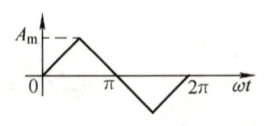

图 8-6　三角波

函数为奇函数，则 $a_0 = 0$，$a_k = 0$，此时
$$f(t) = \sum_{k=1}^{\infty} b_k \sin k\omega t$$

可得
$$u(t) = \frac{8U_m}{\pi^2}\left(\sin \omega t - \frac{1}{9}\sin 3\omega t + \frac{1}{25}\sin 5\omega t\right)$$
$$= (40.5\sin 100\pi t - 4.50\sin 300\pi t + 1.62\sin 500\pi t)\,\text{V}$$

8.1.4 非正弦周期函数的傅里叶级数查表求法

在实际工程中，往往不用系数公式计算系数来获得傅里叶级数展开式，而是用查表的方法来获得展开式。表 8-1 就是几个典型的非正弦周期函数的傅里叶级数展开式。

表 8-1 几个典型的非正弦周期函数的傅里叶级数展开式

$f(t)$ 波形图	傅里叶级数展开式
(半波整流波形)	$f(t) = \dfrac{2A_m}{\pi}\left(\dfrac{1}{2} + \dfrac{\pi}{4}\cos \omega t + \dfrac{1}{1\times 3}\cos 2\omega t - \dfrac{1}{3\times 5}\cos 4\omega t + \dfrac{1}{5\times 7}\cos 6\omega t - \cdots + \cdots - \dfrac{\cos\frac{k\pi}{2}}{k^2 - 1}\cos k\omega t + \cdots\right)$ $(k = 2, 4, 6, \cdots)$
(全波整流波形)	$f(t) = \dfrac{2A_m}{\pi}\left(\dfrac{1}{2} + \dfrac{1}{1\times 3}\cos 2\omega t - \dfrac{1}{3\times 5}\cos 4\omega t + \cdots - \dfrac{\cos\frac{k\pi}{2}}{k^2 - 1}\cos k\omega t + \cdots\right)$ $(k = 2, 4, 6, \cdots)$
(方波)	$f(t) = \dfrac{4}{\pi}A_m\left(\sin \omega t + \dfrac{1}{3}\sin 3\omega t + \dfrac{1}{5}\sin 5\omega t + \cdots\right)$
(锯齿波)	$f(t) = \dfrac{2}{\pi}A_m\left(\sin \omega t - \dfrac{1}{2}\sin 2\omega t + \dfrac{1}{3}\sin 3\omega t - \cdots\right)$
(锯齿波)	$f(t) = \dfrac{A_m}{2} - \dfrac{A_m}{\pi}\left(\sin \omega t + \dfrac{1}{2}\sin 2\omega t + \dfrac{1}{3}\sin 3\omega t + \cdots\right)$
(三角波)	$f(t) = \dfrac{8A_m}{\pi^2}\left(\sin \omega t - \dfrac{1}{9}\sin 3\omega t + \dfrac{1}{25}\sin 5\omega t + \cdots\right)$
(三角波)	$f(t) = \dfrac{8A_m}{\pi^2}\left(\cos \omega t + \dfrac{1}{9}\cos 3\omega t + \dfrac{1}{25}\cos 5\omega t + \cdots\right)$
(梯形波)	$f(t) = \dfrac{4A_m}{a\pi}\left(\sin a\sin \omega t + \dfrac{1}{9}\sin 3a\sin 3\omega t + \dfrac{1}{25}\sin 5a\sin 5\omega t + \cdots + \dfrac{1}{k^2}\sin ka\sin k\omega t + \cdots\right)(k=1,3,5,\cdots)$

8.2 非正弦周期量的基本知识

8.2.1 有效值、平均值、平均功率概述

1. 有效值

周期函数 $f(t)$ 的有效值定义式为

$$F = \sqrt{\frac{1}{T}\int_0^T f^2(t)\,dt}$$

以周期电流为例,有效值定义式为

$$I = \sqrt{\frac{1}{T}\int_0^T i^2\,dt}$$

下面介绍非正弦周期信号的有效值与各次谐波有效值的关系。若将电流 i 分解成傅里叶级数,有

$$i = I_0 + I_{1m}\sin(\omega t + \varphi_1) + I_{2m}\sin(2\omega t + \varphi_2) + \cdots + I_{km}\sin(k\omega t + \varphi_k) = I_0 + \sum_{k=1}^{\infty} I_{km}\sin(k\omega t + \varphi_k)$$

将该表达式代入电流 i 的有效值定义式,则得

$$I = \sqrt{\frac{1}{T}\int_0^T \left[I_0 + \sum_{k=1}^{\infty} I_{km}\sin(k\omega t + \varphi_k)\right]^2 dt}$$

将该式积分号内直流分量与各次谐波之和的平方展开,结果有以下 4 种类型,即

$$\frac{1}{T}\int_0^T I_0^2\,dt = I_0^2$$

$$\frac{1}{T}\int_0^T I_{km}^2\sin^2(k\omega t + \varphi_k)\,dt = \frac{I_{km}^2}{2} = I_k^2$$

$$\frac{1}{T}\int_0^T 2I_0 I_{km}\sin(k\omega t + \varphi_k)\,dt = 0$$

$$\frac{1}{T}\int_0^T 2I_{km}\sin(k\omega t + \varphi_k)I_{qm}\sin(q\omega t + \varphi_q)\,dt = 0 \quad (k \neq q)$$

因此,电流 i 的有效值为

$$I = \sqrt{I_0^2 + \sum_{k=1}^{\infty} I_k^2} = \sqrt{I_0^2 + I_1^2 + I_2^2 + \cdots + I_k^2 + \cdots} \tag{8-5}$$

同理,非正弦周期电压的有效值为

$$U = \sqrt{U_0^2 + \sum_{k=1}^{\infty} U_k^2} = \sqrt{U_0^2 + U_1^2 + U_2^2 + \cdots + U_k^2 + \cdots} \tag{8-6}$$

所以,非正弦周期电流和电压的有效值等于各次谐波有效值二次方和的二次方根。各次谐波有效值与最大值之间的关系为

$$I_k = \frac{I_{km}}{\sqrt{2}}, \quad U_k = \frac{U_{km}}{\sqrt{2}} \tag{8-7}$$

【例 8-3】 已知非正弦周期电流的傅里叶级数展开式为 $i = (100 - 63.7\sin\omega t - 31.8\sin2\omega t - 21.1\sin3\omega t)$A，求其有效值。

解： 先求各次谐波有效值如下：

$$I_0 = 100\text{A}, \ I_1 = \frac{63.7}{\sqrt{2}}\text{A} = 45\text{A}, \ I_2 = \frac{31.8}{\sqrt{2}}\text{A} = 22.5\text{A}, \ I_3 = \frac{21.2}{\sqrt{2}}\text{A} = 15\text{A}$$

由式（8-5）得

$$I = \sqrt{I_0^2 + I_1^2 + I_2^2 + I_3^2} = (\sqrt{100^2 + 45^2 + 22.5^2 + 15^2})\text{A} = 112.9\text{A}$$

所以电流 i 的有效值为 112.9A。

2. 平均值

在实践中还会用到平均值的概念。以电流为例，其定义为

$$I_{\text{av}} = \frac{1}{T}\int_0^T |i|\,\mathrm{d}t \tag{8-8}$$

即非正弦周期电流的平均值等于此电流绝对值的平均值。式（8-8）也称为整流平均值，它相当于正弦电流经全波整流后的平均值。例如，当 $i = I_m\sin\omega t$ 时，其平均值为

$$I_{\text{av}} = \frac{1}{T}\int_0^T |i|\,\mathrm{d}t = \frac{1}{T}\int_0^T |I_m\sin\omega t|\,\mathrm{d}t = \frac{2}{T}\int_0^{\frac{T}{2}} |I_m\sin\omega t|\,\mathrm{d}t$$

$$= \frac{2I_m}{\pi} = 0.637 I_m = 0.898 I$$

同理，电压平均值的表示式为

$$U_{\text{av}} = \frac{1}{T}\int_0^T |u|\,\mathrm{d}t \tag{8-9}$$

非正弦交流电路中的直流分量和平均值是两个不同的概念，应加以区分。非正弦周期波 $f(t)$ 的直流分量，就是在一个周期 T 时间内 $f(t)$ 的平均值，即

$$A_0 = \frac{1}{T}\int_0^T f(t)\,\mathrm{d}t \tag{8-10}$$

比如对称于原点的非正弦周期波，没有直流分量，即 $f(t)$ 在一个周期中，正、负半周所包含的面积相等，式（8-10）积分为零（$A_0 = 0$）。偶函数波、半波重叠偶谐波和偶函数且半波重叠波等，式（8-10）积分均不为零（$A_0 \neq 0$），均有直流分量。A_0 可以通过在一个周期中正、负半周所包含面积之差来计算。

3. 平均功率

设有一个二端网络，在非正弦周期电压 u 的作用下产生非正弦周期电流 i，若选择电压和电流的方向一致，则此二端网络吸收的瞬时功率和平均功率为

$$p = ui = \frac{1}{T}\int_0^T p\,\mathrm{d}t = \frac{1}{T}\int_0^T ui\,\mathrm{d}t$$

若一个二端网络，端口的非正弦周期电压和电流展开成傅里叶级数分别为

$$u = U_0 + \sum_{k=1}^{\infty} U_{km}\sin(k\omega t + \varphi_{ku})$$

$$i = I_0 + \sum_{k=1}^{\infty} I_{km}\sin(k\omega t + \varphi_{ki})$$

则二端网络吸收的平均功率为

$$P = \frac{1}{T}\int_0^T \left[U_0 + \sum_{k=1}^{\infty} U_{km}\sin(k\omega t + \varphi_{ku}) \right] \left[I_0 + \sum_{k=1}^{\infty} I_{km}\sin(k\omega t + \varphi_{ki}) \right] dt$$

将该式积分号内两个积数的乘积展开，可分别计算各乘积项在一个周期内的平均值。二端网络吸收的平均功率为

$$P = U_0 I_0 + \sum_{k=1}^{\infty} U_k I_k \cos\varphi_k = P_0 + \sum_{k=1}^{\infty} P_k$$
$$= P_0 + P_1 + P_2 + \cdots + P_k + \cdots \tag{8-11}$$

式中，$P_k = U_k I_k \cos(\varphi_{ku} - \varphi_{ki}) = U_k I_k \cos\varphi_k$，是 k 次谐波的平均功率，$\varphi_k = \varphi_{ku} - \varphi_{ki}$。

综上所述，可得以下结论：

1）非正弦交流电路的平均功率，等于直流分量功率和各次谐波平均功率之和。在非正弦交流电路中，不同频率的各次谐波平均功率满足叠加性，而在直流电路和单一频率多电源正弦交流电路中的有功功率不满足叠加性。

2）在非正弦交流电路中，同次谐波电压和电流形成平均功率，而不同次谐波电压和电流不形成平均功率。这是由于三角函数的正交性所决定的。

【例 8-4】 已知流过 10Ω 电阻的电流为 $i = (10 + 28.28\cos t + 14.14\cos 2t)$A。试求其平均功率。

解： 根据式（8-10）可得

$$P = P_0 + P_1 + P_2 = I_0^2 R + I_1^2 R + I_2^2 R = (I_0^2 + I_1^2 + I_2^2)R$$

$$= \left\{ 10\left[10^2 + \left(\frac{28.28}{\sqrt{2}}\right)^2 + \left(\frac{14.14}{\sqrt{2}}\right)^2 \right] \right\}W = 6000W$$

8.2.2 有效值、平均值、平均功率的计算

在进行非正弦周期电路的有效值、平均值和平均功率的计算时应注意：等效正弦量的有效值应等于已知非正弦周期量的有效值；等效正弦量的频率应等于非正弦周期量的频率；在等效正弦量代替非正弦周期电压和电流后，其功率必须等于电路的实际功率。

【例 8-5】 已知某无源二端网络电流为 $i = [1 + 0.707\sin(\omega t - 20°) + 0.424\sin(2\omega t + 50°)]$A，端电压为 $u = [50 + 84.6\sin(\omega t + 30°) + 56.6\sin(2\omega t + 10°)]$V。求二端网络吸收的平均功率。

解： 首先确定各等效正弦量的频率和振幅（或有效值），再确定等效正弦量的初相位，然后根据式（8-11）可得

$$P = \left[50 \times 1 + \frac{84.6}{\sqrt{2}} \times \frac{0.707}{\sqrt{2}}\cos(30° + 20°) + \frac{56.6}{\sqrt{2}} \times \frac{0.424}{\sqrt{2}}\cos(10° - 50°) \right]W$$

$$= [50 + 30\cos 50° + 12\cos(-40°)]W = 78.5W$$

【例 8-6】 设图 8-7a 所示电路中 $U_{S1} = 10V$，$u_{S2} = 20\sqrt{2}\sin\omega t$V，$i_S = (2 + 2\sqrt{2}\sin\omega t)$A，$\omega = 10$rad/s。试求电流源的端电压和有效值以及电流源发出的平均功率。

解： 首先考虑直流成分的作用。将电感短路、电容开路，画出直流电路模型如图 8-7b 所示。在电流源端电压中，直流分量为 $U_0 = (10 + 2 \times 2)V = 14V$，再令频率为 ω 的正弦电源

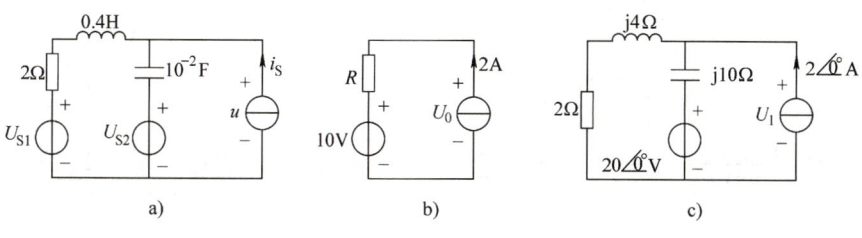

图 8-7 例 8-6 图

作用，电路的相量模型如图 8-7c 所示。

用节点法求电流源端电压相量 $\dot{U}_1$，有

$$\left[\frac{1}{(2+j4)} + \frac{1}{-j10}\right]\dot{U}_1 = \frac{20}{-j10} + 2$$

化简得

$$(0.1 - j0.1)\dot{U}_1 = (2 - j2)$$

解得

$$\dot{U}_1 = 20\angle 90°\text{ V}$$

电流源的端电压及其有效值分别为

$$u = U_0 + u = [14 + 20\sqrt{2}\sin(\omega t + 90°)]\text{V}$$

$$U = \sqrt{U_0^2 + U_1^2} = \sqrt{14^2 + 20^2}\text{V} = 24.4\text{V}$$

电流源发出的平均功率为

$$P = (14 \times 2 + 20 \times 2\cos 90°)\text{W} = 28\text{W}$$

8.3 非正弦周期电流电路的分析方法

在 8.1 节中，已介绍了谐波分析法的概念，它是非正弦周期电流电路计算的基本方法，把傅里叶级数、直流电路、交流电路的分析和计算方法以及叠加原理应用于非正弦的周期电路中，就可以对其电路进行分析和计算。具体步骤如下：

1）把给定的非正弦输入信号分解成直流分量和各次谐波分量，并根据精度的具体要求取前几项。

2）分别计算各谐波分量单独作用于电路时的电压和电流。但要注意电容和电感对各次谐波表现出来的感抗和容抗的不同，对于 k 次谐波有

$$X_{kL} = k\omega L, \quad X_{kC} = \frac{1}{k\omega C} \tag{8-12}$$

3）应用线性电路的叠加原理，将各次谐波作用下的电压或电流的瞬时值进行叠加。应注意的是，由于各次谐波的频率不同，所以不能用相量形式进行叠加。

【例 8-7】 图 8-8a 所示的矩形脉冲作用于如图 8-8b 所示的 RLC 串联电路，其中矩形脉冲的幅度为 100V，周期为 1ms，电阻 $R = 10\Omega$，电感 $L = 10\text{mH}$，电容 $C = 5\text{F}$。求电路中的电流 i 及平均功率。

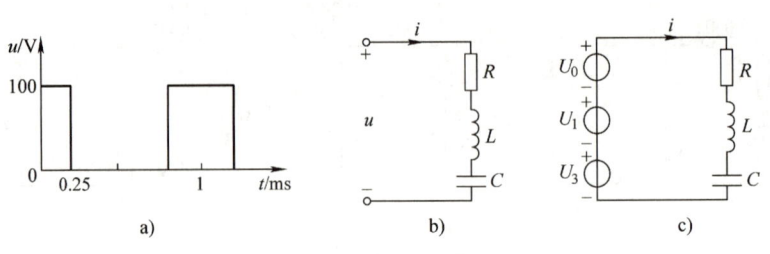

图 8-8　例 8-7 图

解：查表 8-1 可得矩形脉冲电压的傅里叶级数表达式为

$$u = \left[50 + \frac{200}{\pi}\left(\cos\omega t - \frac{1}{3}\cos 3\omega t + \cdots\right)\right]\text{V}$$

其中，基波频率 $\omega = 2\pi/T = 2\pi \times 10^3\,\text{rad/s}$，若取前 3 项，则有图 8-8c 所示的等效电路。

1）求直流分量。当 $U_0 = 50\text{V}$ 的直流电压作用于电路时，电感相当于短路，电容相当于开路，故 $I_0 = 0$。

2）求基波分量。

$$u_1 = \frac{200}{\pi}\cos\omega t\,\text{V} = 63.7\sin(\omega t + 90°)\,\text{V}$$

$$\dot{U}_{1m} = 63.7\angle 90°\,\text{V}$$

$$Z_1 = R + j\left(\omega L - \frac{1}{\omega C}\right) = (10 + j31)\,\Omega = 32.6\angle 72.1°\,\Omega$$

$$\dot{I}_{1m} = \frac{\dot{U}_{1m}}{Z_1} = \frac{63.7\angle 90°}{32.6\angle 72.1°}\,\text{A} = 1.95\angle 17.9°\,\text{A}$$

$$i_1 = 1.95\sin(\omega t + 17.9°)\,\text{A} = 1.95\cos(\omega t - 72.1°)\,\text{A}$$

3）求 3 次谐波分量。

$$u_3 = -\frac{200}{3\pi}\cos 3\omega t\,\text{V} = 21.2\sin(3\omega t - 90°)\,\text{V}$$

$$\dot{U}_{3m} = 21.2\angle -90°\,\text{V}$$

$$Z_3 = R + j\left(3\omega L - \frac{1}{3\omega C}\right) = (10 + j177.8)\,\Omega = 178.1\angle 86.8°\,\Omega$$

$$\dot{I}_{3m} = \frac{\dot{U}_{3m}}{Z_3} = \frac{21.2\angle -90°}{178.1\angle 86.8°}\,\text{A} = 0.12\angle -176.8°\,\text{A}$$

$$i_3 = 0.12\sin(3\omega t - 176.8°)\,\text{A} = 0.12\cos(3\omega t + 93.2°)\,\text{A}$$

4）将各次谐波分量的瞬时值叠加得

$$i = i_0 + i_1 + i_3 = [1.95\cos(\omega t - 72.1°) + 0.12\cos(3\omega t + 93.2°)]\,\text{A}$$

电路中的平均功率为

$$P = U_1 I_1 \cos \varphi_1 + U_3 I_3 \cos \varphi_3$$

$$= \left[\frac{63.7}{\sqrt{2}} \times \frac{1.95}{\sqrt{2}} \cos (72.1°) + \frac{21.2}{\sqrt{2}} \times \frac{0.12}{\sqrt{2}} \cos (86.8°) \right] \text{W}$$

$$= 19.2 \text{W}$$

8.4 实践项目 信号的傅里叶级数仿真

项目目的

通过本项目，巩固非正弦周期函数的知识，加深理解用傅里叶级数分析方法分析电路；学会设计仿真电路，并进行仿真分析。

设备材料

计算机（装有 Multisim 14.0 仿真软件）1 台。

8.4.1 任务1 方波信号电路的傅里叶分析

操作步骤如下：

1）按照图 8-9 所示设计电路，根据方波的傅里叶展开式，有

$$f(t) = \frac{4}{\pi} A_\text{m} \left(\sin\omega t + \frac{1}{3}\sin 3\omega t + \frac{1}{5}\sin 5\omega t + \cdots \right)$$

设方波的峰-峰值为 $U_{1\text{pp}} = 1.573\text{V}$，幅值为 $U_{1\text{m}} = 0.786\text{V} \approx \frac{\pi}{4}\text{V}$，方波频率为 1kHz，则

$$\omega = 2\pi f = 6283 \text{rad/s}$$

该方波的傅里叶展开式为

$$f(t) = \left(\sin\omega t + \frac{1}{3}\sin 3\omega t + \frac{1}{5}\sin 5\omega t + \cdots \right)$$

因此，基波幅值为 1，3 次谐波幅值为 1/3，5 次谐波幅值为 1/5，7 次谐波幅值为 1/7，…。

2）在菜单栏选择"仿真→Analyses and Simulation（A）→傅里叶分析"，打开傅里叶分析界面。在该界面有 4 个分支选项：分析参数、输出、分析选项和求和。在"输出"分支选项中选择 V（1）、V（2）变量，其他选项默认就可以。

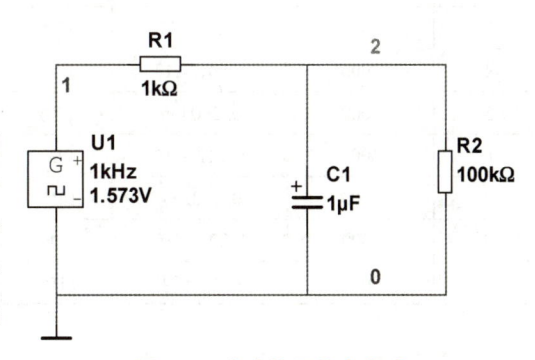

图 8-9 方波信号仿真电路

3）设置好之后，单击"运行"按钮进行仿真分析，弹出"图示仪视图"窗口，如图 8-10 所示。单击工具栏的 选择白色背景，适当拖拽窗口，观察数据和曲线。从图中可以看到各次谐波的电压大小。把数据整理填写到表 8-2 中，计算出各个频率信号的幅值与原始信号幅值之比。对比 V（1）、V（2）数据可以看出，经过电容滤波后，高次谐波幅值下降得更多。

a) V（1）窗口　b) V（2）窗口

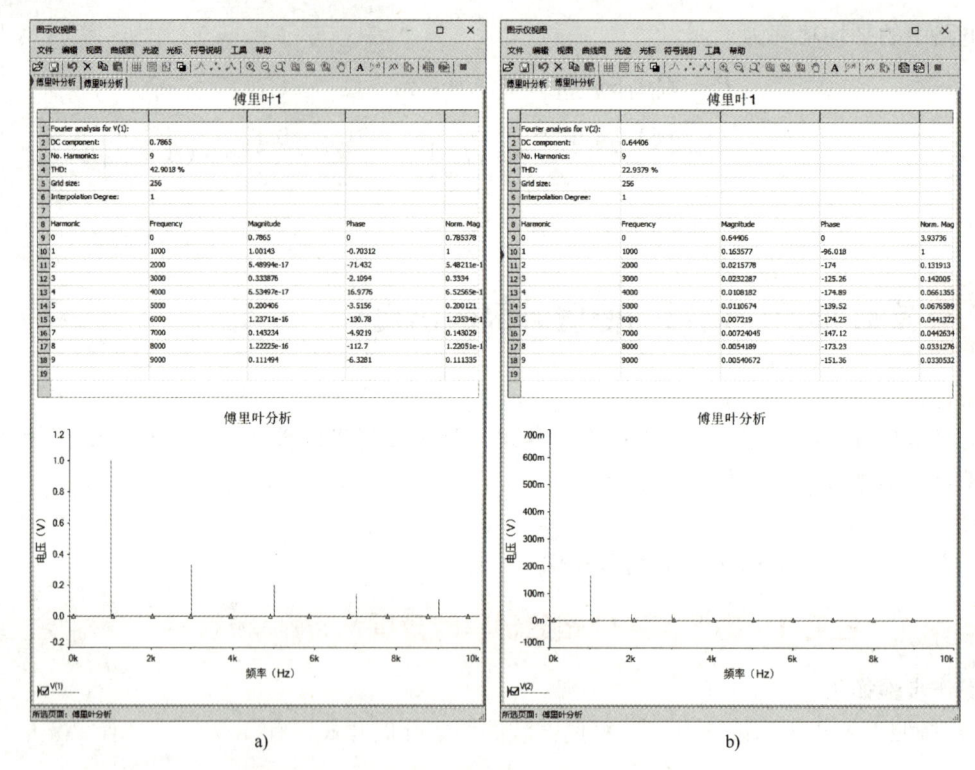

图 8-10　方波傅里叶分析"图示仪视图"窗口

表 8-2　方波电路的傅里叶仿真数据

	V（1）方波				V（2）（R2 电压）		
序号	频率/Hz	幅值/V	比率	序号	频率/Hz	幅值/V	比率
1	1000	1.00143	100%	1	1000	0.163577	100%
2	2000	5.49E−17	0%	2	2000	0.021578	13%
3	3000	0.333876	33%	3	3000	0.023229	14%
4	4000	6.53E−17	0%	4	4000	0.010818	7%
5	5000	0.200406	20%	5	5000	0.011067	7%
6	6000	1.24E−16	0%	6	6000	0.007219	4%
7	7000	0.143234	14%	7	7000	0.00724	4%
8	8000	1.22E−16	0%	8	8000	0.005419	3%
9	9000	0.111494	11%	9	9000	0.005407	3%

8.4.2　任务2　三角波信号电路的傅里叶分析

1. 操作步骤

1）按照图8-11所示设计电路，根据三角波的傅里叶展开式，有

$$f(t) = \frac{8A_m}{\pi^2}\left(\sin\omega t - \frac{1}{9}\sin 3\omega t + \frac{1}{25}\sin 5\omega t + \cdots\right)$$

设置三角波频率为 1kHz,峰-峰值为 $U_{2pp}=2.468\text{V}$,则幅值 $U_{2m}=1.234\text{V}\approx\dfrac{\pi^2}{8}\text{V}$,则

$$\omega=2\pi f=6283\text{rad/s}$$

该三角波的傅里叶展开式为

$$f(t)=\left(\sin\omega t-\frac{1}{9}\sin3\omega t+\frac{1}{25}\sin5\omega t+\cdots\right)$$

因此,基波幅值为 1,3 次谐波幅值为 1/9,5 次谐波幅值为 1/25,7 次谐波幅值为 1/49,……。

2)与方波仿真步骤一致,在菜单栏选择"仿真"→"Analyses and Simulation"→"傅里叶分析",打开傅里叶分析界面。在该界面有 4 个分支选项:分析参数、输出、分析选项和求和。在"输出"分支选项中选择 V(1)、V(2)变量,其他选项默认就可以。

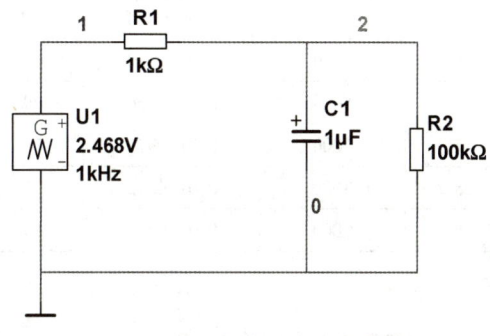

图 8-11 三角波信号仿真电路

3)设置好之后,单击"运行"按钮进行仿真分析,弹出"图示仪视图"窗口,如图 8-12 所示,从图中可以看到各次谐波的电压大小。把数据整理填写到表 8-3 中,计算出各个频率信号的幅值与原始信号幅值之比。对比 V(1)、V(2)数据同样可以看出,经过电容滤波后,高次谐波幅值下降得更多。

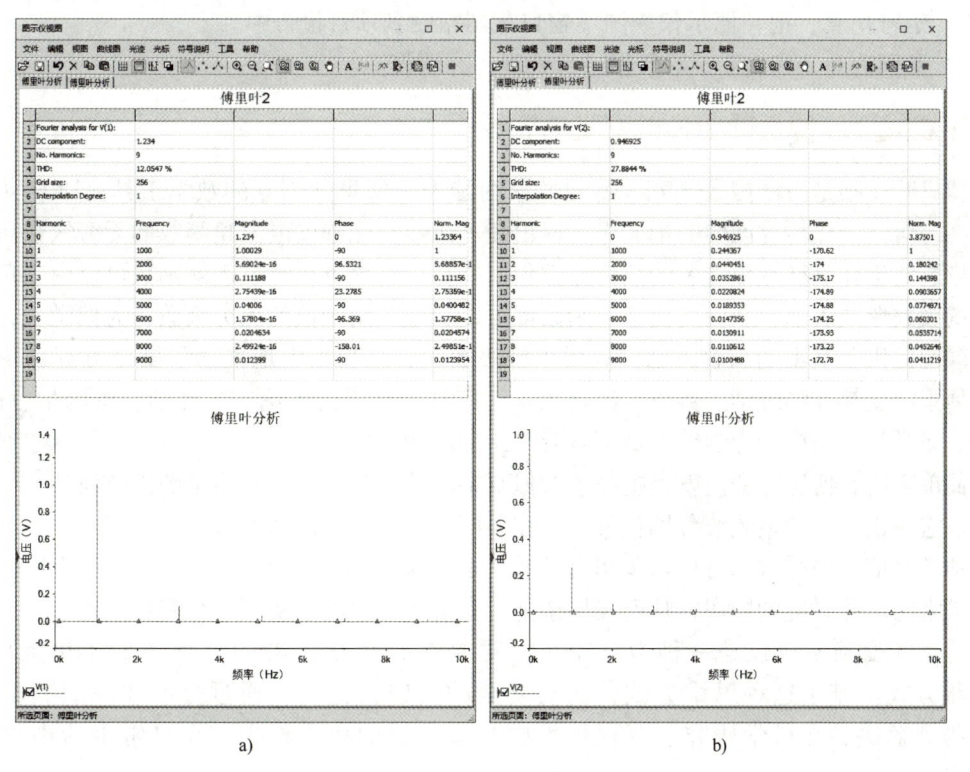

图 8-12 三角波傅里叶分析"图示仪视图"窗口
a) V(1)窗口 b) V(2)窗口

表 8-3　三角波电路的傅里叶仿真数据

序号	V（1）三角波 频率/Hz	幅值/V	下降率	序号	V（2）（R2 电压）频率/Hz	幅值/V	下降率
1	1000	0.244367	100%	1	1000	0.163577	100%
2	2000	0.0440451	0%	2	2000	0.021578	18%
3	3000	0.0352861	11%	3	3000	0.023229	14%
4	4000	0.0220824	0%	4	4000	0.010818	9%
5	5000	0.0189353	4%	5	5000	0.011067	8%
6	6000	0.0147356	0%	6	6000	0.007219	6%
7	7000	0.0130911	2%	7	7000	0.00724	5%
8	8000	0.0110612	0%	8	8000	0.005419	5%
9	9000	0.0100488	1%	9	9000	0.005407	4%

2. 思考题

1）参考方波和三角波仿真过程，自行设计其他非正弦周期电路的仿真电路，并记录仿真结果。

2）电路中电容的大小对仿真结果有什么影响？

3. 项目报告

1）画出实验电路原理图，复制仿真电路和波形图并粘贴到项目报告中。

2）运行仿真，把"图示仪视图"窗口截图粘贴到项目报告中。

3）参照表 8-2 和表 8-3 对数据进行处理，并填表。

拓展阅读：傅里叶变换的意义

傅里叶变换是由法国数学家、物理学家约瑟夫·傅里叶创立的数学工具。1807 年，傅里叶在一篇关于热传导问题的论文中，提出任一函数都能够展成三角函数的无穷级数。傅里叶的创造性工作是推导出著名的热传导方程，并在求解该方程时发现解函数可以由三角函数构成的级数形式表示，从而提出任一函数都可以展成三角函数的无穷级数，为偏微分方程的边值问题提供了基本的求解方法——傅里叶级数法，从而极大地推动了微分方程理论的发展。傅里叶变换在物理学、数论、组合数学、信号处理、概率论、统计学、密码学、声学、光学、海洋学、结构动力学等领域都有着广泛的应用。

简单来讲，傅里叶变换就是把一个看似复杂的信号分解成许多简单的正弦波和余弦波的组合。这些正弦波和余弦波分别代表信号在不同频率下的振荡情况，通过分解可以帮助人们更好地了解信号的结构和特性。傅里叶变换的目的就是找出这些基本正弦（余弦）信号中振幅较大的信号对应的频率，从而找出杂乱无章的信号中的主要振动频率特点。

傅里叶变换不仅仅是一种数学工具，更是一种哲学思考的体现，是"化繁为简"的思维方式。基于这种思维方式，面对复杂的问题，也可以通过分解和理解其基本成分来得到解决，在科学研究、工程技术中具有广泛的启示作用，在日常生活中也有重要意义。

8.5 习题

8.1 求图 8-13 所示周期信号的傅里叶级数展开式。

8.2 求图 8-14 所示周期信号的傅里叶级数展开式。

8.3 试将图 8-15 所示的方波信号 $f(t)$ 展开为傅里叶级数。

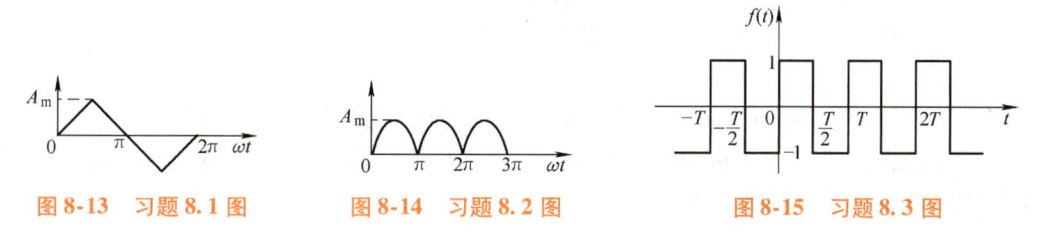

图 8-13 习题 8.1 图   图 8-14 习题 8.2 图   图 8-15 习题 8.3 图

8.4 已知 $i_1 = 3\cos(3\omega t + 60°)$A，$i_2 = [5 + 4\sqrt{2}\cos(\omega t + 30°)]$A，$i_3 = 3\cos(3\omega t + 45°)$A，3 个电流同时流入一电磁系电流表。求电磁系电流表的读数。提示：电磁系仪表测量的是有效值，刻度满足 $\alpha \propto \dfrac{1}{T}\int_0^T i^2 \mathrm{d}t$ 的关系。

8.5 铁心线圈是一种非线性元件，将其接在正弦电压上，它所取的电流是非正弦周期电流。设加在铁心线圈上电流为 $i = [0.8\sin(314t - 85°) + 0.25\sin(942t - 105°)]$A 不是正弦量，正弦电压为 $u = 311\sin 314t$V。试求等效正弦电流。

8.6 图 8-16a 中的 LC 构成了滤波电路，其中 $L = 5$H，$C = 10\mu$F，设其输入为图 8-16b 所示的正弦全波整流电压，电压振幅 $U_m = 150$V，整流前的工频正弦电压角频率为 100πrad/s，负载电阻 $R = 2$kΩ。求电感电流 i 和负载端电压 u_{cd}。

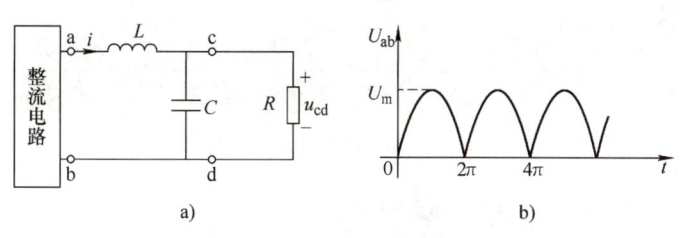

图 8-16 习题 8.6 图
a) LC 滤波电路 b) 正弦全波整流电压

附录 A Multisim 与电路仿真

Multisim 是美国国家仪器（National Instruments，NI）有限公司产品，是基于 Windows 操作系统的电子电路仿真软件。经过多年的发展，该软件已经有多个版本，目前使用比较普遍的是 Multisim 14.0 版本，为此这里主要介绍应用 Multisim 14.0 该软件进行电路仿真分析的方法。

1. Multisim 14.0 仿真软件界面

双击 NI_Circuit_Design_Suite_14_0 安装包，解压后安装 Multisim 14.0，安装界面如图 A-1 所示，选择"NI Circuit Design Suite 14.0"进行安装。安装后，Multisim 在"开始"菜单中的位置如图 A-2 所示。

图 A-1 Multisim 14.0 安装界面

图 A-2 Multisim 在"开始"菜单中的位置

安装路径默认为 C:\Program Files（x86）\National Instruments\Circuit Design Suite 14.0。

在"开始"菜单中的 NI Multisim 14.0 上单击鼠标左键，打开图 A-3 所示的 Multisim 14.0 仿真软件界面。可以看到该界面与 Windows 操作系统下的其他应用软件非常类似，从上到下依次是标题栏、菜单栏、工具栏和元器件栏。其中，标题栏显示的是设计电路的名称，默认为"设计1"，单击保存，可以修改名称，比如修改为"直流电路仿真"。界面中主要部分是电路设计区，在这个区域里进行仿真电路的图形化设计。电路设计区的左侧是设计工具箱，默认显示所有打开的仿真文件，该窗口也可以关闭；电路设计区的右侧为仪器栏；下边是电子表格栏，有"结果""网络""元器件""敷铜层""仿真"等选项。Multisim 14.0 仿真软件界面与 Windows 操作系统下的其他文件图标一样，当把光标移到任意一个图标上时，稍待片刻就会出现相应的解释。

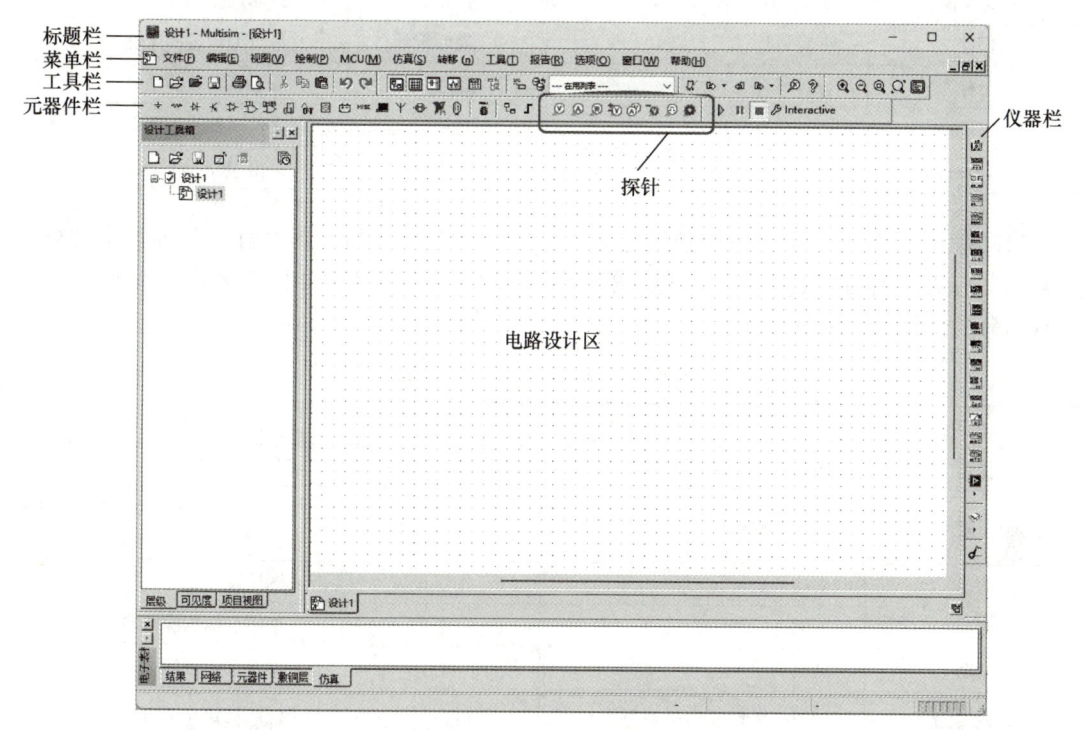

图 A-3　Multisim 14.0 仿真软件界面

（1）菜单栏

菜单栏位于界面上方，标题栏之下。通过菜单可以对 Multisim 14.0 的功能进行操作。菜单中有些与大多数 Windows 平台上的应用软件一致，如"文件""编辑""视图""窗口""帮助"等；还有一些该软件专用的选项，如"绘制""MCU""仿真""转移""工具""报告""选项"等。每个菜单下面又有很多选项。为了方便读者使用，以表格形式列出，并简单说明各项菜单命令功能，具体见表 A-1～表 A-9。另外还有一些非常重要的选项，在后文会以实例形成进行详细介绍。

1）"文件"菜单：主要用于管理所创建的电路文件，如打开、保存和打印等，与一般 Windows 应用软件基本相同，具体见表 A-1。

表 A-1 "文件"菜单命令功能

命令	功能	命令	功能
设计	新建电路设计	片断	将所选内容保存为片断、将有效设计保存为片断、粘贴片断、打开片断文件
打开	打开电路设计	项目与打包	项目的新建、打开、保存、关闭；项目打包、项目解包、项目升级、版本控件
打开样本	打开设计例子	打印	打印设计的电路图
关闭	关闭当前设计	打印预览	打印预览
全部关闭	关闭所有设计	打印选项	打印选项
保存	保存设计	最近设计	最近编辑过的文件
另存为	设计另存为	最近项目	最近编辑过的项目
全部保存	全部保存文档	文件信息	文件名称、版本创建日期等
Export template	导出模板	退出	退出 Multisim

2)"编辑"菜单：在电路绘制过程中，主要用于对电路和元器件进行各种技术性处理，如复制、剪切、粘贴等大多数命令与一般 Windows 应用软件基本相同，还有一些是 Multisim 特有的命令，具体见表 A-2。

表 A-2 "编辑"菜单命令功能

命令	功能	命令	功能
撤销	撤销最后一次操作	次序	拿到前面、送到后面
重复	重复上次操作	图层赋值	可赋值为错误标记、探针状态、解释、文本/图形
剪切	剪切	图层设置	图层设置
复制	复制	方向	选中目标的旋转和翻转
粘贴	粘贴	对齐	对齐选中目标
选择性粘贴	粘贴支电路、本页连接器、不重命名的情况下粘贴	标题块位置	标题栏位置设置
删除	删除	编辑符号/标题块	编辑符号/标题栏
删除多页	删除多页	字体	字体设置
全部选择	全部选择	注释	注释
查找	查找	表单/问题	表单等相关编辑
合并所选总线	合并所选总线	属性	网络名称、PCB 设置、仿真设置、高级命名
图形注解	填充色、画笔颜色、画笔样式、填充样式、箭头		

3)"视图"菜单：用于电路设计界面的显示项的选择、电路图的缩放、工作窗口网格和边界显示等。比如勾选"设计工具箱"选项，在图 A-3 的左边就显示设计工具箱，不勾选，则设计工具箱关闭。软件安装好之后，有些选项已经默认勾选，使用时无须修改。"视

图"菜单下的"工具栏"选项展开后,可以进行工具栏等各个选项的显示设置,如图 A-3 上边的工具栏、元器件栏和右边的仪器栏。"视图"菜单命令功能见表 A-3。

表 A-3 "视图"菜单命令功能

命令	功能	命令	功能
全屏	全屏显示	标尺	显示/隐藏标尺栏
母电路图	切换到母电路	状态栏	打开/关闭运行状态,在窗口右下边
放大	放大	设计工具箱	打开/关闭设计工具箱
缩小	缩小	电子表格视图	打开/关闭电子表格,在窗口下边
缩放区域	缩放点中区域	SPICE 网表查看器	打开/关闭 SPICE 网表查看器
缩放页面	窗口显示完整电路	LabVIEW 协同仿真终端	打开/关闭 LabVIEW 协同仿真终端
缩放到大小	自定义缩放大小	Circuit Parameters	打开/关闭电路参数栏
缩放所选内容	缩放所选内容	描述框	打开/关闭描述框
网格	显示/隐藏网格	工具栏	显示/隐藏工具栏
边界	显示/隐藏边界	显示注释/探针	显示/隐藏注释/探针
打印页边界	显示/隐藏纸张边界	图示仪	打开/关闭图示仪视图

4)"绘制"菜单:在电路窗口内放置元器件、探针、节点、导线、总线、文本等命令。但是放置元器件、探针等,用图 A-3 上边的元器件栏和探针更为方便。"绘制"菜单命令功能见表 A-4。

表 A-4 "绘制"菜单命令功能

命令	功能	命令	功能
元器件	放置元器件	新建支电路	放置子电路
Probe	放置探针	用支电路替换	用子电路替换
节点	放置节点	多页	多页设置
导线	放置导线	总线向量连接	放置总线向量连接
总线	放置总线	注释	放置注释
连接器	放置连接器	文本	放置文字
新建层次块	新建一个层次块	图形	放置图形
层次块来自文件	选一个层次块文件	Circuit Parameter Legend	电路参数图例
用层次块替换	由一个层次块替换	标题块	放置标题块

5)"MCU"菜单:Multisim 中的单片机仿真功能,可以与 Multisim 中的 SPICE 模型电路协同仿真。该部分内容与本书的电路仿真无关,此处不再赘述。

6)"仿真"菜单:提供电路仿真设置与操作命令等,Multisim 仿真功能比较完善且功能强大,该部分内容非常重要,在后面还会详细介绍。"仿真"菜单命令功能见表 A-5。

表 A-5 "仿真"菜单命令功能

命令	功能	命令	功能
运行	运行仿真开关	NI ELVIS Ⅱ 仿真设置	NI ELVIS Ⅱ 相关的仿真设置
暂停	暂停仿真	后处理器	打开后处理器对话框
停止	停止仿真	仿真错误记录信息窗口	保存仿真错误记录/检查路径
Analyses and Simulation	选择分析和仿真方法	XSPICE 命令行界面	XSPICE 命令行输入界面
仪器	选择仿真仪器仪表	加载仿真设置	加载仿真设置文件
混合模式仿真设置	混合模式仿真设置	仿真设置	保存仿真设置文件
Probe settings	探针属性设置	自动故障选项	自动设置电路故障
翻转探针方向	翻转探针方向	清除仪器数据	清除仪表数据设置
Locate Reference Probe	定位参考探针	使用容差	全局元件容差

7)"转移"菜单:提供将仿真电路及仿真结果传递给其他文件处理的命令等,比如"转移到 Ultiboard(印制电路板绘制)"命令就是把仿真电路导出为印制电路板绘制电路。"转移"菜单命令功能见表 A-6。

表 A-6 "转移"菜单命令功能

命令	功能	命令	功能
转移到 Ultiboard	将仿真电路导出到 Ultiboard	导出到其他 PCB 布局文件	将仿真电路导出到其他 PCB 布局文件
正向注解到 Ultiboard	将注解转移到 Ultiboard	导出 SPICE 网表	输出电路仿真网表
从文件反向注解	从 Ultiboard 文件导入注解到仿真电路	高亮显示 Ultiboard 中的选择	将 Ultiboard 上的选项高亮显示

8)"工具"菜单:主要用于编辑或管理元器件和元件库。其命令功能见表 A-7。

表 A-7 "工具"菜单命令功能

命令	功能	命令	功能
元器件向导	按向导指引放置元器件	更新 HB/SC 符号	更新 HB/SC 符号
数据库	打开数据库窗口	电器法则查验	打开电器法则查验窗口进行电器法则查验
变体管理器	打开变体管理器窗口	清除 ERC 标记	清除 ERC 标记
设置有效变体	设置有效变体	切换 NC 标记	放置/清除 NC 标记
电路向导	根据向导指引创建典型电路(555 定时器、运算放大器等)	符号编辑器	打开符号编辑窗口进行符号编辑
SPICE 网表查看器	对仿真网表进行保存、选择、复制、打印等操作	标题块编辑器	打开标题块编辑窗口进行标题块编辑
元器件重命名/重新编号	对元器件进行重命名/重新编号等操作	描述框编辑器	打开电路描述窗口进行编写设计描述
替换元器件	替换元器件	捕获屏幕区	抓取屏幕中的区域
更新电路图上的元器件	更新电路图中的元器件	在线设计资源	打开在线设计资源链接

9)"报告"菜单：列出了 Multisim 可以输出的各种表格、清单，具体见表 A-8。

表 A-8 "报告"菜单命令功能

命令	功能	命令	功能
材料单	打开设计的材料单	交叉引用报表	打开设计的交叉引用报表
元器件详情报告	打开设计的元器件详情报告单	原理图统计数据	打开原理图统计数据报告
网表报告	打开设计的网表报告	多余门电路报告	打开多余门电路报告

10)"选项"菜单：用于定制电路的界面和电路某些功能的设定，其命令功能见表 A-9。

表 A-9 "选项"菜单命令功能

命令	功能	命令	功能
全局偏好	全局偏好设置	锁定工具栏	锁定/解除锁定工具栏
电路属性	电路属性设置	自定义界面	打开自定义窗口进行命令、工具栏、键盘、菜单、选项等设置

"选项"菜单下的"全局偏好"选项被选中时，打开图 A-4 所示的对话框。在该对话框有"路径""消息提示""保存""元器件""常规""仿真""预览"选项。一般情况下，全部使用默认设置就可以。特别要强调的是，其中的"元器件"中的"符号标准"选项可用来设置电路的图形符号标准，有两种可供选择，一个是 ANSI 标准（美国标准），另一个是 DIN 标准（德国标准）。两种标准的电路图形符号如图 A-5 所示，我国采用的是 DIN 标准，因此选择 DIN 选项。

图 A-4 "全局偏好"对话框

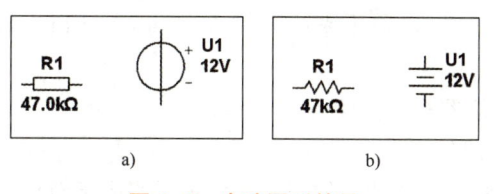

图 A-5 电路图形符号

a) DIN 标准　b) ANSI 标准

单击"选项"菜单下的"电路图属性"命令时，打开图 A-6 所示的对话框。在该对话框有"电路图可见性""颜色""工作区""布线""字体""PCB""图层设置"等选项，一般情况下，采用默认设置就可以，电路图页面大小默认为 A4，如果大小不合适，可在"工作区"选项卡进行修改。

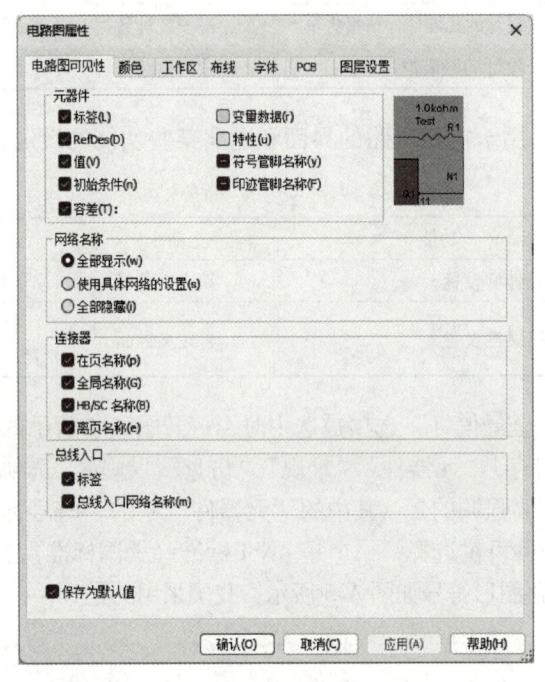

图 A-6 "电路图属性"对话框

（2）工具栏

Multisim 14.0 提供了多种工具栏，并以层次化的模式加以管理。通过"视图"菜单中的"工具栏"命令方便地将顶层工具栏打开或关闭，再通过顶层工具栏中的按钮来管理和控制下层工具栏；也可以在工具栏区域单击鼠标右键来勾选/去掉某个选项。通过工具栏，用户可以方便直接地使用软件的各项功能。默认打开的工具栏有 7 个，具体如下。

1）标准工具栏：该工具栏包含了常见的文件操作和编辑操作。

2）主工具栏：该工具栏是 Multisim 的核心工具栏，通过对该工具栏按钮的操作可以完成对电路从设计到分析的全部工作。

3）视图工具栏：该工具栏用于调整所编辑电路的视图大小。

4）Place probe（放置探针）栏：该工具栏用于放置探针和探针设置。

5）Simulation（仿真）栏：该工具栏用于控制电路仿真的开始、暂停、结束，最后一个"Interactive"选项用来打开"Analyses and Simulation"窗口，选择一种仿真模式。

此外还有元器件栏和仪器栏，后面单独介绍。

（3）Multisim 14.0 元器件栏

元器件栏也属于工具栏，元器件栏如图 A-7 所示，当光标滑到图 A-7 上的每个图标时，就会显示相应的名称。这里只介绍其中常见的库，其他的元器件库请读者在以后应用中自学。

附录 A　Multisim 与电路仿真

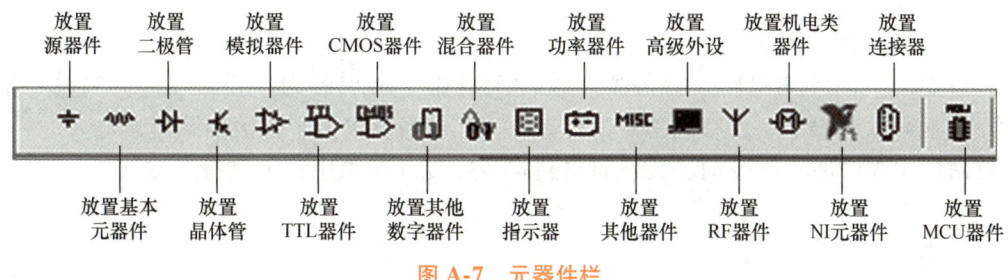

图 A-7　元器件栏

（4）仪器栏

仪器栏含有 21 种用来对电路工作状态进行测试的仪器仪表，习惯上将其工具栏放置于工作台的右边，如图 A-8 所示。从上至下，分别是"万用表""函数发生器""瓦特计""示波器""4 通道示波器""波特测试仪""频率计数器""字发生器""逻辑分析仪""逻辑变换器""IV 分析仪""失真分析仪""光谱分析仪""网络分析仪""Agilent 函数发生器""Agilent 万用表""Agilent 示波器""LabVIEW 仪器""NI ELVISmx 仪器""Tektronix 示波器""电流探针"。使用这些仪表时，可以从右边的仪器栏中选择仪表，也可以在"仿真"菜单下的"仪器"里面选择。

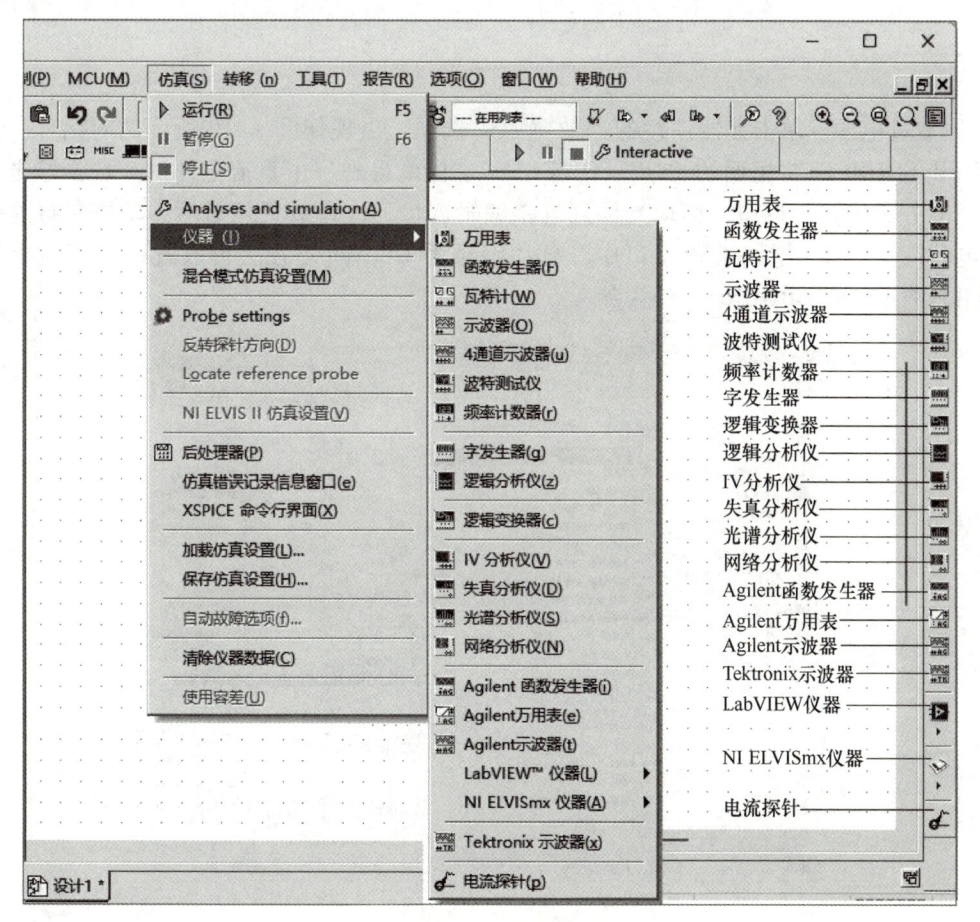

图 A-8　仪器栏

2. 仿真的应用

（1）直流电路的仿真

打开 Multisim 14.0 电路设计界面，设计工具箱中出现名为"设计 1"的文件，单击"保存"，将该文件命名，保存到指定文件夹下，文件名修改为"直流电路仿真"。

首次使用 Multisim 14.0 时，先设置电路符号标准。在菜单栏上选择"选项"→"全局偏好"，打开"全局偏好"对话框，在"元器件"选项卡的"符号标准"选择 DIN 选项，然后就可以进行电路设计了。

按照图 A-9 所示的电路进行设计，电路中有两个电压源、3 个电阻、两个电压表和 3 个电流表。按照以下步骤依次放入元器件完成电路设计。

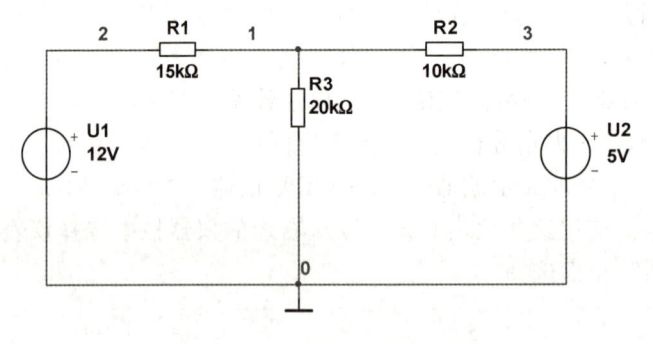

图 A-9　直流电路仿真图

1）放置电源。单击元器件栏的"放置源"选项，出现如图 A-10 所示的对话框。选择"POWER_SOURCES"里面的"DC_POWER"，这样就得到一个直流电压源。选择好电源符号后，单击"确认"按钮，移动光标到电路编辑窗口，选择放置位置后，单击鼠标左键即可将电源符号放置于电路编辑窗口中，自动编号为 U1。同样方法再放置一个直流电压源 U2，并放置一个"GROUND"作为参考点。

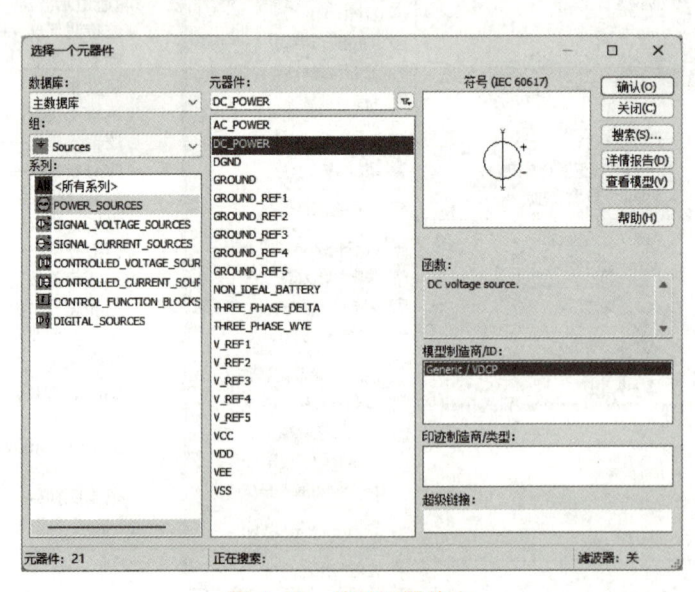

图 A-10　信号源器件库

2）设置电源属性。放置的电源符号显示的是 12V。双击该电源符号，出现如图 A-11 所示的属性对话框，在该对话框里，可以更改该元件的属性。将电压源 U2 的电压改为 5V，然后单击"确定"按钮完成对电压源 U2 的设置。电压源 U1 参数不变。

图 A-11　电源属性设置

3）放置电阻。单击"放置基本器件"弹出图 A-12 所示对话框，"系列"选项里选择"RESISTOR"，"元器件"选项里选择 15kΩ 电阻，单击"确认"按钮，移动光标到电路设计区，选择合适位置，单击鼠标左键，放置电阻；同样方法再放一个 10kΩ 电阻，然后选一个 20kΩ 电阻，单击"确认"按钮后，回到电路设计区，先不放置电阻，按下〈Ctrl + R〉键并把 20kΩ 电阻旋转 90°（在电阻选中的时候，按〈Ctrl + R〉键，可以旋转 90°），调整元器件到合适的位置。

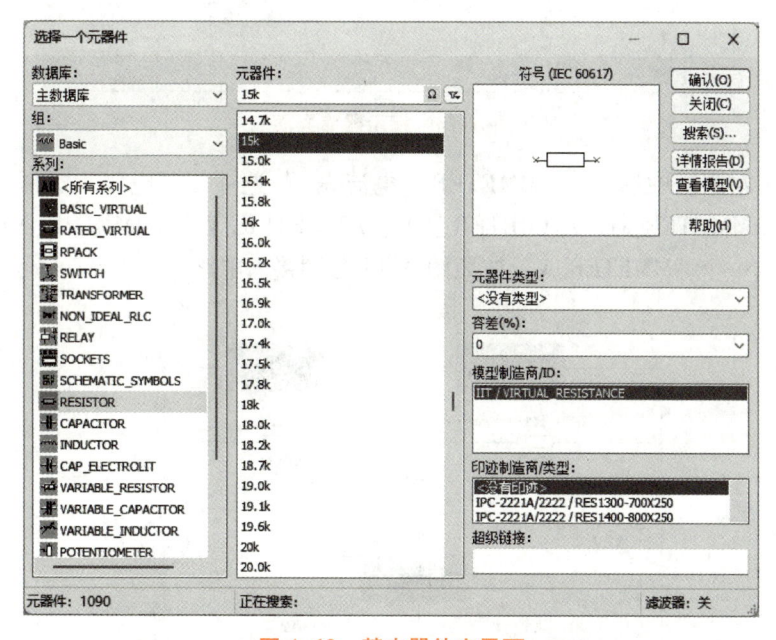

图 A-12　基本器件库界面

4）连线。连线有两种方法，一是两个元器件的端子靠近就会自动连接，然后再移动元器件到合适位置；二是将光标移动到元器件端子上，当光标指针变成✦时，单击鼠标左键，然后移动光标到另一个元器件的端子上，出现小红点后再单击鼠标左键，两个端子就连接好了。如果想要删除这根导线，将光标移动到该导线的任意位置，单击鼠标右键，选择"删除"即可将该导线删除，或者选中导线，直接按键盘上的〈Delete〉键删除。

5）放置电压表、电流表。在元器件栏，单击"放置指示器"，打开指示器库界面，如图 A-13 所示，在左侧栏中选择"VOLTMETER（电压表）"选项，其中有 4 个电压表，分别是 VOLTMETER_H（水平放置——左正右负）、VOLTMETER_HR（水平放置——左负右正）、VOLTMETER_V（垂直放置——上正下负）、VOLTMETER_VR（垂直放置——上负下正）。选择两个 VOLTMETER_H 电压表，分别测量电阻 R1、R2 的电压。

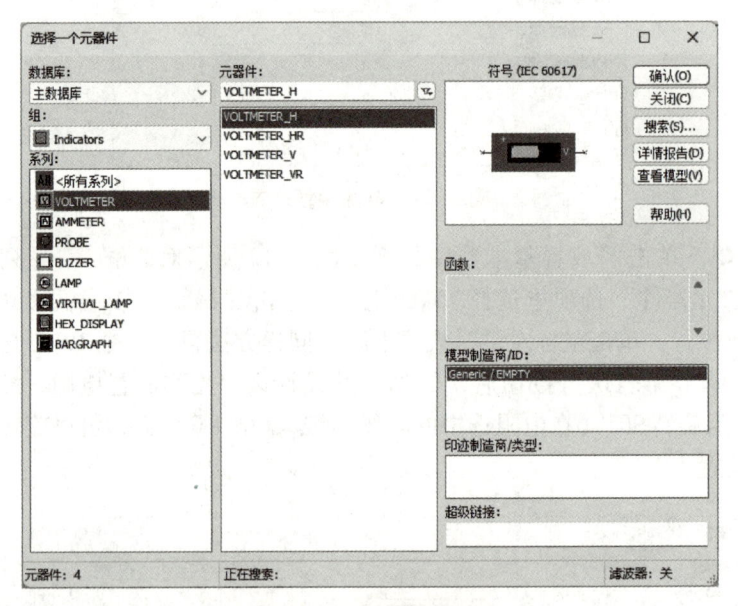

图 A-13　指示器库界面

在图 A-13 左侧栏中选择"AMMETER（电流表）"选项，与电压表类似，电流表也有 4 个，分别是 AMMETER_H、AMMETER_HR、AMMETER_V、AMMETER_VR。选择两个 AMMETER_H，一个 AMMETER_V，按照图 A-14 分别接入电路。

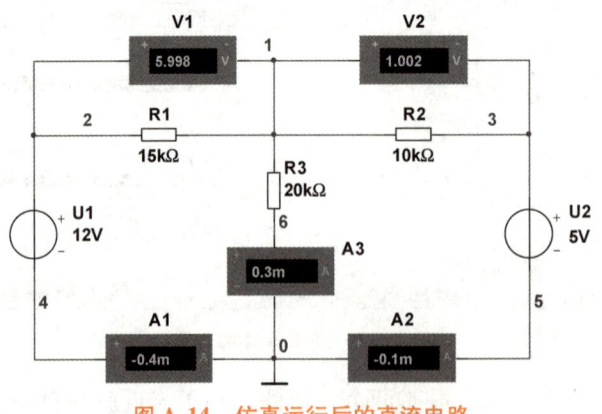

图 A-14　仿真运行后的直流电路

双击电压表 V1，打开电压表属性界面，如图 A-15 所示，在"值"选项页面，"模式"选项默认为"交流"，单击"交流"修改为"直流"；在"显示"选项页面，选择"使用具体元器件的可见性设置"，只勾选"显示 RefDes"选项，表示只显示元器件名称，这里的"V1"就是该电压表的名称。依此法修改所有的电压表和电流表。

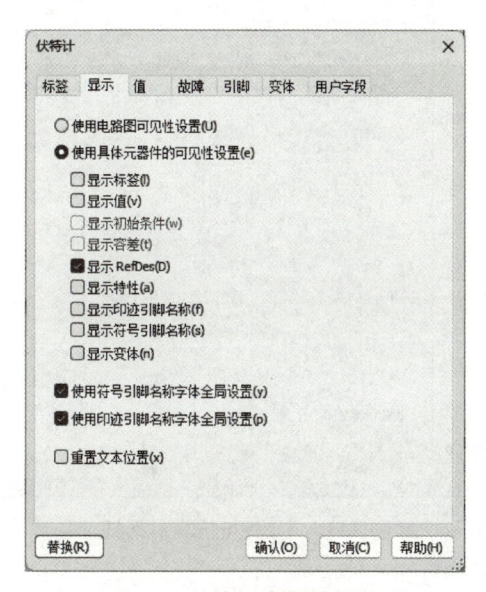

图 A-15　电压表属性界面

6）电路连接完毕，检查无误后，就可以进行仿真了。单击仿真栏中的"运行"按钮▷，电路进入仿真状态。从图 A-14 可以看到，电压表和电流表分别指示了电阻电压和支路电流的数值。此时，按下"暂停"按钮▮▮暂停仿真、按下"停止"按钮■停止仿真。这样就完成了直流电路的仿真。

仿真栏的最后一个按钮，此时显示为 Interactive ，表示在交互仿真状态。在停止仿真运行状态，按下此按钮，就会打开 Analyses and Simulation（分析与仿真）对话框（也可以在菜单栏上的"仿真"菜单下选择"Analyses and Simulation"，与按下"Interactive"按钮效果相同）。Analyses and Simulation 对话框如图 A-16 所示，仿真模式默认选择"Interactive Simulation"（交互仿真），此时单击"Run"按钮，与单击仿真栏中的"运行"按钮效果相同。

在 Analyses and Simulation 对话框，选择"直流工作点"，打开直流工作点页面，如图 A-17 所示。在该页面有"输出""分析选项""求和" 3 个选项。其中的"输出"选项左侧的"电路中的变量"列表框列出了电路中所有元件的电流和功率，以及电路中所有节点的电位。

需要注意的是，此处的节点与第 2 章的节点概念不同，如图 A-14 中的电路图，除了参考点 0 之外，共有 6 个节点，分别标以网络标号 1~6，因此节点电位也有 6 个。

把所有电流和功率以及节点 1 处的电压 V（1）选中，单击"添加"按钮，就添加到右侧"已选定用于分析的变量"列表框，节点 2 和节点 3 的电位已知，分别等于相应电压源的电压；节点 4、节点 5 和节点 6 电位为 0，因此不需要分析。

选好要分析的变量之后，单击"Run"按钮开始仿真运行，然后会弹出"图示仪视图"

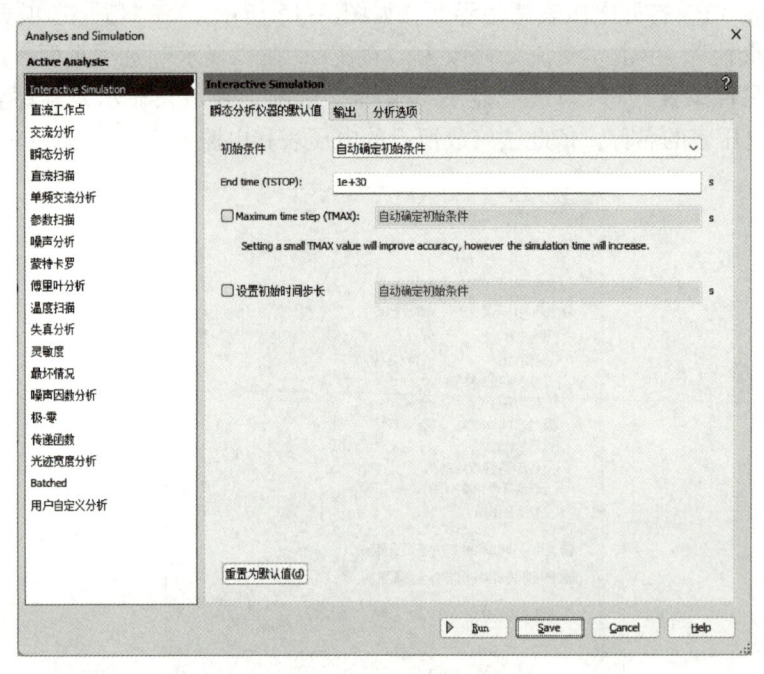

图 A-16　分析与仿真对话框

图 A-17　直流工作点界面

窗口，图中的背景默认为黑色，单击工具栏中的"背景切换"工具，把背景色切换为白色，如图 A-18 所示。对照用电压表和电流表测量的数据，两种方法结果基本相同。

图 A-18　图示仪视图的直流工作点分析页面

（2）RC 高通滤波频响仿真

本应用是将信号源接入 RC 串联电路，作为输入信号，把电阻上的电压作为输出信号，研究当输入信号频率变化时，输出信号的幅频特性和相频特性，操作步骤如下：

1）通过工具栏中的命令，画出 RC 串联电路，在仪器栏里选择"函数发生器"，画出图 A-19 所示电路。双击函数发生器，弹出函数发生器设置对话框，波形选择正弦，频率设置为 1kHz，幅值设置为 1Vp。

再选择"示波器"，将其添加到电路中，该示波器有两个输入通道，选择使用 A 通道。双击示波器，此时波形图对话框是黑色背景，单击波形图对话框右下方的"反向"按钮，把背景色修改为白色。示波器下方 x 轴时基标度设置为 500μs/Div（每格 500μs），A 通道 y 轴刻度设置为 500mV/Div（每格 500mV），其他参数默认不变。

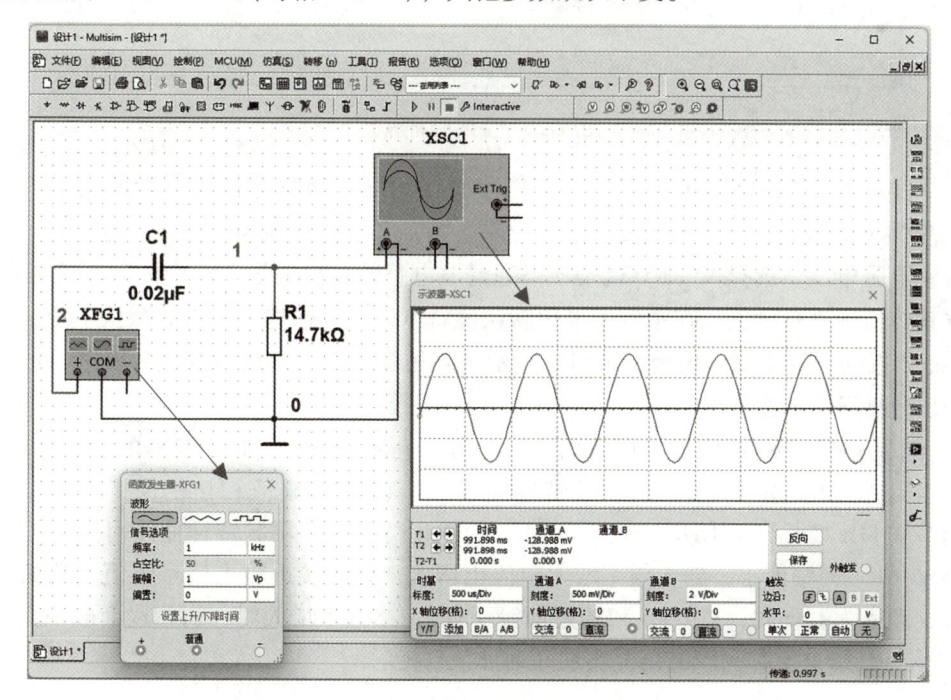

图 A-19　RC 串联电路图

2）交互分析。单击仿真栏的运行按钮，示波器对话框就会显示正弦波形。在函数发生器对话框修改信号的幅值和频率，观察波形变化；再修改波形类型观察波形变化。

3）交流分析。单击仿真栏的"Interactive"按钮，弹出"Analyses and Simulation"对话框，选择"交流分析"，打开交流分析界面，如图 A-20 所示。

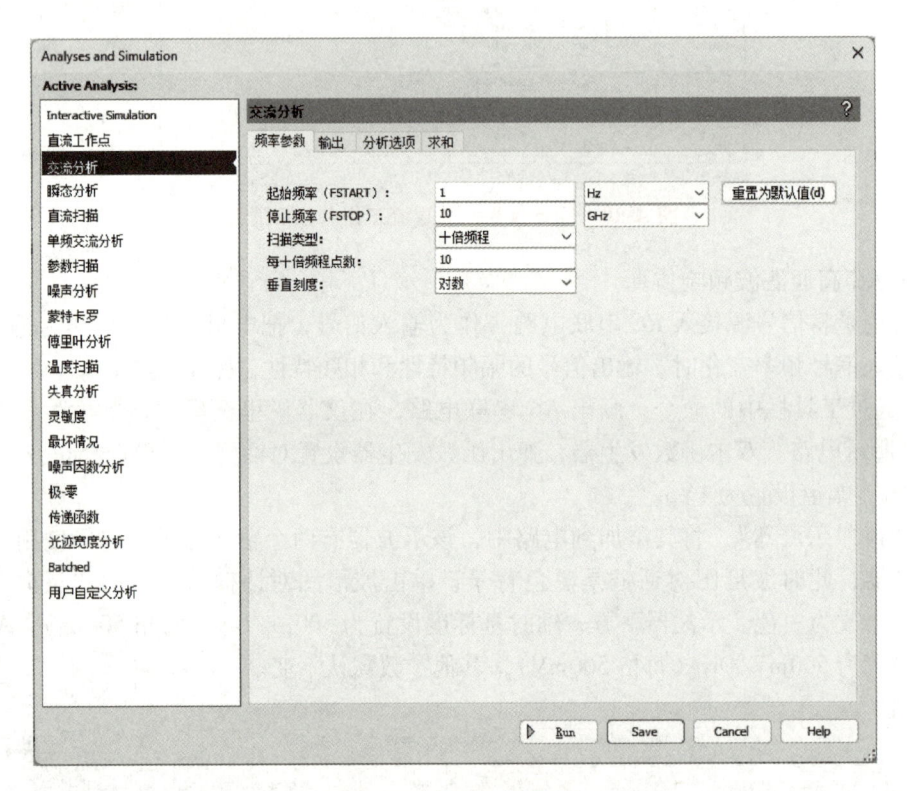

图 A-20　交流分析界面

图 A-20 中的"输出"选项与直流工作点页面相同，都是选择要分析的变量。在本例中，选择 V（1）和 V（2）两个变量进行分析。节点 2 的电位就等于信号源电压，节点 1 的电位等于电阻电压，选择 V（1）就是该高通滤波电路的输出电压。图中的"频率参数"可以根据具体情况进行设置，在本例中采用默认值就可以，其他选项的参数默认不变。最后单击"Run"按钮，弹出图示仪视图窗口，显示电路仿真结果。默认背景色为黑色，把背景色修改为白色即可，如图 A-21 所示。

4）结果分析。图 A-21 中有两组曲线，上边一组是 V（1）和 V（2）的幅频特性曲线，下边一组是 V（1）和 V（2）的相频特性曲线。V（2）的幅值和初相保持不变、初相为 0°，频率从 1Hz 变化到 10GHz，观察 V（1）的变化情况。从幅频特性曲线可见，当频率低的时候 V（1）的幅值小，随着频率增大幅值也增大，无限接近输入信号幅值。从相频特性曲线看，频率为 1Hz 时，V（1）初相近似等于 90°，当频率增大时，初相逐渐减小，无限接近 0°。从仿真结果上看，该电路可实现高通滤波功能。

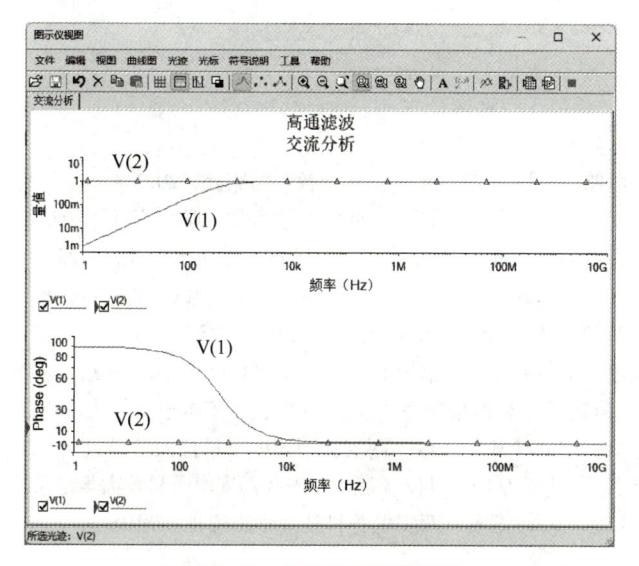

图 A-21　*RC* 电路仿真结果

参 考 文 献

[1] 邱关源，罗先觉. 电路 [M]. 6 版. 北京：高等教育出版社，2022.
[2] 王艳红. 电路分析基础 [M]. 2 版. 西安：西安电子科技大学出版社，2023.
[3] 胡方. 电路基础与技能实训 [M]. 西安：西安电子科技大学出版社，2023.
[4] 亚历山大，萨迪库. 电路基础：英文精编版　原书第 7 版 [M]. 北京：机械工业出版社，2022.
[5] 许宏吉. 电路分析基础 [M]. 北京：清华大学出版社，2023.
[6] 马尔维诺，贝茨. 电子电路原理：原书第 8 版 [M]. 李冬梅，译. 北京：机械工业出版社，2020.
[7] 王辉.《电路基础　第四版》学习指导书 [M]. 西安：西安电子科技大学出版社，2023.
[8] 马颖，李华. 电路分析基础 [M]. 3 版. 西安：西安电子科技大学出版社，2023.
[9] 王松林，王辉，李小平. 电路基础 [M]. 4 版. 西安：西安电子科技大学出版社，2021.
[10] 王源. 电路分析基础 [M]. 西安：西安电子科技大学出版社，2019.